农业高校“都市农业文化”立体资源库建设研究

◎ 刘乾凝　著

中国农业科学技术出版社

图书在版编目（CIP）数据

农业高校“都市农业文化”立体资源库建设研究 / 刘乾凝著 .—北京：中国农业科学技术出版社，2019. 3

ISBN 978-7-5116-4073-4

Ⅰ. ①农… Ⅱ. ①刘… Ⅲ. ①农业院校-都市农业-数据库-资源建设-研究-中国 Ⅳ. ①F304. 5

中国版本图书馆 CIP 数据核字（2019）第 045818 号

责任编辑 徐定娜
责任校对 贾海霞

出 版 者 中国农业科学技术出版社
北京市中关村南大街 12 号 邮编：100081
电 话 (010)82109707(编辑室) (010)82109702(发行部)
(010)82109709(读者服务部)
传 真 (010)82106650
网 址 http://www.castp.cn
经 销 者 各地新华书店
印 刷 者 北京建宏印刷有限公司
开 本 710mm×1 000mm 1/16
印 张 16. 75
字 数 272 千字
版 次 2019 年 3 月第 1 版 2019 年 3 月第 1 次印刷
定 价 58. 00 元

序　言

互联网的普及使社会信息资源稀缺形势发生根本性的变化，过去稀缺的资源（如信息资料、共享渠道）今天已不再稀缺了，在信息量日趋过剩的年代，信息冗余所带来的时间与注意力的不足，使人们不再关注那些增加阅读量的系统，而是在寻找帮助筛选信息的系统，人们需要少读一点，读精一点，需要节省时间思考问题并进行思想的创新。同时，面临日益严峻的网络安全、用户隐私和数据道德问题，图书馆可以为读者提供一个公共交流空间和知识库平台，从而有效全面地促进传播数据文化、信息文化、网络文化、都市农业科学知识等多文元文化教育，为培养具备数据分析和科研能力的读者做出应有贡献。

本书的主题是收集都市农业资源，构建都市农业文化立体资源库，这是一项颇具复杂性的工作，它突破了传统的都市农业资源结构，利用新的信息技术，将结构相异、类型多样、来源多元的都市农业资源，按照主题、文献、事件、事物、时间、地点等元数据维度进行组织和整合，形成具有一定语义关联的都市农业知识网络。通过本体系统全面而个性化的数据解决方案，它将为用户和学者的知识探索之旅提供畅通的感受。对都市农业学科研究、政府决策、公众需求都有一定的辅助参考和借鉴作用。

发达国家在农业科学领域已经建成一些很成熟的领域本体库，并得到了实际应用。本体的概念起源于哲学领域，在农业信息检索领域中，由于本体可用以解决知识概念表示和知识组织体系方面的问题，因此本体概念引起了农学界专家的高度关注。本书以农业科学领域中的都市农业为主要对象，以都市农业文化为主要研究内容，从理论框架、平台建设、资源采集和利用等方面探讨了都市农业文化特色资源库建设的构想，构建都市农业领域本体知识库基本框架。首先，在中文科技期刊数据库中检索包含都市农业的论文题目，然后对检索到的题目利用汉语词法分析系统进行词汇分割，按词汇出现频率筛选都市农业科学领域的关键词语并进行定义和细化，最后利用 Protégé 软件实现都市农业科学领域知识库构建。通过构建农业科学领域本体库模型，将数字图书馆的功能整合融汇于都市农业科研流程当中，实现无缝的数据界面和便利的数据获取，为农业领域实现网络信息快速检索和提高农业信息共享水平打下坚实基础。同时，为开展以农业本体服务为目的的农业本体论研究与应用作初步探索，并为未来图书馆的资源发展战略指明方向。

目　录

绪　论

知识经济时代，信息资源本身就是生产资料，是重要的国家战略资源，是实现经济和社会可持续发展的基础条件。随着现代信息技术迅速发展，特别是网络环境的形成，信息的生产、存储和传递的方式发生了革命性的变化，数字信息资源以传统信息资源难以比拟的优势逐渐成为信息资源的主体。目前"数字鸿沟""数据泛滥"已经成为各研究领域普遍存在的问题，对信息资源的开放共享和有效管理是当务之急。图书馆是公认的知识信息的汇聚地与发散地，图书馆馆员也已经被美国国家科学基金会（NSF）和美国国家人文科学捐赠基金会（NEH）确认为能够帮助科研人员和机构组织解决实际问题和难题的关键角色之一。自20世纪90年代中期以来，欧美发达国家和地区的图书馆，对数字信息资源的建设、管理和利用给予了高度的重视。美国科学基金会（NSF）作为负责美国国家信息化建设的重要政府机构，在大力加强信息基础设施建设的同时，也大力推进数字信息资源的开发利用。加拿大在2002年提出的5项创新体系中，将建立国家数字科技信息网作为其重要组成部分。

虽然近年来我国图书馆信息化建设取得快速发展，但整体水平仍落后于欧美发达国家。为此，2004年10月27日，国家信息化领导小组第四次会议审议通过了《关于加强信息资源开发利用工作的若干意见》（34号文件），明确提出加强信息资源开发利用将是今后一段时期信息化建设的首要工作，把对信息资源开发利用和战略规划工作，尤其是作为其主体的数字信息资源开发利用与管理提高到了前所未有的高度。

但在特色数字信息资源建设方面，国内图书馆还缺乏宏观规划和管理，因而存在特色信息资源开发不足、利用不够、效益不高等问题。与专业站点、数据库的"人声鼎沸"相比，传统图书馆的访问量和人气常常是"门前冷落鞍马稀”。因此，有人质疑传统图书馆到底还应不应该存在？文化功能是不是应让位于技术功能？

本书以解决图书馆特色数字信息资源建设存在的问题为目标，既从宏观角度对图书馆特色数字信息资源建设问题进行系统和深入地研究，也从微观问题和纯技术问题的视野，针对都市农业人文资源的数字化形态建设和虚拟可视化需求，基于大数据分析、云服务、VR 等互联网新技术，探索建立图书馆都市农业文化立体资源数据库，以期推动图书馆特色数字资源开发利用的全面发展，对于把特色数字信息资源的管理和开发利用带入数字人文宏观研究的视野，丰富和完善信息资源管理的理论体系，具有重要意义。

一、研究背景

随着我国教育体系的不断完善，高等教育也开始积极向应用技术型转变。在高校的转型发展过程中，图书馆是其中的一项重要组成部分，图书馆的资源建设则成为促进高校转型发展的重要力量。高校转型发展要求创新服务理念，图书馆也必须要对原有的资源建设模式做出适当的调整，构建特色数据库等资源共享平台，以此来将图书馆资源的积极作用充分发挥出来。为此，高校图书馆积极地参与到资源建设改革研究的工作当中，以用户的信息需求为中心，构建一体化、全开放、易拓展的信息资源建设平台。该平台旨在从根本上解决信息资源需求和建设信息不对称的问题，实现用户信息利用的低成本、便捷和高效，最大限度满足用户的信息需求，实现服务效益和办馆效益的最大化。

（一）图书馆发展的内在要求

自从图书馆产生以来，人们就一直对其功能定位有无穷无尽的追问和探索。武汉大学信息管理学院的黄宗忠（2011）先生一如既往地向图书馆界呼吁“充分发挥图书馆功能!”黄先生在生命的最后时刻，发出了振兴图书馆事业的时代强音，足见图书馆功能问题之重要。约盖什・马尔霍特拉认为：面对日益增大的非连续性的环境变化，适应能力和生存能力是组织生死攸关的重大问题。图书馆功能定位就是针对这些重大问题所提出的解决方案。因为一切社会群体、组织和个人只有持续不断地进行知识生成和创新，实现自我超越才能适应这一环境，赢得社会竞争优势和生存与发展的机会。因此，功能认同问题关系到一个图书馆安身立命的根本，是判断是非善恶的标准，是确定自身身份的尺度。有了这个自我确认的标准，图书馆就有了确认的方向定位；否则，认同发生了危机，失去了这种方向定位，则会产生一种不知所措的感觉。

功能是指事物或方法所发挥的有利作用，也就是功效、效能、效率。图书馆功能是图书馆业界把握世界的普遍方式之一，是在读者服务工作中形成的理论观念、制度行为规范、活动准则与技术架构等人、事、物对社会产生影响的总和，也是图书馆对人类社会的发展所能产生的有益作用或推动作用。公元前后的希腊历史学家俄多拉斯留下的文字记载中曾有这么一个图书馆，它的正门上方刻着这样的字样：医治灵魂的良药。可见图书馆最早始于人文，人文价值观念和人文功能是图书馆职业与职能的核心。1978 年出版的《美国百科全书》“图书馆”词条指出：“图书馆出现以来，经历了许多世纪，一直担负着三项主要职能：收集、保存和提供资料。图书馆是使书籍及其前身发挥固有潜力的重要工具。”因此，一般来讲，收集、整理保存资料和服务是其最基本、最常见的功能。现代图书馆的基本职能就是将人类社会发展取得的实践经验、知识成果和精神财富系统地保存并加以弘扬。

1. 图书馆功能发展越来越具有馆藏特色

由于图书馆类型的不同、规模的不同、条件的差别，因而图书馆功能的每项具体内容可能有所区别，如服务内容有的多、有的少等，各种功能因素在图书馆的主导地位有的高、有的低，这就是图书馆功能的专属性——体现图书馆功能多元化特征。这是因为，一方面，知识经济时代，各种不同类型图书馆在知识服务方式、价值观念逐渐趋同，图书馆的大格局、大战略、大的功能定位恰恰把图书馆人员和事业凝聚成统一整体，以避免一盘散沙；另一方面，它的具体内容是通过一个一个具体的图书馆功能形式来表现的，所以又不能千篇一律，缺乏个性。从纵向上看，随着科技的发展，社会节奏的加快，图书馆的不断实践，图书馆的功能定义也就不断转变，传统图书馆功能与现代数字图书馆的功能是不一样的；从横向上看，在当今图书馆实践中，每一个图书馆的功能也存在具体的样式和专属特点，高校图书馆、科技图书馆、少儿图书馆、公共图书馆，它们功能的差异性、多元性是构成图书馆事业发展的能动因素。所以，不能强求其他所有的馆都按照某一个馆的功能模式来铸造、来定位。如何发挥每个馆独一无二的特性，促进各馆合理定位和他们之间的文化经验交流，是当今图书馆发展的使命与责任。

因此，图书馆要通过持续不断地进行功能重建、流程再造、服务创新来实现自我超越，以适应环境，赢得社会竞争优势和生存与发展的机会。对农业高校图书馆而言，建设都市农业文化特色资源，不仅体现图书馆发展的专属特色功能，还能充分发挥图书馆未来功能或潜在功能。

2. 图书馆具有满足读者需求性的功能

任何社会机构都是因人的需要而存在，图书馆也是如此。图书馆的功能之所以具有社会公益性，某种意义上是文化造就的。自图书馆产生以来，图书馆就作为文化及其符号的载体，发挥着不可替代的文化功能，使文化成为以感性物质符号存在的、可以直观的精神产品得以保存，从而使读者不用直接去参与实践，去和自然界发生对象性关系，而是通过符号体系和前辈留下来的文化成果发生关系，满足读者求知、受教的需求。比如，建立都市农业文化立体资源库，收集和保存都市农业文化及精神产品，不但不会因为读者消费而消失，反而正是由于消费和获取文化资源，而使传统文化和都市农业现代文化得以继续存在，世代相继，发挥都市农业文化巨大的宣教作用。

相关学者从理论上考察了社会发展给农村居民信息需求带来的共性变化，如农民信息需求多样化、个性化、时效性及准确性等问题。于良芝等（2013）考察了1949年以来农村居民信息获取机会的变化及其与已知结构性因素的关联；蒋紫艳（2014）通过实地调查分析，总结出宁夏地区农民信息需求的特点，主要是需求信息种类多样化，需求信息渠道多元化，信息需求的层次深入化；段小虎（2015）从西部农村图书馆服务资源有效供给和有效需求出发，通过对农村居民信息需求的梳理和实证研究，认为基于人口教育结构、年龄结构、民族结构的聚类细分新体系，可以较为清晰地把握西部农村人口在闲暇消费结构、信息形式结构、信息内容结构上的具体差异，西部农村图书馆建设要根据三类基本消费群体的共性与个性特征，在培育农村地区“文明生长点”、打造农村地区“公共文化空间”、维护民族文化生态平衡方面发挥积极作用。

因此，随着经济社会的发展和农民视野的开阔，农民信息需求越来越广泛，尤其是农产品购销、生产资料、病虫害预报、疫情、农业气象、农业新技术、新品种等农业生产的实用信息，科学文化、教育、医疗卫生、农村政策法规、休闲娱乐等与农民自身发展针对性的信息，法律纠纷、日常用品、家具、家电等生活的信息。另外，农民信息需求具有双重性，不仅需要原始信息、单项信息和静态信息，而且更需要分析预测信息、综合信息和动态信息。而都市市民“闲暇”增多，收入提高，人们开始注重工作时间以外的休闲活动，不仅要吃得饱，还要吃得好、吃得新鲜安全；不仅要事业旺，还要求有赏心悦目的环境，享受生活乐趣，而乡村成为满足城市居民日益增长的放松减压、文化娱乐、健康保健等精神文化需要的去处，都市市民信息需要具有物质性和精神性的显著特点。

（二）都市农业发展的内在要求

都市农业文化具有显著的多维度层次差异性，这主要表现在地理位置、自然资源禀赋、经济发展水平、村庄治理能力等方面的差异。以北京为例：从功能上，可分为都市农业文化园区、美丽乡村、沟域经济、田园综合体等；从空间上，有城郊乡村、中间地带乡村、边远乡村等层次；从组织形式上，有传统小农生产、专业农户小规模生产、农垦企业生产、外资投资生产、“网络化”“智能化”现代农业等层次，等等。

习近平总书记在党的十九大报告中指出，践行新发展理念，全面推进乡村振兴战略。要坚持农业农村优先发展，按照产业兴旺、生态宜居、乡风文明、治理有效、生活富裕的总要求，建立健全城乡融合发展体制机制和政策体系，加快推进农业农村现代化。

现代都市农业顺应生态环境可持续、新产业新业态的发展要求，以现代企业经营管理的思路，利用农村广阔的田野，以美丽乡村和现代农业为基础，融入低碳环保、循环可持续的都市农业文化建设和发展理念，保持田园乡村景色，完善公共设施和服务，实行城乡一体化的社区管理服务，拓展农业的多功能性，发展农事体验、文化、休闲、旅游、康养等产业，实现田园生产、田园生活、田园生态的有机统一和一二三产业的深度融合。其中，都市农业文化是都市农业产业发展的基础，起引领都市农业发展的作用，对都市地区文化生态、科研数据诸多变量的分析和把握也是理解都市农业文化模式、信息行为的基本视角。都市农业视域内大量农业科学数据具有前沿性、创新性、区域性，投资小、数据量多等特点，是国家及区域农业科技创新的重要支撑（赵艳枝，2015）。

因此，都市农业发展的内在文化要求与图书馆文化功能和职能具有共同的精神价值和追寻，图书馆人应科学识别都市农业文化资源建设内涵，立足北京都市农业文化发展实际，科学识别和建设都市农业文化与园区、美丽乡村、田园综合体等的数据体系与结构，为建成美好新乡村，实现中国新的“三步走”战略，建设社会主义现代化强国，发挥农业情报机构和高校图书馆在科研、农技信息推送服务方面的支撑作用，做出图书馆人文化资源建设应有的贡献，使图书馆都市农业文化特色资源建设，与都市农业的未来共谋发展、共展宏图、相得益彰。

（三）智慧图书馆建设研究成为热点

追溯图书馆的起源，我们可以发现，其萌芽伊始正是伴随着新一轮科技革命的产生而出现并逐步发展的。图书馆与科学技术总是结伴而行、互助互利，往往最先尝试应用新技术，从而也成为社会发展的助推器。

第一次工业革命，18 世纪 60 年代至 19 世纪中期，图书馆体系建立；第二次工业革命，19 世纪中期至 20 世纪中期，图书馆引进了辅助编目系统；第三次工业革命，20 世纪中期至 21 世纪初期（被称为信息时代），图书馆业引入了计算机技术，实现了目录数字化（MARC），后期图书馆实现了文献和信息传送网络化，图书馆进入全面数字化时代；工业 4.0 时代，即指当前开始的智能制造时代，1950 年英国计算机科学家图灵进行了著名的人工智能测试——图灵测试，1956 年申农等人首先提出了“人工智能”概念，经过几十年发展，目前各种智能化技术基本成熟，实用的智能机器人、智能设计、智能预测、智能博弈系统等都已在应用中。按照工业革命的逻辑顺序疏理图书馆发展历史，图书馆从传统图书馆、数字图书馆、智慧图书馆，清晰地描绘出图书馆资源建设服务体系过去、现在、未来的发展道路。2010 年以来，随着新一代信息技术的发展和影响，国内图书馆界在实践的基础上也开始从智能图书馆转向智慧图书馆的研究，如何依托智慧图书馆，开展数字资源建设和服务成为图书馆业界关注点和研究的热点之一。

二、研究价值和功能

古往今来，图书馆一直是人类知识的宝库，是信息密集的地方，尤其是随着数字化网络的出现，并且由于信息的重复利用，数字图书馆的信息发出量比传统图书馆增长了成千上万倍，构建起了真正的超级图书馆。在互联网上，可以进行文献联合编目、馆际互借、原文传递；网络中除了收费的数据库和电子图书、电子期刊之外，还有大量免费公用的数据资源；互联网中众多方便易用的应用服务工具和大量的数据资源，为图书馆的知识咨询服务和信息挖掘提供了新的手段。通过数字图书馆这个新载体，所有文化成果不断破除其封闭性和垄断性，使文化成果被全人类所享有。正如曼纽尔卡斯特所言："以多种传播模式之数字化与网络化整合为基础的新文化载体，其特性是一切文化表现的无所不包与全面涵盖。"此外，数字化的网络还为图书馆界的通信提供了快捷便利的工具。图书馆可以利用网络组织兴趣小组，召开电子会议，发送学科信息通报，探讨学术和工作。总之，通过语言、文字、规则、思想等文化形式进行线上的交流，读者彼此传播经验，沟通思想和感情，甚至可以足不出户就得到需要的文献。

（一）为读者提供个性化、人性化的服务

如何为读者提供个性化、人性化的服务已成为图书馆发展与改革的重要目标。关注科技发展，积极利用高新技术为用户服务成为图书馆改善读者服务的重要措施。虚拟现实技术在国家图书馆的"国家数字图书馆虚拟漫游""虚拟

现实读者站”和“国家数字图书馆网上漫游”及CADAL项目中体验虚拟的检索室、阅览室的成功应用，以事实证明了虚拟现实技术在数字图书馆应用的可行性。随着计算机软、硬件的发展与完善，沉浸式的虚拟现实系统必将如计算机一样普及。传统的图书馆工作流程，还存在着不少不足之处，例如，资源平面化、读者服务工作手段落后等。虚拟现实技术作为基于自然的人机界面，强调以人为中心，为人带来身临其境的感受。因此，有必要在图书馆利用虚拟现实技术，构建都市农业文化立体资源体系，利用信息资源的立体化，形成互联网+都市农业人文资源三维可视化展示与传播，可以有效地改变现有信息资源平面化的特点，为读者提供不同于都市农业传统馆藏资源的立体资源和培训虚拟场景，满足读者身临其境地学习所需，节省读者到馆学习所需费用和时间，同时也从精神层面使公众体会到居于城市家园中的认同感和归属感，满足人们放松心情的精神需求。

（二）实现都市文化“走出去”战略

图书馆都市农业人文立体资源数据库着眼于北京悠久的人文历史和科技精神，以及有形的建筑古迹、风景名胜、古老民居，深入挖掘从古至今与之相关的人文风俗、图书与实物资料，以可视化技术展示和传播数字资源的深加工成果，建构北京都市农业人文的集体记忆，有助于发挥高校图书馆在维护信息公平、消除数字鸿沟、繁荣全国哲学社会科学研究助推器的作用，为都市农业和社会主义先进文化建设服务，彰显农业高校图书馆的文化软实力和核心价值，同时向社会大众和海外传播北京都市农业人文价值观、资源观，以及中国文化沿着“一带一路”走向世界，对于提高图书馆文化软实力，实现城市文化“走出去”战略，有很强的现实意义和示范功能。

（三）提升公众对都市农业文化的自信

“今人不见古时月，今月曾经照古时”。北京不仅是中国的政治经济中心，更是国家历史文化名城、中国四大古都之一，在数千年的变革中其丰富的历史底蕴与多元文化在这里发生碰撞与交流，汇成了健康向上的主流文化和先进文化，其中农业文化资源更是丰富多彩，包括名人文化，建筑文化如寺庙、城垣、宫殿、园林、府第，以及民俗文化、风土人情等，从古到今一直影响着全国乃至世界农业文化的历史进程。因此，寻找都市农业的历史记忆，挖掘都市农业的人文内涵，开展城乡一体化建设，有助于提升都市农业及其从业者的文化形象，提升人们对都市农业的文化自信。

北京城乡一体化建设正如火如荼地展开，农业院校图书馆面对这个大的发展趋势，在突破二元体制障碍的进程中，一方面，保存和发扬农业传统文化精髓，提高都市农业文化的吸引力，成就居民望得见山、看得见水、记得住乡愁的美丽诗意；另一方面，在倡导建立文化公平政策，引导城市文化资源进入农村，从而达到促进公共文化资源在城乡之间的均衡配置，促进城乡经济社会发展融合互动（高喜军，2010），真切实现“以城带乡”的过程中，需要农业高校图书馆肩负社会教育职能和文化传播职能，准确构建农民知识文化需求的有效表达机制和平台，满足农民的信息需求，塑造知识化、技能型农民，培育转向市民的新农民。

（四）提升图书馆都市农业文化的传承性

动物没有传承，也就没有历史，没有进步。动物们世世代代重复着祖先的活动，他们的活动起点永远是清零的。马克思说：“诚然，动物也进行生产。它也为自己构筑巢穴和居所，如蜜蜂、海狸、蚂蚁等所做的那样。但动物只生产它自己或它的幼崽所直接需要的东西；动物的生产是片面的，而人的生产则是全面的；动物只是在直接的肉体需要的支配下生产，而人则是摆脱肉体的需要精心生产。”这是因为人找到了文化的方式，人的活动成果可以上升为精神文化形态。但是正如刘进田所指出的：“文化作为存在和灌注于人的全部社会活动中的普遍集体意向，实质上是人的一种内在精神和观念体系，是一种抽象的而非感性的深层意识，它是难以直观的。但是现实存在的文化却并非是一片无名之城，不是超言绝象的混沌，它总是以直观的方式存在。就是说，现实文化总是以符号的形式存在。”因此，不通过符号中介、不借助一定的载体材料，人仍然无法认识、理解和掌握文化，文化就不能传承、交流、积淀和增值，文化就无法生存。

图书馆都市农业文化资源正是因为利用了新信息技术代替了传统的文字信

息功能，才造就了都市农业科研活动、文学艺术活动的高起点性；都市农业文化与古老的传统文化相得益彰，形成了一种公众心理上的普遍集体意向，内化为人的一种内在精神和观念体系，世世代代传承下去。

（五）支撑图书馆对读者、公众的教育

人不仅是物质的存在，也是精神的存在。人不仅需要物质生活，而且也需要精神生活。无论是人的好奇心，还是人的思想情感；无论是工作与闲暇，还是休闲与娱乐，都需要通过文化活动来满足。就今天的信息社会而言，信息激增、传播手段技术一日千里，读者利用图书馆的目的可谓丰富多彩，除学习、研究、休闲、满足内心生活等外，还有更多的需求。

任何社会机构都是因人的需要而存在，图书馆也是如此。作为文化及其符号的载体，图书馆不仅仅是图书的馆（书本位），而同样重要的还要面向全社会，面向读者，借助传播媒体与其他途径（如学校教育、社区文化活动等）传播文化、进行社会教育（包括倡导关注弱势群体、倡导读书、倡导开放获取、培养培训读者等）。这在客观上就规定了图书馆的宗旨，必须体现对读者求知、受教需求的满足。图书馆从产生伊始，就是为了公共利益而建立的，以公益为基础的图书馆，也是有其文化承载和社会担当的，即图书馆的定位宗旨是肩负文化使命，承担社会教育责任，表现在，第一，强烈的社会责任感。前清华大学图书馆馆长潘光旦甚至关心到学生读些什么书。他抽查图书馆的图书出借情况，针对学生读书中存在的问题，特为学生做《图书与读书》的报告会。第二，兢兢业业、甘做人梯的精神。只要热心帮助读者，相信读者回忆在图书馆学习生活时，都会提到图书馆工作人员当年是如何满怀热情地帮助过他们的。都市农业文化数字资源建设具有提升人的素质的教育功能，满足和充填读者精神需要的功能；并且图书馆都市农业文化中包括了个人的个性、群体的社会规定性和人类精神的普遍性原则，也在潜移默化中使读者接受了教育和熏陶，提高了自身素质。从这个意义上讲，都市农业文化数字资源建设恰好契合与满足了图书馆读者的求知欲和好奇心。

三、本课题拟突破的重点和难点

（一）本课题拟突破的重点

基于都市农业文化立体资源库研究，需要突破的重点包括以下三个方面。

1. 对都市农业文化资源的科学描述与组织

突破原有的对都市农业文化资源知识组织整体认识不足、难以利用的限制，对都市农业知识资源的应用领域、范围及规模进行界定后，明确都市农业资源的领域知识及其核心元数据概念，通过采用相关的技术将都市农业知识资源进行全新的优化和组合，进行知识的结构化展示和知识属性描述，形成一个内容丰富、形式多样、分类合理的专业知识组织体系。

2. 基于关联数据的图书馆知识创新服务的技术实现

所谓技术实现就是通过技术支持将本课题的理论创新变为现实的过程，通过技术探索将语义关联、语义搜索、个性化推荐等技术应用于图书馆知识服务，使其更好地促进用户的资源检索与知识获取，因此，如何将新一代信息技术的应用在图书馆得到落地和实现，是本研究的重点。

3. 完善对都市农业文化资源的个性化推荐和精准检索

当今海量数字化创新创业教育资源分布存在着碎片化、离散与不均衡分布、质量参差不齐及其语义关联薄弱的问题，容易造成学习者认知超载与学习迷航，资源检索利用效率较低。本研究依据关联数据的支撑，对于创新创业教育知识的所有内容进行关联整合，展现全学科领域的相关知识点全貌。通过对都市农业文化某个知识点的搜索，可进行展开，获得所需知识点的名称，通过关键字搜索可以得到都市农业相关知识点的资源，知识点在该知识体系中的定位，以及对于该知识的详细描述与主要内容。

（二）本书拟突破的难点

1. 都市农业数据标准化程度低

据调查，67.3%的科研人员采用个人电脑或移动硬盘进行数据自行保存；78.6%的被调研单位或部门还没有建设特色数据库。而都市农业领域也面临着前所未有的数据数量、类型多样和来源多源，使得都市农业数据可用数据过载、真伪难辨、质量参差不齐、数据资源不完整等数据标准化问题显著，科研人员很难获取能够满足其需求的科学数据。难点就是通过数据标准化标引，对都市农业数据信息进行深度语义分析、自动标引、描述等技术处理，从而实现对都市农业文化数据信息中的知识进行揭示和表达，满足用户越来越高的使用体验要求和知识获取要求。

2. 建立用户本体库的问题

难点是如何根据用户存储的基本资料、访问记录、访问行为、兴趣偏好等建立用户本体库；通过用户本体库，依照用户访问、需求信息等进行用户的分类、整合等智能分析；在此基础上，为用户或某类别的用户提供个性化、协同化的知识推荐。

3. 信息检索技术的实践应用问题

在都市农业服务的个性化方面，现有的研究理论和应用技术能够提供的用户服务内容多有雷同，检索途径单一重复。难点是如何根据用户的实际需求和潜在需求，突破根据用户输入的关键字进行匹配查询、检索方式单一的现状，将信息检索技术的指导研究应用于数字资源检索的实践环节上，提供个性化的检索查询与信息推荐，从而拓展用户搜索查询的深度和广度。

4. 安全性问题

都市农业大数据分析面临隐私泄露、访问权限和可信性挑战，一旦隐私泄露、访问权限受限而又受不到保护，将导致隐私泄露等严重后果。因此安全性问题同样需要格外重视，如何通过提供信任机制，保证语义网的安全性，为用户提供统一的原则性标准与可靠的、个性化的知识服务，为都市农业数据共享活动提供可执行的操作，例如都市农业科学数据相关方的责任划分、都市农业科学数据的共享范围（哪些共享，哪些不共享）及都市农业科学数据的共享程度（跨部门共享，数据保密，数据公开）等。

四、研究目标和意义

突破现有知识服务的研究中，服务内容与方式趋同，缺乏相关具有关联关系数字资源的实际支撑和理论基础，缺乏对如何使具体的信息技术和网络技术等解决方案来指导都市农业实证研究和实际应用的瓶颈和短板，通过技术探索将语义关联、语义搜索、个性化推荐等技术应用于图书馆都市农业文化数字资源的挖掘和知识服务，使其更好地为用户研究创新的知识服务提供支撑。

构建都市农业文化立体资源库的目标和意义可以分为农业高校与图书馆、读者与社会公众、都市农业与学科三个层次。

（一）扩大和提升都市农业科研的学术影响和声望

1. 提高科研人员学术知名度

通过都市农业信息资源的开放利用，为科研人员提供个人学术成果保存与管理基地，拓宽科研人员信息来源与发布途径，促进信息共享和学术交流，提高科研人员学术知名度。

科研人员把自己的学术论文、科研报告、项目文档等科研产出存档到数据库，得以永久保存和揭示，使其成为长期集中管理个人教学与科研成果的基地；通过开放利用，使得科研作品被主流以及一些专业搜索引擎揭示，在短时间内被大家搜索到，缩短学者之间、机构之间以及地域之间科研成果传递的周期，有效扩大科研人员的学术知名度；保存学术领域内的各种灰色文献、科学数据，拓展科研工作者在信息搜求中的途径，提高检索效率，满足其对科学信息的需求；科研人员的科技成果得以快速发布，促进科研成果的快速传播与转化。

2. 扩大农业高校的影响力

都市农业信息资源的开放利用，可以形成大学都市农业科研成果有效分发、传播和共享利用的机制与平台，实现分散知识的集中揭示和统一管理。

数据库的网络化数字资源提交与发布功能，使得本所科研人员可以跨越时空限制随时随地上传与下载学术论文、科研报告等数字资源，形成机构内部科研交流与沟通的平台；增加科研透明度、科研成果可视度，有效提高科研效率和学术交流；科研管理的职能得以拓展，实现科技档案管理工作由“实体型”向“信息型”转变，对科研资料的管理变得直接、全面、科学，科研管理工作效率得到提高；集中农业高校的所有科研人员具有自主知识产权的智力产出，并对外开放利用，提高农业高校在专业领域的学术地位，扩大农业高校的影响力。

3. 形成全校整体的知识服务和交流平台，促进学术交流

以各个学科院系为基本单元建设数据库，在此基础上对都市农业文化资源进行联合，形成全校层面的都市农业开放资源，对都市农业文化资源进行永久保存和揭示；有效解决我国都市农业文献信息资源短缺，信息资源建设重复、分散等突出问题；缓解文献信息资源购置资金紧张；与原有文献信息服务平台整合，丰富都市农业信息资源体系，进一步挖掘农业高校图书馆服务潜能，改进服务方式和提高服务水平，实现农业高校自有知识资源的长期保存和持续利用，保障农业高校图书馆为农业科技创新提供更强大的信息支撑；同时，支持全院范围内数字资产的汇集和管理，消除“数字鸿沟”，推动科学知识交流、促进科学知识创新。

（二）促进农业高校都市农业学科发展和科研成果转化

高校图书馆与其他功能馆不一样，它根据本校教学和科研需要与发展，系统全面收藏本校有关专业的图书与信息资源，开发网上资源，充分满足本校教师、学生、职工的需要。随着信息一体化的到来，不同学科产生了相互协作的普遍要求。自 20 世纪 40 年代以来，交叉学科、边缘学科、新兴学科不断涌现，以系统论、控制论、信息论、科学学、文化学研究为标志，出现了跨学科综合研究的热潮。为了应对新兴的都市农业学科向着新的有机综合和深度认识发展，都市型农业院校图书馆开展都市农业学术文化数字资源服务，制定整理、保存都市农业学科数字资源建设的战略，以适应信息激增和频繁更新的潮

流，适应学校的办学定位。在这个创新的意义上，“越是数字的，就越是有生命力的”。

正如情报学家戴维斯所揭示的：不管使用的设备和技术多么复杂，其目的都是相同的，那就是助人。因此，绝不要指望数字化就能取代一切，改变一切，网络不能取代图书馆的文化载体的作用，替代图书馆的文化功能。那么，在网络的强大的力量面前，图书馆如何帮助读者抵抗诱惑？当然听之任之的态度是不可取的，应主动出击，积极应对，以及助人者（这里指图书馆员）要有助人的意识、助人的方法、助人的能力。2016年，习近平在哲学与社会科学工作会议上的讲话中提到：“要建立科学权威、公开透明的哲学社会科学成果评价体系，建立优秀成果推介制度，把优秀研究成果真正评出来、推广开。”这些政策制度直指图书馆助力科研成果转化中亟待解决的问题。本研究以此为契机，从都市农业文化立体资源库资源协同整合的视角，探讨借助资源库的成果转化平台，推动都市农业科研成果的转化应用，建立与都市农业科学研究成果对应的“话语体系”。

（三）深化都市农业文化资源的社会服务功能

2010年题为《中共中央、国务院关于加大统筹城乡发展力度，进一步夯实农业农村发展基础的若干意见》的中央一号文件，从健全强农惠农政策体系、提高现代农业装备水平、加快改善农村民生、协调推进城乡改革、加强农村基层组织建设5个方面，把城乡一体化作为国家战略提出。

城乡一体化背景下，农业院校图书馆馆藏资源的服务对象不仅包括本校读者，还包括乡村农民、乡镇行政管理者、科研工作者、企业管理者以及城市市民。他们对图书馆的需求绝不局限于文化艺术、生活休闲类信息，他们最需要的是各区县乡镇经济社会发展的最新的系统信息，以及聚集产业发展创意、高端要素的科技信息。这需要图书馆根据不同用户的不同需求，提高都市农业数字资源的内涵表征，为不同用户提供个性化数字服务。例如，海宁市图书馆以构建城乡一体化服务体系为契机，构建“文化遗产专题—数字产业专题—村报专题—活动专题”专题搜集制度，拓展乡镇当代地方文献的收集领域；组织“地方文献建设与乡土文化阅读”研讨会，举办“保护文化遗产、传承人类文明”的文化遗产图片展、开展“‘蚕’话江南—海宁市蚕桑文化”推广活动、组织“阅读皮影”系列巡回演出，通过此类活动，有效地提高了地方文献的使用价值和社会效益。

“十二五”期间，北京将淡化对区县、乡镇经济的指导，而强化其生态约束下的社会经济自组织过程。因此，各种涉农企业、合作组织、农民大户对农业信息需求更为迫切。北京农业高校、科研院所的农业专家、研究人才集中，北京十个远郊区县的农业文化资源分布和功能结构也有自身的特点，首都农业高校图书馆正好可以借鉴海宁市图书馆的先进经验与做法，对分布广泛、异构异质的信息资源进行摸家底式的收集和系统整理。对都市农业所涉及的学科研究文献，都市农业音频、视频、人文图片信息资源等进行全方位、数字化、立体化、可视化建设和服务，满足不同诉求的用户的社会化需求。通过收集都市农业方针政策、农业先进技术、农业科技知识、农民致富信息、节庆会展活动信息，展示都市农业的新举措、新模式、新典型、新经验，为都市农业经营者和企业提供决策、产品供销等信息参考；同时通过整合一批专家与高产高效生产能手、高产高效生产模式与一批农民专业合作社、综合科技成果与“一村一品”产业村或农业龙头企业等匹配对接信息，为市级相关单位开展专家培训、实施技术示范推广、基层人员培养以及远郊区县的专业大户、家庭农场、农民专业合作社、“一村一品”产业村、农业龙头企业开展基地高产高效建设提供信息基础。

五、本课题研究的思路与方法

（一）本课题的研究方法

1. 访谈法

本研究主要在两个方面应用了访谈法，首先，通过与大学生用户的访谈了解当前资源服务与用户需求之间的矛盾，并利用他们的建议作为知识服务创新的研究指导；其次，通过面谈与邮件访谈等形式，获取来自教育专家、主讲教师和教学督导的建议与指导，促进研究的有效性和顺利进行。

2. 文献研究法

通过从中国知网、外文数据库等文献数据库中检索关于创新创业教育、知识服务、关联数据等方面的文献，在掌握关联数据、知识服务、创新创业教育等概念内涵的同时，并对相关文献进行整理、归纳，同时找出经验与不足，进而选择恰当的思路和方法进行基于关联数据的图书馆大学生创新创业教育知识服务创新研究，促进图书馆知识服务的研究。

3. 比较研究法

比较研究法是科学研究中的一种常用方法，对我们认识事物和研究事物都具有重要意义。本研究主要通过对知识服务与个性化、智能化知识服务的不同之处的分析与比较，更好地了解了当前知识服务的不足。分析个性化、智能化知识服务的技术优点和应用优势，对在智慧图书馆中的实践应用都具有重要意义。

4. 交叉学科研究法

有机融合图书馆学、情报学、教育学、心理学、计算机科学等跨学科、多领域的知识和研究方法，形成对本课题的交叉学科创新研究的优势。

5. 重视新媒体技术应用

积极利用博客、SNS、Wiki、播客、微博、微信等Web2.0和移动服务技术来宣传推广地方特色数字资源。例如，上海在《海派历史文化多媒体资源库》等特色数据库建成后配套推出手机APP应用客户端，开创了新型资源服务模式。

从国内外文献综述看，许多学者都将研究视角聚焦于特色数据库理论与实践发展的不同层面，关注于特色数据库发展的基本理论问题、国外特色数据库项目介绍、特色数据库应用技术软件分析以及特色数据库应用实例建设等层面。大多数特色数据库仅仅是开源软件的本地化实现，并没有针对本地用户需求做进一步的功能扩展与开发，很多学者关注特色数据库中的法律、经费、人力、激励等因素对特色数据库的影响并提出了一些建议，但未发现有学者从微观的信息资源建设层面对特色数据库进行研究。如果把特色数据库看作“人”，那么系统框架就是人体的“骨骼”，而所存储的资源就是人体的“血液”，资源是都市农业立体资源库运行的基础，其资源建设问题不容小觑。固然特色数据库的资源建设受诸如法律、政策、文化意识等多方面的影响，但是可以对资源建设各个环节及流程加以完善和调整，使其贴近用户需求并科学规范地运转，以达到促进资源数量丰富以及质量提升的目的。

本书调查分析农业科研人员科技文献的产出、发布、保存和共享现状，发现图书馆知识资源管理中存在的问题，挖掘科研人员的潜在信息需求，给出农业高校图书馆都市农业立体资源库的原型，并在此基础上设计出校内联合的都市农业立体资源库的系统框架；针对都市农业立体资源库资源建设的现存问题，明确资源建设政策，发散地从多途径、多入口、多方法提高资源的数量，提出基于数字人文领域实现开放资源关联组织与可视化导航的新思路，给出构建都市农业文化立体资源库数字资源体系的理念与整合模式，并对资源长期保存的管理策略和都市农业立体资源库的运行实施给出了自己的建议。

基于图书馆“都市农业文化”资源建设的研究普遍存在宏观上文化资源建设理论研究较薄弱，微观上缺乏将图书馆与都市农业人文资源广泛、深度和系统性地联系起来的实践支持研究，本研究在吸收国内外先进经验基础上，核心研究内容主要包括：建立都市农业数字人文数据库框架；通过该数据库平台，对都市农业人文资源、科研文献进行挖掘、分析、评价；对都市农业人文科技资源进行挖掘、整理与数字化，实现图书馆与科研工作者的双赢，取得都市农业人文资源社会效益和经济效益的最优化。

（二）本课题的研究内容

1. 都市农业人文科技信息资源挖掘研究

2018 年“中央一号文件”提出发展乡村共享经济、创意农业、特色文化产业。发展乡村共享经济、创意农业、特色文化产业需要相应的科技创新支持。因此，都市农业人文科技信息资源覆盖乡村共享经济、创意农业、特色文化产业类型，既有纸质的也有数字的；同时包含现代化科技创新资源，如支撑小农户发展的生态农业、设施农业、体验农业、定制农业中的创新科技。

2. 都市农业人文科研信息资源挖掘研究

2018年“中央一号文件”提出，加强农村公共文化建设，按照有标准、有网络、有内容、有人才的要求，健全乡村公共文化服务体系。农业高校图书馆都市农业人文科研信息资源挖掘，就是以一号文件为蓝本，主动采集与保留内容贴近公众生活的都市农业多元化的文化样本与鲜活的历史记忆资源，致力于传承和保存传统的历史文化资源，如文物古迹、传统村落、民族村寨、传统建筑、农业遗迹、灌溉工程遗产，还有地区优秀戏曲曲艺、少数民族文化、民间文化等，农村的传统文化，以及以非物质文化形态存在的精神领域的创造活动及其结晶的口头传说、表演艺术、社会风俗、礼仪节庆、传统的手工艺技艺等，以及传统理念如“人之初，性本善”的善良、“百善孝为先”的孝道。

它们是我国传统文化的瑰宝，是都市农业持续发展的灵魂。但上述资源分散不统一，不利于都市农业人文科技资源的利用与研究的创新。

将各种都市农业纸质文献与移动影像及声音捕获片段予以整合，将多样化、鲜活的都市农业历史、人文、科研成果资源以数字化形式留存下来，并通过可视化网络技术展现给读者和公众，为科研型读者访问学术资源提供便利；又通过传承传统农业文化资源，发挥中华优秀传统文化对一般性读者的教化育人作用。后期使用都市农业数字人文数据库的反馈评价方式，以维护该数据库提供的信息内容的可靠性及信息服务的可持续性。

3. 融入数字人文技术

随着互联网、移动互联网、广播电视网、大数据分析、云服务、物联网、VR、AR、人工智能等新技术的应用与发展，图书馆应积极参与数字人文领域的国际合作，借鉴国内外高校数字人文中心建设的经验和技术，如对音影图文等新的数字化形态建设和虚拟化展示所需技术，重视对都市农业“数字人文”的分类体系、元数据等信息组织问题及相关标准规范的研究。本研究借鉴互联网新技术，依托我国高校数字人文中心，积极参与数字人文领域的国际合作，创建都市农业文化立体资源库。该数据库强调都市农业人文科技资源的高度整合性与全面开放性，注重培育引介挖掘乡土文化的图书馆专家，开展文化科技结对帮扶，引导社会各界人士投身都市农业人文科技资源开发。

（三）本课题的研究思路

1. 创建都市农业立体资源库总体服务框架

根据农业高校图书馆组织结构及科研工作流程特点，联系客观实际提出了“自顶向下与自底向上相结合”的建设模式，以系统性、标准性、互操作性、可持续性为原则，设计出都市农业文化立体资源库原型，并在此基础上给出完整、开放、实用的都市农业文化立体资源库总体服务框架（下图）。

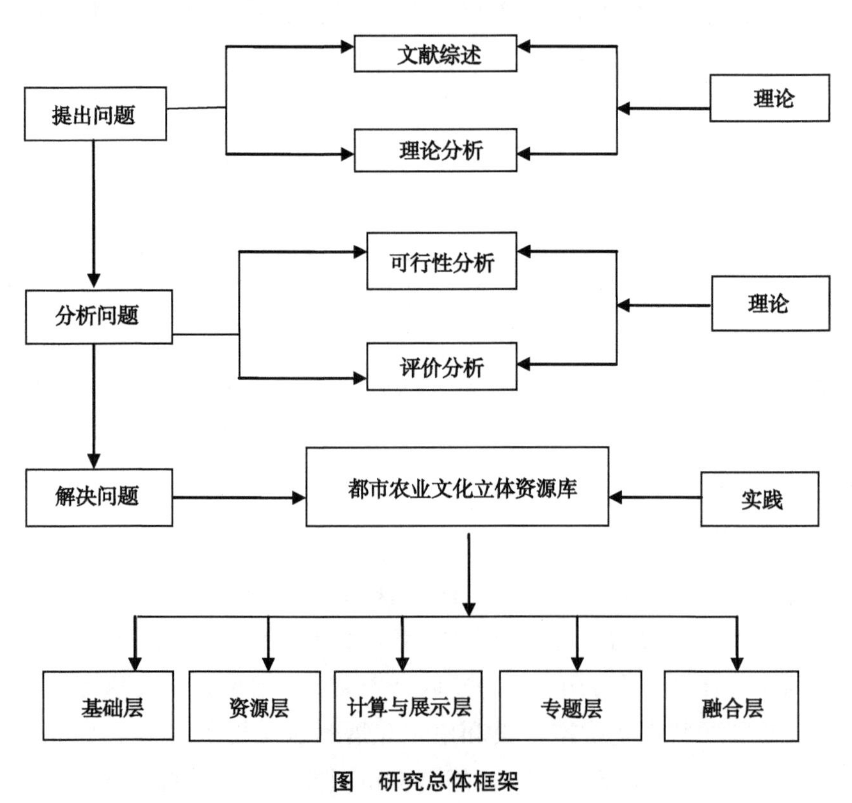

图　研究总体框架

2. 创新地从微观层面对都市农业文化资源建设的各个方面进行深入研究

制定都市农业文化立体资源库的建设政策，明确内容体系、提交条件、元数据利用、全文利用、长期保存、知识产权保护等政策内容，为都市农业文化立体资源库的资源建设与利用提供了规范与指导；拓展都市农业文化资源的采集模式，多途径、多入口、多种方法发散地提高与丰富都市农业文化立体资源库的资源数量；总结都市农业文化立体资源库中的信息组织方式，提出从多个角度关联知识内容；构建学科领域开放资源导航库为用户提供知识导航，并创新地提出了基于数字人文领域实现开放资源关联组织与可视化导航的新思路；提出了农业高校图书馆都市农业文化数字资源的整合模式，并总结归纳了农业高校图书馆都市农业文化数字资源集成体系；对资源长期保存策略提出了建议。

3. 基于功能的都市农业文化立体资源库分层设计

根据农业高校图书馆组织结构及工作流程特点，对“都市农业文化立体资源库”工程进行研究与实践探索，探讨关于都市农业文化资源的分专题解析方式、各种文化资源的整合方式、数字资源的深加工方式、提供雅俗共赏读本的都市农业文化再创造输出形式、图书馆数据库与用户便捷互动交流方式等，将集成为“都市农业文化立体资源库”数字化建设的新模式，为图书馆数据库建设提供示范，为都市农业理论研究、为都市农业文化资源观提供研究个案。同时，在实践过程中关于北京都市农业的历史梳理和文化解析，还将为北京未来都市农业建设提供理念和素材。

根据农业高校图书馆组织功能与都市农业发展特点，联系客观实际，以系统性、标准性、互操作性、可持续性为原则，设计出都市农业文化立体资源库模型。

“都市农业文化”立体资源库工程定位于传播都市农业的文化资源，提高图书馆文化软实力的综合性智慧服务平台。按照分层构建思路，建立一个集资源库，资源传播与展示，社会服务等资源收集、传播、开发为一体的全方位立体化解决方案。平台以都市农业文化资源为核心，以都市农业特色内容为主线，通过对都市农业文化资源的深层开发挖掘，推出特色化、个性化、动态化、交互式的多媒体展现形式。功能框架包括分层城市记忆数据资源库、资源管理模块、公众展示模块、平台服务模块、平台支撑模块等“四块一库”构成。以都市农业文化数据资源库为后台资源支撑，以读者展示模块和平台服务模块为前台资源利用，全面开发利用都市农业文化资源，满足读者、企事业单位、个人开发利用资源的需要。

（1）分层、互联的都市农业数据资源库

都市农业文化立体资源库工程着眼于北京从古至今的有形建筑与设施，深入挖掘古建筑、民俗、名人、园林、沟渠等实物资料，以及本馆馆藏中与之相关的论文、图书、图片、文献、音频、视频等多媒体记录手段，并在此基础上建立专题数据库，搭建完整、开放、实用的都市农业文化立体资源库总体服务框架，建构北京都市农业文化资源的多维向度、多层结构都市农业文化立体资源库。

（2）资源管理模块

资源管理模块涵盖的采集、加工、整理和专业查询等功能，是资源形成和管理的功能板块，包括了都市农业文化资源管理系统和都市农业文化资源专业检索系统等。资源管理板块实现了都市农业文化资源的集中加工和处理。

（3）资源展示模块

资源展示模块将都市农业文化资源可视化再加工，实现历史和文化资源的对外展示，包括都市农业文化资源展示管理系统、网站和电子商务系统等。通过对已有资源的再加工、再编辑，使用通俗易懂、易为读者接受和传播的展现形式展示都市农业文化资源。

（4）平台服务模块

平台服务模块体现了都市农业文化数字资源平台的开放性，通过构建都市农业文化数字资源共享服务系统，收集都市农业文化资源，实现平台的最大利用和共享。

（5）平台支撑模块

平台支撑模块包括都市农业文化立体资源库综合管控系统和基础支撑平台，通过对各系统的集成和数据交换，提供平台各系统间的通用支撑和基础模块，是平台运行的基础环境。

4. 都市农业文化立体资源库的实施策略

创新地从微观层面对都市农业文化的资源建设的各个步骤进行了深入研究：都市农业文化数字资源平台的核心运行工作包括资源采集、资源创建、资源存储、资源发布，以及资源分析五个过程，对“原始”的海量数据进行分析、识别，发现其中具备都市农业特质的数字资源，按照数据入库标准进行记忆资源创建，并统一入库存储，通过可视化技术展示并发布记忆资源，提供给用户使用。具体包括：制定都市农业文化立体资源库的建设政策，明确内容体系、提交条件、元数据利用、全文利用、长期保存、版权协议等政策内容，为都市农业文化立体资源库的资源建设与利用提供了规范与指导；提出多种拓展都市农业文化资源的采集模式，多途径、多入口、多种方法发散地提高与丰富都市农业文化立体资源库的资源数量；总结都市农业文化立体资源库中的信息组织方式，提出从多个角度关联知识内容；构建学科领域开放资源导航库为用户提供知识导航，并创新的提出基于开放资源关联组织与可视化导航的新思路；提出农业高校图书馆都市农业文化数字资源的整合模式，并总结归纳了农业高校图书馆都市农业文化数字资源集成体系；从战略机制、宣传推广、激励措施、版权保护、人力团队等方面给出资源长期保存的具体实施建议，以期高校图书馆都市农业文化立体资源库能够可持续发展。

第一章　图书馆都市农业文化信息资源概述

信息化时代就是信息成为资源、产生价值的时代。信息化是当今时代发展的大趋势，代表着先进生产力。20 世纪 50 年代中期，从第三次浪潮信息革命开始，以“计算机”信息技术为主体，以智能创造和知识开发为重点，人类社会正在向信息互联时代过渡。互联网带来了人类信息基础环境的革命性变化，网络虚拟信息空间中信息自由流动的低成本、高效率让人类真正地进入了信息本位的时代。网络信息基础环境凭借着印本文献信息基础环境所无法比拟的优势取而代之，从三维空间汇集信息资源的全球信息集成系统“数字地球”。早在 1992 年，联合国教科文组织就推出了一项“世界的记忆”的计划，旨在采用新的数字技术方法，保护濒危的文献遗产。随后，各国政府、图书馆、信息机构等，秉持其理念和思路，以项目、联盟等的形式进行了有关数字学术资源的保存研究。

20 世纪 90 年代传入我国的都市农业文化是一种既传统又现代的创新文化形态。它是中国传统农耕文化与西方都市农园、都市农业文化融合的产物，是对传统农耕文化的传承和发展，是城市文化和乡村文化的结合体。以首都北京为例，北京是世界上最早的城市之一，迄今已有 3000 多年的建城史。作为历史悠久的东方古城，创造了政治、经济、文化多方面的辉煌。同时北京的历史文化包含在整个都市农业之中，文化是都市农业的灵魂，都市农业是文化传承的动力之源。习总书记曾强调，北京具有“首都风范、古都风韵、时代风貌”的城市特色。为了世世代代传承、保存都市文化遗产，要展开相关的都市农业数字学术资源的保存研究。而且都市农业数字学术资源的保存研究不再仅仅是数字资源建设的一种需求，它已经成为科学发展、文明传承、文化繁衍的重要基础，它的水平高低，将会直接影响到信息社会的本质，影响到人类文明的传承。

一、都市农业的概念、特征

（一）都市农业的概念

“都市农业”的概念，是20世纪五六十年代由美国的一些经济学家首先提出来的。都市农业是指地处都市及其延伸地带，紧密依托并服务于都市的农业。它是大都市中、都市郊区和大都市经济圈以内，以适应现代化都市生存与发展需要而形成的现代农业。

都市农业是以生态绿色农业、观光休闲农业、市场创汇农业、高科技现代农业为标志，以农业高科技武装的园艺化、设施化、工厂化生产为主要手段，以大都市市场需求为导向，融生产性、生活性和生态性于一体，高质高效和可持续发展相结合的现代农业。

（二）都市农业的功能

生产功能，也称经济功能。通过发展都市地区生态农业、高科技农业和可持续发展农业，为都市居民提供新鲜、卫生、安全的农产品，以满足城市居民食物消费需要。

生态功能，也称保护功能。农业作为绿色植物产业，是城市生态系统的组织部分，它对保育自然生态、涵养水源、调节微气候、改善人们生存环境起重要作用。

生活功能，也称社会功能。农业作为城市文化与社会生活的组成部分，通过农业活动提供市民与农民之间的社会交往，精神文化生活的需要，如观光休闲农业和农耕文化与民俗文化旅游。

示范与教育功能。都市郊区农业具有“窗口农业”的作用，由于现代化程度高，对其他地区起到样板、示范作用。作为城郊高科技农业园和农业教育园，可为城市居民进行农业知识教育。

总之，都市农业的功能主要是：充当城市的藩离和绿化隔离带，防止市区无限制地扩张和摊大饼式地连成一片；作为“都市之肺”，防治城市环境污染，营造绿色景观，保持清新、宁静的生活环境；为城市提供新鲜、卫生、无污染的农产品，满足城市居民的消费需要，并增加农业劳动者的就业机会及收入；为市民与农村交流、接触农业提供场所和机会；保持和继承农业和农村的文化与传统，特别是发挥教育功能。

（三）都市农业产业文化发展的意义

都市农业是把第一产业、第二产业和第三产业结合在一起的新型交叉产业，它主要是利用农业资源、农业景观吸引游客前来观光、品尝、体验、娱乐、购物等的一种文化性强、大自然情趣很浓的新的农业生产方式，体现了“城郊合一”“农游合一”的基本特点和发展方向。都市农业产业发展与文化事业繁荣是相辅相成的，都市农业产业发展是文化事业繁荣的基础，文化事业的繁荣反过来也促进了都市农业产业的发展。都市型现代农业创意文化产品作为文化产业的成果和积累，成为公益性文化事业的重要组成部分；而文化事业的发展与繁荣，可以极大地激发广大群众的创造性。不断涌现的文学艺术、人文社科、科学技术等原创作品，终将成为都市农业产业发展的源泉，促进都市农业产业的快速发展（王趁义，2012）。

都市农业创意文化等产业的发展融入图书馆特色资源知识服务体系之中，是图书馆发挥其文化功能、教育功能和社会功能的基础和条件。

二、都市农业文化

（一）都市农业文化的产生

实质上，都市农业文化是伴随着都市农业的产生而产生的，都市农业和都市农业文化有着不可分割的必然联系。

1. 都市农业文化是伴随着都市农业的产生而产生的

20世纪二三十年代的德国，当时农业已经与城市发展相关，如居民花园、阳台和街头空地的市民农业等。1930年日本有学者提出了“都市农业”的说法。20世纪五六十年代，“都市农业”成为被全世界广泛接受的科学概念，到20世纪90年代“都市农业”在全世界范围引起了人们的广泛关注。1991年联合国发展计划署成立了都市农业顾问委员会，次年成立了都市农业支持组织（SGUA）。都市农业作为一种独特的农业形态，使城市和毗邻的农村农业在布局、形态、功能诸方面发生了巨大的变化，都市农业从此在全世界范围得到了快速的发展。

中国在20世纪80年代中期提出城郊型农业文化的概念。随着农产品市场供求关系出现根本性变化，20世纪90年代初提出发展现代都市农业文化问题。都市农业文化在东部地区，特别是长江三角洲、珠江三角、环渤海湾等发达地区发展较早。1994年，上海成为我国第一个将发展都市农业列入国民经济发展纲要的城市。北京市明确提出要以现代农业文化作为“都市经济”的增长点，强化其食品供应、生态屏障、休闲观光和科技示范功能。深圳市以发展现代都市农业文化作为特区的重要战略选择。自2006年中央农村工作会议明确提出生产发展是新农村建设的主要目标，北京、上海和广州等大都市，发挥城市资源、技术、市场、信息和人力资本集中的优势，借助高新技术应用，发展现代高效农业文化，经过多年实践已经初步构建了区域都市农业的基本框架。2017年“中央一号文件”明确提出，支持有条件的乡村建设以农民合作社为主要载体、让农民充分参与和受益，集循环农业、创意农业、农事体验于一体的田园综合体，通过农业综合开发等渠道开展试点示范。现代都市农业在顺应农业供给侧结构性改革、生态环境可持续、新产业新业态发展的要求的同时，以现代企业经营管理的思路，利用农村广阔的田野，以美丽乡村和现代农业为基础，融入低碳环保、循环可持续的发展理念，保持田园乡村景色，完善公共设施和服务，实行城乡一体化的社区管理服务，拓展农业的多功能性，发展农事体验、文化、休闲、旅游、康养等产业，实现田园生产、田园生活、田园生态的有机统一和一二三产业的深度融合。

2. 都市农业文化与都市农业有着不可分割的必然联系

一般来讲，文化是一种社会现象，是人们长期创造形成的产物，同时又是一种历史现象，是社会历史的积淀物；具体地说，文化是指一个国家或民族的历史地理、风土人情、传统习俗、行为方式、思考习惯、价值观念、文学艺术等。城市农业区农业所涉及的动物、植物和人文意义的民风民俗等节事活动，都具有丰富的历史、经济、科学、精神、民俗、文学等内涵，不可避免地具有文化功能和特征，表现为多样性（体现在具体表现为都市农业语言、食物、居住地、认知等）、区域性（主要体现在都市型现代农业地理位置及生态环境，具体表现为温度、水源、生物的种类、土质等）、时限性（认知、生活方式等方面随时间发生的改变）和流动性（主要体现在人际的活动、交流与由此产生的信息传播）。

一方面，都市农业文化源于都市农业，没有都市农业的哺乳，都市农业文化的创新和发展难免营养不良，乃至枯萎败亡。中国的传统文化就是农耕文化，建立在传统的农耕经济基础之上。中国传统文化带有多方面的农耕文化的特征。“在中国占主导地位的传统文化，无论是物质的还是精神的，都是建立在农业生产的基础上的，它们形成于农业区，也随着农业区的扩大而传播。”在拉丁文的字义上，文化 Culture 含有耕种、居住的意义，并由此引伸为对人的性情的陶冶、品德的教养。英文“农业”一词 Agriculture，就是由前缀 agri 和 Culture（文化）合成而来的，充分地表达了农业与文化之间不可分割的联系。城市文化一直难以完全脱离农业文化，从某种程度来说，农业文化孕育了城市文化，只是近现代城市化的出现才导致城市和乡村的对立。正如马克思所认为的“古典古代的历史是城市的历史，不过这是以土地财产和农业为基础的城市；亚细亚的历史是城市和乡村差别的统一（真正的大城市在这里只能干脆看作王公的营垒，看作真正的经济上的赘疣）；中世纪（日耳曼时代）是从乡村这个舞台出发的，然后，它的进一步发展是在城市和乡村的对立中进行的，现代的历史是乡村城市化，而不像古代那样，是城市乡村化”。

另一方面，都市农业文化造福、反哺都市农业。开发和善用都市农业文化，必然带来无穷的都市农业产业的经济效益。没有都市农业文化的参与，都市农业只是一种农产品，一种饮料，市场交易也只能是初级交易。有了都市农业文化的参与，才能形成完整的都市农业的经济贸易，才能提升和发展都市农业。

（二）都市农业文化的内涵

狭义的文化特指人类社会历史生活中精神创造活动及其结果，即以社会意识形态为主要内容的观念体系，是政治思想、道德、艺术、宗教、哲学等意识形态所构成的领域。广义的文化即“人化”，它映现的是历史发展过程中人类的物质和精神力量所达到的程度和方式。《辞海》定义文化是从广义的角度来说的，是指人类社会历史实践过程中所创造的物质财富和精神财富的总和。美国文化学家克罗伯和克拉克洪的《文化·概念和定义的批评考察》，给文化下了一个综合的定义：文化由外显的和内隐的行为模式构成，这种行为模式通过象征符号而获取和传递。文化代表了人类群体的显著成就，包括他们在人造器物上的体现；文化的核心部分是传统观念，尤其是它们所带来的价值观；文化体系一方面可以看作是活动的产物，另一方面则是进一步活动的决定因素。这一文化的综合定义得到普遍的认同。恩格斯在《劳动在从猿到人转变过程中的作用》中科学地指出，文化作为意识形态，借助于意识和语言而存在，文化是人类特有的现象和符号系统，起源于人类劳动。

从广义的“大文化”概念来理解，都市农业是一种文化，是人类所创造的“人工世界”及其人化形式的一部分。从“自然的人化”的视角来探析都市农业这一独特的文化形态，可以这样表述都市农业文化的定义：都市农业文化是人在改造自然、社会和人的思维的对象性活动中所展现出来的体现的人的物质和精神力量的方面及其成果。王冬冬（2006）认为都市型现代农业是一种先进的农业文化形态，它是城市文化和乡村文化的集合，它不仅承延了中国传统农耕文化崇尚和谐的特质，更兼具了西方商业文明的竞争意识和创新精神；王克孝（2010）提出都市型现代农业文化是都市型现代农业的灵魂，都市型现代农业是穿着物的外衣的都市型现代农业文化，是人在创造物质财富中使自己的知识、经验、理想等客体化的过程。

都市农业文化的实质即人化，是人类在改造自然、社会和人本身的历史发展过程中，赋予物质产品、精神产品和人的行为方式以人化形式的特殊活动，是指人所创造的“人工世界”及其人化形式的这一部分。因此，广义的都市农业文化包括物质产品和精神产品，都市农业文化的狭义方面更主要展现的是人的智力、能力、品格以及需要、趣味和爱好，是人的尺度和人的发展的程度。

（三）都市农业文化系统

从都市农业文化的基础理论可以看出，都市农业文化是一个有机的系统，它由外向内包括都市农业物质文化、都市农业行为文化、都市农业精神文化三个类型。杜姗姗（2013）从物质文化、行为文化、制度文化和精神文化四个层次分析文化的基本特质，并从这四个层次分析文化影响下都市农业发展的特征。

都市农业物质文化是人们改造自然界以满足人类物质需要为主的那部分物质成果。因此，都市农业物质文化是人在创造物质财富中使自己的知识、经验、理想等客体化的过程。都市农业物质文化随着生产力的时代性的转变，还不断地改变着人类生存的自然界的人文景观，如农艺景观和工艺景观。目前，都市农业物质文化类型主要有生态农业文化、观光休闲农业文化、高科技农业文化、加工创汇农业文化、美丽乡村、田园综合体等。

都市农业行为文化是人类处理个体与他人、个体与群体之间关系的文化产物，包括个人对社会事务的参与方式、人们的行为方式，以及作为行为方式的固定化、程式化的社会经济制度、政治法律制度，等等。在都市农业行为文化中，保存和复制着一个都市的民族风貌，实行着一种特殊的社会机制，即在相互交往中实现着人的社会化。都市农业行为文化主要由都市农业的生产功能、环保功能、休闲功能、研发扩散功能、社会公益性服务功能等的体现。都市农业行为文化，因各地社会经济情况不同，所显示的重点亦不相同。

都市农业精神文化是都市农业从业人员的文化心态及其在观念形态上的对象化，包括他们的文化心理和社会意识诸形式。社会意识通过理论化、系统化的形式，即政治法律、思想、道德、艺术、宗教、科学、哲学等表现出来，它形成都市农业精神文化中最有理论色彩的部分，体现他们对世界、社会以及人自身的基本观点，反映他们对外部世界认识和改造的广度和深度。文化心态是历史形成的民族情感、意志、风俗习惯、道德风尚、审美情趣等所规范的社会的某种意向、时尚和趣味，即都市农业的价值观念、价值取向和心态结构。都市农业精神文化的具体体现为普遍的环保意识、创新意识、支农富农意识、追求快乐体验心理、游览休闲意识等。

(四) 都市农业文化的特征——传统与现代的交汇、交融

都市农业文化不是凭空产生的，既有中国传统文化对都市农业文化的影响，也有西方现代化对都市农业文化的要求与映射。

1. 都市农业文化是对中国传统文化的辩证否定

(1) 中国传统文化的特征

中华民族在漫长的历史发展过程中创造了灿烂的中华文明，华夏文化的产生源远流长。中国传统文化，是唯一延续到现代而没有中断的农业文化系统，是具有极强内聚力的内向的心理结构的农业文化，是具有中华民族特色和封建主义时代特点的农业文化体系，是建立在宗法制度基础上的血缘农业文化，是以人生为基本主题的一种修养农业文化。传统文化博大精深，包括世代相袭的农业劳动工具与劳动方式、农村民俗、乡土习俗、农事节庆、以“道法自然”“天人合一”为价值理念的农本观念等，在都市农业文化发展中仍旧有其积极的意义。传统文化体现一个国家的民族文化，其精髓是民族精神。中华民族的民族精神主要是：坚韧不拔、自强不息的主体人格；崇尚和谐统一的价值取向；重义轻利、顾全大局的行为规范。这些方面集中体现了传统文化的人文精神及其对中华民族人格的塑造与建构。

(2) 中国传统文化的传承

文化犹如一条记忆的长河，是各时代人们智慧的集合体，因此文化本身具有传递性。传统文化是从历史上延传下来的民族农业文化。正如费孝通所说的那样：“文化本来就是传统，不论哪一个社会，绝不会没有传统的。”传统是指由历史延传下来的、体现人的共同体特殊本质的基本价值观念体系。它渗透在一定民族或区域的思想、道德、风俗、心态、审美、情趣、制度、行为方式、思维方式以及语言文字之中。传统是人们在漫长的历史活动中逐渐形成并积淀下来的东西，它具有相对的稳定性，深深地影响着现在和未来。不同的民族，不同的农业文化背景，有不同的传统；同一民族在不同的时代，对传统的理解也不一样。对传统的解释与认同，总是同人们对历史的具体把握和所处时代的特点相联系的。主要来自农耕文化的农业文化从广义

上理解，是指在农业生产实践活动中所创造出来的、与农业有关的物质文化和精神文化的总和。

日本京都大学饭沼二郎教授在《恢复传统经营方式重建日本现代农业》一文中提出："否定传统农业的现代化，将会导致农业的衰退；只有尊重农业传统搞现代化，才会使农业迅速发展。"因此，正确认识并挖掘利用传统农业文化的价值与功能是都市农业文化发展的重要基础。

相对于外来农业文化来说，传统农业文化是指母农业文化或本土农业文化，即民族农业文化；相对于现代都市农业文化来说，传统农业文化是指历史上流传的农业文化。中国传统农业文化，是指以汉族为主体、多民族共同组成的中华民族在漫长的历史发展过程中创造的特殊农业文化体系。当我们面临着由工业化进程所带来的资源短缺、环境污染和破坏等问题时，应该转变我们的发展观念，先从我国传统农业文化中寻求人与自然的和谐相处之道，从根本上解决发展中的问题。

传统农业文化的精华塑造了我们的民族精神，如坚韧不拔、自强不息的主体精神；崇尚和谐统一的价值取向；重义轻利、顾全大局的行为规范，等等。任何事物都有两面性，传统农业文化固有的弱点也造就了我们的小农意识和封闭习惯等封建思维。都市农业文化在分析批判传统农业文化的基础上，吸收其精华，剔除其糟粕，使中国都市农业文化充满生机和活力。

2. 都市农业文化是对西方现代文明的扬弃

现代化西方文化作为一个包括着经济、政治、思想、生活方式、人的现代化等的综合社会概念，一些社会构成的理想，比如民权、法律面前人人平等、司法公正以及民主，最早起源于16世纪的文艺复兴时期，经过启蒙时代的启蒙，在美国革命、法国大革命时达到顶峰，如今这些准则已经成为现代西方文化的基石，并且引起了西方国家社会和人的根本性变化。虽然西方现代文化作为最重要的价值观，引发了其他许多种亚文化，但是世界还是多元性的。在当今的农业现代化、建设小康社会、实现全社会富裕的进程中，都市农业文化建设一定必须以马克思主义为指导，以社会主义核心价值体系为根本，正确对待外来文化，才能不偏离准确的方向。马克思主义是现代文化的杰出代表，又是当代中国社会主义现代化建设的指导思想。只有用马克思主义的立场、观点和方法，正确分析传统文化的优劣，正确处理民族文化与外来文化、传统文化与现代文化的关系，才能真正振兴和重建中国文化。在当今世界上，实现农业现代化决不是重复和模仿西方发达国家走过的道路。只有在同外来文化的相互交流中，只有立足于都市农业现代化建设的具体实践，认真研究和解决农业现代化建设中遇到的新情况、新问题，以经济上发达国家作为参照和借鉴，吸收它们的先进经验，借鉴和吸收外来文化的优点和长处，才能创造出符合中国国情和民意的先进的都市农业文化。

三、都市农业资源的特点

（一）具有知识的复杂性的特点

都市农业研究的内容宽泛而复杂，跨越农学、生态学、气象、经济、政策等多个领域，因此，用来反映都市农业过程及结果的资源自然也具有相当的复杂性，比如来源复杂、内容复杂、传播复杂等。都市农业信息服务资源将整个都市农业生产分为产前、产中、产后信息化三部分，其中又按照都市农业产业的类型分为休闲旅游业、生态农业、加工创汇农业、设施农业、创意农业、高科技创汇农业和沟域经济信息化服务系统。

1. 都市休闲旅游信息服务资源

都市休闲旅游农业文化是指都市休闲旅游农业的“文化特质”，即都市休闲旅游农业的“人化形式”。它是以农业生产活动为基础，农业和旅游业相结合的一种新型产业文化。休闲旅游农业文化是利用农业资源、农业景观、农业生产活动，为游客提供观光、休闲、旅游的一种参与性、体验性、趣味性和文化性均强的农业文化。休闲旅游农业文化，集田园风光和高科技农艺于一体，包括观光农园、观光果园、观光菜园、观光花园、水面垂钓园、郊野森林公园、野生动物园、药用植物园、休闲农庄、休闲农场、生态农业园、体验农业园、高科技农业园等多种模式。休闲旅游农业文化信息服务模式，通过休闲旅游农业文化研究文献浏览，人文景观图片、视频的观看，吸引研究者、城市市民、新型农民深入农村特色的生活空间，满足城乡居民人文研究、游览赏景、登山玩水等精神活动和享受乐趣的需要。

2. 都市生态农业信息服务资源

党的十七大报告第一次提出“建设生态文明”这一重大命题，标志着我们党发展理念的升华，对发展与环境关系认识的飞跃，具有划时代的意义。

生态农业文化包括有机农业文化、环保农业文化、绿色农业文化、健康型农业文化，是指农业生产的产品有利于人们身心健康，生产的环境有益于人们健康长寿的新兴产业。

从世界视角看，农业领域进入了生态农业文化时代。在严峻的生态、环境挑战面前，当务之急是避免重复建设“怪圈”，加紧建设生态文化和生态农业文化特色资源，收集都市农业生态文明研究前沿领域文献，通过这些文献的收集，体现人类生存和发展追求的目标，代表时代前进的方向，反映都市农业的强大生命力。

3. 都市加工创汇农业信息服务资源

都市加工创汇农业文化是指都市加工创汇农业的“文化特质”，包括都市加工农业文化和都市创汇农业文化。

都市加工农业文化指对大田作物、果木和畜产品等农业原材料进行再加工形成产品中的“人化形式”这一部分。它包括农产品粗、精、深等不同形式的加工理念，使花色、形态、味道等方面不断改进与提高，涉及食品、饲料、皮革、毛纺、医药、化工和纸等诸多工业行业。都市加工农业文化信息服务的主要功能是通过对文献、视频、图片等深层次加工整理，满足城乡居民对日用品、工业品的时尚美观和增加收入的文化信息需求。

4. 都市设施农业信息服务资源

都市型现代设施农业文化是指都市型现代设施农业的“文化特质”，即都市设施农业的“人化形式”的那一部分。通过收集都市设施农业文献、图片、视频，可以展现都市农业克服自然条件的限制，利用先进的工程技术设施，对农业自然环境的改变，进行人工生产环境的建设，获得最适宜植物生长的环境条件，收获生长周期短、无污染、安全、优质、富营养的绿色农产品的可视化过程，满足城乡居民的健康长寿文化生活需要。

例如，依托北京农学院的农业应用新技术的北京市重点实验室，围绕都市型农林产业对新品种的迫切需求，以特色农作物、都市园艺作物和园林植物为研究对象，都市型现代设施农业文化信息服务通过挖掘新品种如青贮玉米、小豆、菜用大豆、观赏海棠、板栗、百合、串红、丁香等特色作物的种质、基因资源，构建现代种业种质资源创新平台。

5. 都市创意产业信息服务资源

文化创意产业是文化创意的表现形式和最高成果。“创意”（Creative）意为“有创造力的、创造性的、产生的、引起的”等，包含了人类生活的物质的、精神的全部具有创造性的行为和意识。“创意”的特征表现为：“高文化”和“高科技”相结合、“以人为本”、抽象性、“改变发展方式”等。文化创意产业是一种附加价值高、资源节约型、环境友好型的新型产业。它实现了由有限的自然资源破坏性使用向开发附加价值高的智能资源的转变，因此，有很大发展空间，主要涉及文化艺术、新闻出版、广播电影电视、软件和网络及计算机服务、广告、会展、艺术品交易、设计服务、旅游和休闲娱乐、其他辅助服务行业。

6. 都市沟域经济信息服务资源

“沟域文化”是沟域经济的“人化”部分，包括沟域物质文化、沟域行为文化和沟域精神文化。北京都市沟域文化信息服务模式是以各区县山区资源为依托，以新的信息技术为手段，以科技、人才、文化为支撑，在开发山区沟域文化资源的探索与实践过程中形成的，是对现有不同“沟域文化”的归纳和总结。

7. 都市农业高科技文化信息服务资源

高科技现代农业是农业先进技术、尖端技术，以农业科学最新成就为基础，处于当代农业科学前沿的、建立在综合科学研究基础上的技术，是农业领域中高层次的、核心的、前沿的技术。高科技农业文化包括：精准农业文化，数字农业文化，智能化农业文化，三维农业文化，等等。

高科技现代农业文化信息服务模式在服务理念上坚持“科技先导、服务至上、合作共赢、协同创新”，并建立适合企业发展和具有一定市场竞争力的技术型人才梯队和激励机制，实施“先人一步”的信息开发战略，制订资源开发计划，自主创新与协同开发相结合，并以创新型信息服务模式、自主技术和品牌承担社会责任，多方位服务于人类健康，服务于“三农”，促进社会进步。

（二）具有视频载体的特殊性以及知识关联的丰富性

都市农业是一种文化，更是一种具备文化属性的知识，在其保护、传承与发展过程中主要涉及知识信息的采集、整理、组织、传递以及传播。目前，表述都市农业知识内容的载体主要有文本、图片、音频、视音频（简称视频）、动画和游戏等。其中，多媒体、可视化方式因为具备视听双向、多维度真实客观地表现时空概念，采录方便且拥有良好的纪实和艺术表现效果等独特优势，被广泛地运用于都市农业的知识采集、数据库建设以及内容传播。经过不断努力与发展，各种都市农业多媒体资源和作品如“雨后春笋”般不断涌现，各级文化部门也分别建立了相应的都市农业数据库。但是目前都市农业知识资源的建设还只停留在都市农业资源单向采集、整理和存储的初级模式中，还不具备构建一种具有丰富关系的都市农业知识网络以满足各级各类用户根据其需要进行文化认知、文化建构与文化体验。

最后，都市农业知识元在知识组织上具有一定的烦琐性。都市农业有九个大类，每个大类下又有众多子类和子项目，除了线性知识外，都市农业还包含大量的非结构化知识，表现在知识组织关系上需要更多考虑关于历史、地域、事件、人物、时间、传承脉络以及相关机构等因素的关联关系。这给知识组织在技术实现上和语义逻辑上带来了一定的难度。

（三）具有文化传承的潜在价值

都市农业科研数据作为都市农业科学研究的结果，具有科学数据的潜在价值。

据调查，数据存储为结构化数据和非结构化数据，43. 2%的科学数据以文本形式存在于文件管理系统中，16. 5%的科学数据以结构化数据形式存在于不同类型关系数据库中，以非结构化数据为主。

据调查，67.3%的科研人员采用个人电脑或移动硬盘进行数据保存；78.6%的被调研部门并没有建设科学数据库；数据质量参差不齐，数据资源不完整等数据标准化问题显著，获取的科学数据不能够满足科研人员需求。

第二章　图书馆都市农业知识服务技术的发展

随着第三次技术革命的迅猛发展，知识逐渐取代了土地、劳动等传统生产要素而成为经济增长的主要驱动力量。1962年美国经济学家马克鲁普提出了“知识产业”的概念，有力地论证了知识在现代社会经济发展中的作用。1983年，美国加州大学教授保罗·罗默提出了“新经济增长理论”，认为知识是一个重要的生产要素，可以提高资本的收益。随后《后工业社会的到来：社会预测的一场尝试》《第三次浪潮》《大趋势》等著作清晰地揭示了知识经济时代的图景。进入20世纪90年代，著名管理学家德鲁克提出了“后资本主义社会”“知识社会”的观点。知识工作者成为主导社会发展进步的力量，继而带来了社会结构、组织管理方式等方面的变革。1996年国际经合组织发表了“以知识为基础”的经济报告，标志着知识经济发展时代的全面来临。

一、都市农业知识服务兴起的知识经济时代背景

（一）知识经济时代都市农业知识服务内涵

图书馆知识服务是新一代网络信息技术应用于图书馆对信息进行处理的理论与实践，通常经过信息采集、信息过滤、信息分类、信息摘要、精华萃取等处理过程，运用交互式方法为图书馆馆内、馆外用户提供服务。传统信息服务则是基于用户简单提问和基于文献信息资源获取的服务。而知识服务是基于知识内容的服务，它非常重视用户需求分析，根据问题和问题环境确定用户需

求，通过信息的析取和重组来形成符合需要的知识产品，并能够对知识产品的质量进行评价，因此又称为基于知识获取的服务。

图书馆都市农业知识服务是以专业知识内容和互联网信息进行搜索查询为基础，从各种显性和隐性知识资源中按照用户的需要有针对性地提炼都市农业知识和信息内容，搭建知识网络，为用户提出的问题提供知识内容或解决方案的信息服务过程。该知识服务平台可以提供：新闻摘要、问答式检索、论坛服务、博客搜索、网站排名、情感计算、倾向性分析、热点发现、聚类搜索和信息分类等知识服务。

（二）图书馆知识服务兴起的必然性

用户需要的是无差错的信息，知识资源的利用具有很强的目标导向，不同的信息在不同的用户中体现不同的价值；如何使用户准确地、高效地使用信息，使信息价值在使用中得到体现，从而充分发挥图书馆知识资源的作用，使图书馆知识资源服务具有必要性。具体体现在以下三方面。

首先，促进信息服务的组织创新。科技发展的重要前提是积累、继承和借鉴他人或前人的成果。没有继承和借鉴，就不可能有提高和创新。没有交流和综合，就没有发展。科学上的继承、借鉴、交流和综合主要是通过信息提供的途径来实现的。任何一个科研项目，从选题立项、实际研究到成果鉴定，每一步都离不开信息，都需要了解国内和国外是否有人做过或者正在做同样的工作，取得了一些什么成果，尚存在什么问题，以便借鉴他人经验，改进和部署自己的工作。图书馆针对用户的需求，要花费大量的时间对有关信息进行全面的调查研究、分析整合，充分掌握有关信息，提供贯穿于用户进行知识捕获、分析、重组、应用过程的服务，根据用户的要求来动态地和连续地组织服务，而不是传统信息服务的基于固有过程或固有内容的服务。只有这样，才能帮助用户做到对科研前沿问题心中有数，才能避免重复，少走弯路，保证科研的高起点、高水平，缩短研究周期，获得预期效果，才能在已有研究基础上有所发现、有所创新、有所前进。

其次，促进信息服务的增值。新的科学技术使人类社会生产的产业结构处在急剧的新旧蜕变之中。大批知识密集型的工业相继涌现。随着生产的不断发展，边缘科学、交叉学科的大量涌现，需要科研工作者和学者拓宽知识面，更新旧有的知识结构，而所有这些都是以信息的量和质的增加为前提的。图书馆知识服务关注和强调利用自己独特的知识和能力，对现成文献进行加工形成新的具有独特价值的信息产品，为用户解决其他的知识和能力所不能解决的问题。

最后，启迪用户创造性思维。知识既是过去经验的总结，又是未来的向导，古今中外一切有成就、有贡献的科学家，都是在广泛吸收前人和同代人的知识、得到启迪而取得成功的。当今世界是一个信息开放的世界，信息就是知识、资源，信息就是财富。掌握知识信息多的人对知识信息少的人就是一种挑战，获得知识、信息快的人对慢的人就是一种压力和冲击。图书馆如果能帮助大学生和科技人员在大学期间，或者在工作中提高独立获取知识的能力，增强信息素养，了解、熟悉信息获取的途径和方法，合理地利用信息，则是一件十分有意义的事情。现在图书馆的职能已经不是单纯的知识资源的占有，而是把培训用户成为信息素养人，使他们能够认识到何时需要信息，具有利用、确定、评估和有效地应用所需信息的能力。从根本意义上说，也就是培养他们知道知识是如何组织的、如何去寻找信息、如何去利用信息，使他们能为终身学习做好准备，因为他们总能寻找到为做出决策所需的信息，对其今后的职业生涯将会产生难以估计的效益和深远的影响。

二、图书馆都市农业知识服务的机遇与挑战

（一）知识经济时代图书馆知识服务的机遇

1. 知识经济时代的全面到来

人类发明制造的各种仪器和借助的各种工具，提高了人类的感知能力。通过它们，我们能感知人的感官无法直接来感觉的物质及其信息的存在，如紫外线、红外线、细胞、粒子与电磁波等。

20 世纪 50 年代末，由于计算机的出现和普及，信息量、信息传播的速度、

信息处理的速度以及应用信息的程度等，都以几何级数的方式在增长，信息对整个社会的影响力达到一种绝对重要的地位。我们正处在一个知识信息时代，这是一个信息成为生产力的时代。今天，人们正在比以往更多地利用信息，以获得竞争的优势，引进并更好地利用计算机技术来创造竞争优势。这一时期，人类所取得的重大信息技术突破有：1945 年，第一部电子计算机投入使用；1983 年，第一个机器人在前联邦德国大众汽车股份公司投入服务；1989 年，互联网出现，全新的网络经济从此迅猛发展。

2. 知识资源的产生与兴起

理论具有时代的烙印，一种理论的流行是特定社会环境的需要，这种需要催生了相应的理论，也传播了相应的理论；另一种理论的含义不应凭借望文生义推断，而应从历史背景来理解新概念特定的倾向性，欲强调什么、忽略什么。

知识资源的客体是知识。知识资源的兴起源自知识的价值和作用在信息环境和社会经济形态双重变革下的凸显。

20 世纪 80—90 年代，数据库技术的发明和完善使信息的获取更为直接、方便和精准化（以信息检索替代了数据的批处理），其服务也更接近用户的信息需求，遥感技术、智能计算机、数据库成为获取信息的主流工具。信息资源开发利用将信息资源视为主要资源，并为社会所广泛接受，这就是信息资源理论的时代烙印与技术烙印。没有计算机的发明就不会有信息资源的概念，而只有在数据库技术、统计分析、数据挖掘技术出现之后，信息资源的概念才成为主流的概念。

如何理解信息资源的本质？信息，指音讯、消息、通信系统传输和处理的对象，泛指人类社会传播的一切内容。信息是普遍存在的，但并非所有的信息都是资源。只有经过加工处理，对决策有用的数据才能构成资源。开发利用信息资源的目的就是充分发挥信息的效用，实现信息的价值。

在知识经济时代，作为经济活动生产要素的知识资源，是将结构化信息与非结构化信息和人们利用信息的规则联系起来，做到了对信息资源的更好利用。因此，以资料为中心的信息资源开发利用的理念正在逐渐过时，当今流行的信息资源观是以数据资料为中心的信息资源观，其主张的重点是充分挖掘数据资料中的全部信息资源。

首先，知识资源产生与兴起来源于信息的基础——数据。

数据是指那些未经加工的事实，是对一种特定现象的描述。例如，当前的温度、电影票的价格以及你的年龄等，这些都是数据。而信息是指在特定背景下具有特定含义的简单数据。比如，假设你要决定穿什么衣服，那么当前的温度就是信息，因为它正好与你即将做出的决定（穿什么）相关。信息价值有着明确的主观性，一条信息是否有用，完全与此人的行为目标有关。对一个人极为宝贵的信息，对另一人很可能一文不值。因此，不能夸大信息资料的作用或将信息的价值绝对化，将信息资源比同于物，以为信息会有着长久的价值。

信息就是那些经过某种方式加工或以更具意义的形式提供的数据。例如，在生活中，电影票的价格对于一个观众来说可能是信息，而对于一个负责确定月末净利润的会计而言，它可能就只代表数据。因此，信息就是有意义的数据。1948 年，数学家香农在题为“通讯的数学理论”的论文中指出：“信息是用来消除随机不定性的东西。”创建一切宇宙万物的最基本的万能单位是信息。根据信息描述定义，有学者提出了信息的定量分析方法，即信息量的大小取决于信息内容消除人们认识的不确定程度，消除的不确定程度大，则发出的信息量就大；消除的不确定程度小，则发出的信息量就小；如果事先就确切地知道消息的内容，那么消息中所包含的信息量就等于零。因此，准确地讲，信息是对客观世界中各种事物的运动状态和变化的反映，是客观事物之间相互联系和相互作用的表征，表现的是客观事物运动状态和变化的实质内容。

其次，在知识经济时代，知识来源于我们能及时地获取信息并知道该用它做什么。知识服务系统把分散于个人的经验、技能集中起来，实现知识共享，把行业知识组织起来，让计算机能够像专家一样，辅助决策，它关心并致力于帮助用户找到或形成解决方案。

为了运用信息开展知识服务工作，并且把信息作为一种知识产品来生产，我们通常从信息的时间和空间维度来利用信息的价值。一是时间维度。信息的时间维度包括两方面：在人们需要时及时获得信息；所得到的信息与你正要做的事情相关。图书馆的信息资源就像许多其他资源一样，也会变得陈旧和过时。例如，若想今天进行股票交易，就需要知道现在的股票价格，如果你的股票价格信息总是滞后，你就会被市场淘汰。因此，图书馆只有提供最新、最前沿的信息并时机适宜，才能发挥信息的知识效益。知识服务是面向增值服务的服务，它关注和强调利用自己独特的知识和能力，对现成文献进行加工形成新的具有独特价值的信息产品，为用户解决其他的知识和能力所不能解决的问题。二是空间维度。不能获得的信息对用户来说就是无用的。信息的空间维度阐述了信息的便利性，即不管用户在哪里，都能够获得信息。无论你是在家中、课堂上、办公室，甚至是在旅途中，都可以获得所需要的信息。图书馆通过知识和专业能力为用户创造价值，使自己的产品或服务成为用户认为的核心部分之一；通过显著提高用户知识应用和知识创新效率来实现价值；通过直接介入用户过程的最可能那部分和关键部分来提高价值，而不仅仅是基于资源占有、规模生产等来体现价值。图书馆知识服务与信息的空间维度是紧密相关的。图书馆为用户提供远程接入时，那么用户在图书馆以外的任何地方都可以上网获取信息，只需具备网络浏览器软件以及通过防火墙的密码。

再次，知识来源于对信息的目标控制。

“知识就是力量。”知识可视为前人智慧成果的积累，这种积累有许多形式，诸如被发现的科学知识与自然规律、有效的技术与技术标准等。知识与智慧可以表现在制度、组织与默契的合作关系之中；知识可以用文字表达，也可以存储在工具中，一柄锄头、一把锯子可以包含大量的知识与技术；知识与智慧还可以用程序的方式来表述，程序是知识与智慧最方便、最便于修改又最便于执行的存储形式。

施加控制是实现人类一切复杂目标的关键。将砖、瓦、石、木料集中起来并不等同一幢楼房，要使之变为楼房，需要在每一个细节上施加控制力，让每一块砖、瓦、石、木都精准地各就各位才能变成楼房。人们在生产工作中的每一项活动都是有目标的活动，实现目标就是这项活动的价值。任何目标只有精心去控制、去管理才有可能实现，这种进行精准控制的行为就是信息行为。信息本身就是为进行这种控制而输入的内容，信息控制是为达到预定目标进行的需要耗费精力的选择行为，信息行为本身是一种施加控制的努力。而需要借助他人的智力、借助他人积累下来的智慧来改善控制，是一种综合的知识工程，表明知识因能够用于目标概率控制而成为了一种资源，这是知识信息资源的概念的产生。知识与规律能够减少人们认识过程中的冗余思考，由苗头能够直接预见到结果，会大大提升人们的控制力。知识应用的效果是化解了目标的复杂性，提升了目标实现的概率。

知识信息资源论主张要以应用目标为中心，认为与应用无关的资料是垃圾。知识信息资源论将信息行为看作对目标行为施加控制力的努力，知识的应用成为提升控制力的关键，由此实现目标的过程将越来越成为一项知识工程，强调运用知识与智慧提升工作与生产效率，实现最终目标的效益。

在知识经济时代，以知识化为中心的信息资源理念的普及推广，将引导人们更聪明、更智慧、更有成效地利用各类知识，实现目标。

3. 从传统信息服务到知识服务的提升

在知识经济时代产生、流行和发展起来之前，人类文明的发展经历了石器时代、青铜器时代、铁器时代、蒸汽时代、电气时代（表 2-1）。在信息交流落后的远古，人们主要通过口耳相传或借助器物相传，信息传递速度慢、不精确。而自从产生了文字，信息感知包括文字、图像、声音识别以及自然语言理解等，信息传递速度相对快一些，但费用高。马克思说：“诚然，动物也进行生产。它也为自己构筑巢穴和居所，如蜜蜂、海狸、蚂蚁等所做的那样。但动物只生产它自己或它的幼崽所直接需要的东西；动物的生产是片面的，而人的生产则是全面的；动物只是在直接的肉体需要的支配下生产，而人则是摆脱肉体的需要精心生产。”这是因为人找到了语言文字的方式，人的活动成果可以上升为精神文化形态。正如刘进田所指出的：“文化作为存在和灌注于人的全部社会活动中的普遍集体意向，实质上是人的一种内在精神和观念体系，是一种抽象的而非感性的深层意识，它是难以直观的。但是现实存在的文化却并非是一片无名之城，不是超言绝象的混沌，它总是以直观的方式存在的。就是说，现实文化总是以符号的形式存在。”因此，不通过符号中介、不借助一定的载体材料，人仍然无法认识、理解和掌握文化，文化就不能传承、交流、积淀和增值，文化就无法生存。

表 2-1　信息及信息技术产生的发展阶段

发展阶段	产生了哪些信息技术	主要特点
石器时代	语言	人类信息能力有了一次飞跃
青铜器时代、铁器时代	文字	人类信息的传递和储存首次超越了时空的局限
蒸汽时代、电气时代	造纸术、印刷术	信息储存增强，初步实现信息广泛共享
电信时代	电报、电话等近代通信技术	进一步突破时限制
信息时代	计算机等现代通信技术	信息的处理能力得到惊人提高

在互联网与电子信息媒介出现之前，图书情报学所处的信息基础环境主要是印刷型文献居于主导地位的信息环境。互联网带来了人类信息基础环境的革命性变化，人类真正地进入了知识经济时代。高性能计算机、信息源和因特网有机组合的网格，到伯纳斯·李提出的语义网等新技术不断涌现，这昭示着互联网环境下产生的新的信息知识问题成为政府、企业和社会必须面对和解决的主要问题。特别是近年来“智慧地球”和“智慧城市”理念的兴起和建设的推进，基于大数据和云计算平台的泛在知识环境的大规模构建，使得知识和智慧能成为网络信息基础环境下的关键资源，衍生出的知识的可流动性、可集成性和可发现性等问题正引起学术界和实务界越来越多的关注。

因此，在知识经济时代到来，知识服务的概念真正产生并流行起来之前，分别产生了传统文字信息、资料信息、数据信息、数字信息等服务内容。不同的信息服务发展阶段有其不同的产生背景与不同的应用环境，在知识经济的时代使用知识服务的概念是科学理解知识服务理论的真谛。所有这些表明，在现代社会生产中，知识已成为生产要素中一个最重要的组成部分，以此为标志的知识服务将成为21世纪图书馆的主导型服务形态。

（二）图书馆知识服务的挑战

1. 用户难以搜索到合适的信息

20世纪70年代末至80年代，大规模集成电路的应用使计算机性能获得成百上千倍的提高，其强大的数据处理能力使数据资料可反复从不同角度进行分析。信息技术的爆炸式发展，政府、企业、社会信息化应用的过热式需求，使人们将大规模数据视为一种可利用的资源，信息资源从技术应用变成了无处不在的重要经济资源。“信息资源与物质、能源并列构成支撑社会的三大资源”的说法表明了信息资源的重要性，但由于人类的记忆和信息处理能力都是有限的，生活于其中的环境所获取或接收的信息量总是远远高于其所能消费、承受或需要的信息量，大量冗余的信息严重干扰了其对相关有用信息的准确分析和正确选择。

（1）信息孤岛与信息超载越来越严峻

在信息不断膨胀的互联网时代，信息孤岛与信息过载越来越严峻，从数据海洋中获取有用资源如大海捞针。人类正在通过信息技术将历史上曾经生产的种种媒介内容融入比特之海，同时以史无前例的速度继续生产内容。以往社会中的信息生产和流通，主要遵循“先过滤后发布”的原则，大众媒体、图书馆、学校、专家权威等扮演了“把关人”和“过滤器”的角色。但如今，越发普遍的却是信息的“先发布后过滤”，信息资源开发利用在进入21世纪后，尤其是互联网发展的今天，浩翰的信息虽轻触鼠标可以瞬间呈现，接入超过自己需要、超过自己处理能力的信息量，但所迫切需要了解的、适合自己品位的、合适的信息纷纷被遮蔽、撤销、封锁，需要的信息却搜索不出来。

（2）用户获取信息的交易成本越来越高

在信息时代，许多人随时随地、随心所欲地浏览查看各种信息，但信息是有成本的。信息成本同实物资产、人力资产、技术、财务资源及知识一样，已成为经济发展必不可少的生产要素。从本质上说，任何可以被数字化（编码成一段字节）的事物都是信息。信息对不同的消费者有不同的价值，不管信息的具体来源是什么，人们获取任何信息资源，都要支付现金购买信息资源，信息资源成本就会产生。

（3）用户的时间成本越来越高

信息资源是无限的、可再生的、可共享的。互联网在极大改变社会资料供应形势，网上资料的丰富程度呈指数增长，通过网上搜索软件能够快速收集到过去难以想象的丰富信息资料，电子邮件、实时通信、手机成为信息共享的改善力量。而在另一方面，资料供应过剩所带来的时间与注意力的不足，也带来应用的目标不足，过量阅读已成为一种社会性的浪费。当人们畅游网络的时候，网络上层层的链接，铺天盖地的信息，垃圾邮件、垃圾信息将很多有用的信息淹没，使人目不暇接、晕头转向。在资料日趋过剩的年代，人们不再关注那些增加阅读量的系统，而是在寻找帮助筛选资料的系统，人们需要少读一点，读精一点，节省时间，以便有更多时间思考问题并进行思想的创新。

2. 图书馆传统信息服务的局限性

图书馆的产生是同文字的创造和书写材料的使用分不开的。随着文献的增多，便出现了如何收集、保存和使用这些文献的问题，图书馆由此应运而生。最古老的图书馆出现于美索不达米亚、中国、古埃及、古希腊等人类文明的最早发源地。虽然随着现代电报、电话的发明，信息传递速度更快，及至计算机发明后的第一个十年，图书馆的信息服务中仍是以图书、情报为代表的单一文字信息，还没有信息资源服务的概念。

20世纪50—70年代，信息服务以图书馆、情报所为代表的文字信息资源服务为主。

当代的计算机网络时代，信息技术已发展到遥感技术和智能计算机时代，信息资源在新形势下发生了显著变化，呈现出许多新特征，信息的传递量大、信息多样化，传递速度极快、不受地域阻碍，网络环境的变化也对信息服务提出了新的要求，比以往任何时候都更需要图书馆利用高级的组织机制、数据关联来实现信息资源的最优化配置和开发利用。

信息服务逐渐以信息收集为中心到以利用为中心的知识服务转变，这要求知识服务人员转变理念，深度整合资源，重视知识产出之间语义关联关系管理。

3. 都市农业知识共享服务的迫切需要

农业信息技术是农业科学和信息科学相互交叉渗透而产生的新的学科领域。经过半个多世纪的发展，农业信息技术已产生了包括农业专家系统、精准农业、虚拟农业、管理信息系统、决策支持系统、信息化自动控制技术、农业信息网络、农业数据库系统等多个应用领域，这些成果在农业科研和农业生产中都取得了很大的经济效益和社会效益。但是现有的系统都是独立的，同样的数据，需要这一数据的不同部门可能要分别去采集；同样的处理软件，每个系统都要开发自己的版本；许多昂贵的仪器设备，本单位并不经常使用，而需要的人却无法得到。这就导致了不同领域之间、领域内部的各个系统之间资源是分散的、功能是独立的、结构是异构的，系统之间无法实现信息资源的共享，造成了大量的人力、物力和财力的浪费。而要实现农业信息资源共享，首要难题是资源的组织与描述。知识的组织和服务，通过对知识的获取、组织、分发、应用，实现对人的显性和隐性知识的共享和知识创新，提高组织的创新能力、反应能力、生产率以及技术技能，增加核心竞争力。因此，在知识经济时代的大环境下，图书馆都市农业知识服务有助于扩大都市农业知识整合共享、利用的程度与范围，增强创新能力和服务智能。这就使得解决都市农业信息资源共享问题的知识服务成了当务之急。

4. 图书馆都市农业信息服务转向智慧服务模式

古希腊哲学家亚里士多德指出："城邦的长成出于人类'生活'的发展，而其实际的存在却是为了'优良的生活'。"追溯智慧城市的起源，我们可以发现，其萌芽伊始正是伴随着城市与人们生活之间的关系而产生并逐步发展的。2009 年 11 月，IBM 商业价值研究院撰写了《智慧城市》一书，该书提出了智慧城市应具备的六大特点：一是灵活，二是便捷，三是安全，四是更有吸引力，五是广泛参与合作，六是生活质量更高。

"互联网+"时代，数据库检索设计一键式和傻瓜化，搜索引擎和社交网络工具的日益完善和广泛运用，使信息资源的获取更趋便利，通过网络图书、手机微信、阅读器、平板电脑，读者能随时快速查阅浏览信息；智能眼镜定位读者，自动推荐读者所在位置的相关资源；三维展示，营造读者身临其境的感受。

综上，在新一代信息技术的基础上，智慧城市的理念催生了图书馆基于读者感知需求的更高质量、方便快捷、立体覆盖、泛在智能、应急响应的特色资源智慧化服务体系（图 2-1）。

第一，个性化智慧服务模式。在知识服务中，人性所辐射的地方就是服务所涉及的范围。此服务模式主要是从读者的需求和读者的环境出发，馆内外知识专家和计算机领域专家的协同合作，对读者感兴趣的知识进行有针对性的收集与获取，并通过计算机技术和网络技术编辑、维护和管理来实现都市农业信息的收割、更新和发布（赵洗尘，2009）。如采用知识组织系统（Ontologies）

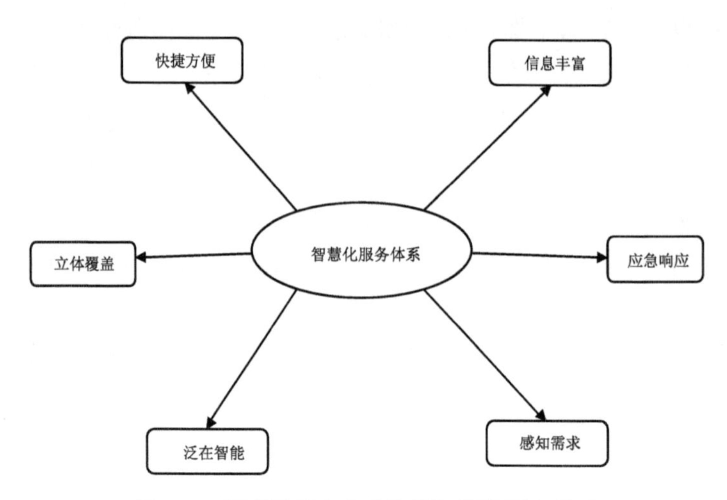

图 2-1　图书馆都市农业资源智慧化服务体系

对对象进行加工，因而可以对用户输入的关键词进行相似性计算来扩展概念，有利于信息检索的领域化、专业化和语义化，很大程度地提高都市农业用户信息检索的查全率。都市农业资源加工的对象，是随着都市农业发展而迫切需要解决的主要矛盾或矛盾的主要方面，如都市农业模式趋同、环境污染、土地流转机制与制度、食品安全等。较强的问题解决能力要求馆员具有哲学思维，"一把钥匙开一把锁"，利用数据库、计算机群件系统、工作流控制系统等方法，以专题文摘、综述、评论或图表等形式，进行知识交流和知识匹配传送管理，为都市农业科研用户提供及时、动态、满足个性化需求的知识信息。

第二，学科化智慧服务模式。都市农业按学科划分，覆盖了基础科学、农业工程、农艺学、植物保护、农作物、园艺、林业、畜牧与动物医学、蚕蜂与野生动物保护、水产和渔业、经济管理等多门学科。为进一步强化农、工、管主干学科基础，主动适应社会经济发展和都市现代农业发展对人才培养的需要，都市农业知识服务可以借鉴国外许多大学图书馆实行的垂直管理组织方式的成熟经验，破除按照业务流程安排人员的组织管理方式，让具体图书馆员全面负责一个专业领域的信息资源建设、分析组织、参考咨询、用户教育等工作。除对本地数据库中的本校教师、研究人员的论文、专著，按需求的学科类别、研究热点、方向与科研流程进度进行加工、整理，辅助科研人员挖掘出新的科学发现（郑东华，2012）外，定期主动提供文献参考、咨询和培训服务，推动学生专业知识结构改善，助力人才培养质量提高。较高的学科知识分析能力同时也要求馆员有较扎实的学科知识，具备学科研究的潜质，向学术型、学者化馆员方向发展，成为某一或某几个学科的文献研究专家（郑东华，2014）。

第三，数字人文服务模式。随着互联网+图书馆信息服务模式的紧密结合以及都市型现代农业发展，图书馆围绕都市型现代农业发展和高层次农业人才培养需求，瞄准都市农业学科群中的前沿问题和关键技术，探索应用新信息技术改造提升传统农业信息服务模式的模式，服务于都市农业发展，服务于都市农业学科群建设，服务于都市农业文化的传承和保护。

都市型现代农业的学科主题十分丰富，类型多样，涉及的动物、植物和人文意义的民风民俗、节事活动等，使都市型现代农业特色资源不可避免地具有丰富的历史、经济、精神、民俗、文学等文化内涵和横向联系的多学科交叉的特征。但是，在图书馆由都市农业信息服务向智慧服务的转型阶段，图书馆都市农业特色资源收集、整合建设成效一直处于较低的水平，缺乏宏观规划和管理，因而存在特色信息资源开发不足、利用不够、数字化资源转化效益不高等问题。表现为以下方面。

第一，都市农业知识服务较为传统。以中国引文数据库为对象，时间截至 2018 年 6 月，检索条件：机构 = “北京农学院” 或者单位 = 或者作者单位 = “北京农学院”，或者学位授予单位 = “北京农学院”，并且出版时间 between（“2000”，“2018”），检索到发文共 1 805 篇，（图 2-2）；检索到被引次数，自 2000 年以来逐年上升（图 2-3）；发文在 19 篇以上的有 20 多人，这些作者是科研领域的活跃人物（表 2-2）；加州大学圣地亚哥分校物理学家乔治・赫希认为，一个人在其所有学术文章中有 N 篇论文分别被引用了至少 N 次，他的 H 指数就是 N，该指数能够比较准确地反映一个人的学术成就和影响力。中国引文数据库统计表明，北京农学院的 H 指数是 75（图 2-4），结合 H 指数的定义，说明在北京农学院的所有学术论文中有 75 篇论文分别被引用了至少 75 次。因此，北京农学院的发文量、被引频次和 H 指数统计印证了都市农业信息服务阶段，知识含量较低，对科研的引导性不强，对北京农学院农业科研工作者的影响力仍有很大的上升空间。

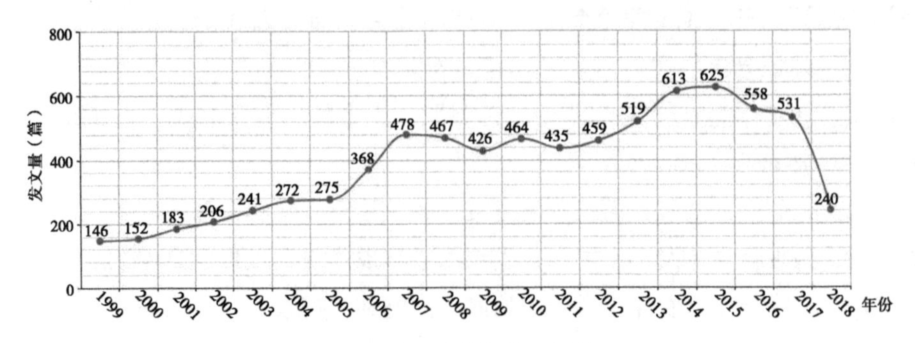

图 2-2　北京农学院发文量分布

（数据来源：中国引文数据库）

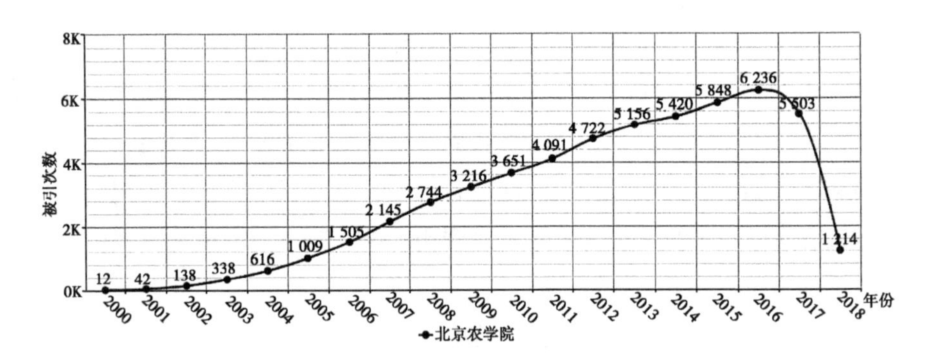

图 2-3　北京农学院的被引次数统计

（数据来源：中国引文数据库）

表 2-2　北京农学院发文 19 篇以上作者统计

序号	作者	发文量
1	王有年	63
2	晁无疾	49
3	何忠伟	34
4	刘凤华	34
5	邓　蓉	33
6	郑文堂	33
7	华玉武	32

（续表）

序号	作者	发文量
8	范双喜	27
9	沈文华	27
10	吴国娟	26
11	许剑琴	25
12	杨为民	25
13	白景云	24
14	李　华	24
15	陈　饶	23
16	史亚军	23
17	魏朝俊	22
18	周　敏	21
19	杨　静	21
20	刘乾凝	19
21	刘克锋	19

（数据来源：中国引文数据库）

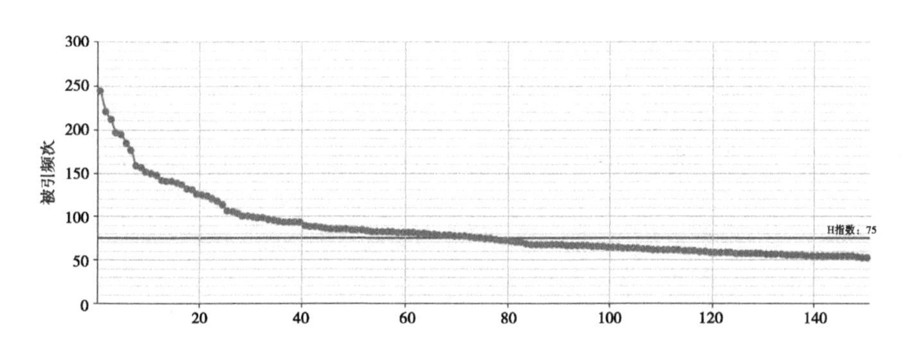

图 2-4　北京农学院 H 指数分布

（数据来源：中国引文数据库）

第二，都市农业智慧人文服务仍处于起步阶段。大数据、云计算、人工智能迅猛发展，影响着人类生活的方方面面，也不可避免地影响着都市农业学科研究、生产、传播的方式。图书馆的功能不仅仅体现在在对文献的保存中，更重要的是利用数字技术促进文献在更大范围内传播、推广，发挥其作用。

图书馆智慧服务充分运用计算机技术与人文知识开展的合作性、跨学科的研究、教学和出版等活动，把数字技术如3D技术、虚拟现实技术和思维引入特色数字信息资源的管理和开发利用，都会使得资源建设加速。但目前图书馆在对海量资源主要基于已有的虚拟网、专网平台进行采集、数字化加工、内容分发和网络传播的技术，不能解决海量数据在高并发、高请求环境下传输不畅的瓶颈，实现智能调度，有效提高信息资源的传输速度，因此，造成数据库虽然建成并运行，收录的文章数却偏少，内容量不大，出现了“有车无站，有站无车”的情况。

三、图书馆都市农业知识服务趋势与展望

2015年10月，大英图书馆发布2015—2018年馆藏元数据战略，我国图书馆界也需要融入大数据环境，大力提倡元数据先行战略，主张元数据权益，整合元数据资产，实现馆藏元数据资源与社会资源关联，吸纳社会元数据资源，推进馆藏元数据的开放服务，以全面释放图书馆馆藏资源价值。随着都市农业信息技术的发展，“信息孤岛”成为了都市农业进一步发展的一个障碍，而基于关联数据构建都市农业资源元数据和都市农业知识本体对都市农业知识资源的组织与描述，是解决这一问题的前提，从而实现农业信息资源的透明共享。

（一）基于语义网的都市农业资源知识组织与整合

农业信息资源的语义化资源描述本身不仅要让人能够无歧义地理解所描述的资源，更重要的是要让机器也能相互理解所描述的资源信息，实现资源的共享。当前，互联网信息量大且增长速度惊人，但由于计算机不理解网页内容的语义，信息的处理无法通过计算机自动完成，即使通过搜索引擎也很难保证数据查找的准确性。这是由于互联网是按“地址”，而非“语义”来定位信息资源，语义网的出现很好地解决了这一问题。所谓“语义网”，通俗地说，是按

照能表达网页内容的“词语”链接起来的全球信息网，或者说是用机器很容易理解和处理的方式链接起来的全球数据库。语义网有助于都市农业信息资源的共享，使网络有能力提供动态与主动的服务，从而更利于人机之间的对话和协同工作。语义网的实现需要以下 3 个层次。

1. 搭建都市农业元数据基础框架

元数据是描述数据的数据，尽管元数据概念始于 20 世纪末，但概念所表达的内涵及所表现的作用却早已存在。从图书馆来看，传统目录、检索文摘，以及 MARC 数据都具备元数据特质，且对物理资源和数字资源的管理和利用发挥了举足轻重的作用。元数据能很好地解决资源描述、资源发现、认证、互操作、数据管理、访问控制、数字化保藏、内容分级等问题。在信息资源管理与共享中，以数据为载体的信息资源具有动态、分布、多元和无序的特点，需要一组统一、可复用、形式化的媒介来实现对海量实体数据进行识别、组织、描述和管理等一系列活动，这一媒介就是元数据。在特定环境、出于特定目的或特定角度的语境下，一组关于数据的数据可以作为元数据使用，因此在国际标准 ISO11179 和国家标准 GB/T18391 中，元数据被定义为“定义和描述其他数据的数据”，其使用目的是识别资源，评价资源，追踪资源在使用过程中的变化。依据管理对象和管理目标的不同，元数据有不同的类别和形态，既有业务元数据、技术元数据和管理元数据，又有描述元数据、语义元数据和用户元数据，还有版权元数据、保存元数据和使用元数据等；元数据的管理功能不仅在于识别、描述、定位物理资源，而且在于搜寻、评估和选择数字资源，更多的还在于关联、计算和挖掘其中的知识资源。数字环境所带来的元数据种类、层级、来源、渠道、形态和格式不一，因而需要图书馆构建统一的元数据体系。

都市农业元数据库入库原则包括合法性原则、小数据原则、质量原则、增量更新原则、兼容性原则等，通过搭建一个领域数据集的基础框架、提供描述数据集所需的最小领域知识以及定义数据存在的基本规则，从而便于机器理解，实现简单高效地管理大量都市农业网络化数据，实现信息资源的有效发现、查找、一体化组织和对都市农业资源的有效管理。

农业元数据为了实现语义化的资源描述，它的第一层次就是要定义一套元数据，以描述资源。依据管理对象和管理目标的不同，元数据有不同的类别和形态。既有业务元数据、技术元数据和管理元数据，又有描述元数据、语义元数据和用户元数据，还有版权元数据、保存元数据和使用元数据等；元数据的管理功能不仅在于识别、描述、定位物理资源，而且在于搜寻、评估和选择数字资源，更多的还在于关联、计算和挖掘其中的知识资源。为此，我们结合农业的实际情况将农业资源元数据分为履历元数据，内容元数据，数据集元数据和服务元数据。

2. 基于三元组框架对都市农业资源的描述

都市农业知识元具有一些专属性质，主要表现在以下几点。首先，在内容上都市农业知识元是表述都市农业属类的知识，应具备都市农业知识的逻辑结构。按照世界经济合作与发展组织（OECD）对于知识的划分，知识可分为：知道是什么（Know-what，事实知识），知道为什么（Know-why，原理知识），知道怎么做（Know-how，技能知识），知道谁有知识（Know-who，人员知识）。与之对应，都市农业的知识可以分为基本信息、历史和文献资料、时空特性、代表性项目、产品和环境、使用器物和典型人物几个方面。也就是说，都市农业知识元可以是对一个都市农业项目及历史的研究介绍、对都市农业活动的某个环节展示或陈述，可以是对某个产品及生产步骤的演示，可以是传承人对一个非遗知识点的演述，亦可以是某个专家对特定内容做出的评述等。都市农业知识描述框架采用“资源-属性-属性值”三元组来提供一种框架容器，并通过 XML 定义一套形式化的方法，为机器语义的理解提供结构基础。

3. 构建都市农业知识本体

知识本体（ontology）可以被看成是领域知识规范的抽象和描述，这种描述是规范的、明确的、形式化的，可共享的。“明确”意味着所采用概念的类型和它们应用的约束实行明确的定义。知识本体的目标是捕获相关领域的知识，提供对该领域知识的共同理解，确定该领域内共同认可的词汇，并从不同层次的形式化模式上给出这些词汇和词汇间相互关系的明确定义。“形式化”指知识本体是计算机可读的（即能被计算机处理），为了便于计算机理解和处理，知识本体需要用一定的编码语言明确表达并形成体系。目前，全球众多领域的数据爆炸性增长使大数据概念成为现实，本体规则使大量的数据每天以关系、数据属性和限制的形式呈现，从而使数据（非结构化、半结构化和结构化）对人类和机器都是可理解的。“共享”反映知识本体应捕捉该领域中一致公认的知识，反映的是相关领域中公认的概念集，即知识本体针对的是团体而非个体的共识。本体不仅可以应付现实世界的复杂性并适应其变化，而且可以轻松扩展及支持知识共享和重用。本体是语义 Web 的基础，本体可以有效地进行知识表达、知识查询，或不同领域知识的语义消解，本体还可以支持更丰富的服务发现、匹配和组合，提高自动化程度。本体知识管理可实现语义级知识服务，提高知识利用的深度。本体知识管理还可以支持对隐性知识进行推理，方便异构知识服务之间实现互操作，方便融入领域专家知识及经验知识结构化等。

农业知识本体就是刻画农业领域实体、属性、关系和过程的一种模型，目的是让农业知识更好地重用、共享和处理。都市农业知识可分为三部分：都市农业劳动对象、都市农业劳动资料和都市农业生产过程，其中劳动对象又可以进一步分为作物、经济动物、土壤等，劳动资料可以分为农业工程、生产技术、农业生态环境和营养与保护等，生产过程可以分为作物生产过程和动物生产过程。根据这种农业知识划分和本体的思想可以构建农业知识本体体系，该体系以劳动对象为体系中心，其他农业知识通过关系与之连通，也就是可以从劳动对象出发找到相关的知识，比如相应的政策、法规和知名专家等。

除了都市农业数据资源外，农业的软件和硬件资源都是都市农业应用系统的共享现存的主要问题。如对都市农业硬件资源的服务封装可以分以下两个步骤完成。第一，把农业硬件资源的静态属性及动态属性抽象出来，描述成服务数据。首先采用标准的 XML 规范来定义语义字典，语义字典为资源属性定义提供了统一的规范，使服务和用户之间对服务描述没有歧义，为服务搜索和发现提供保障。然后根据语义字典，确定各种设备的属性，包括静态属性（如设备名称、设备类型等）和动态属性（如使用费用、当前设备工作状态、完成任务百分比等）。第二，用网络服务描述文件，描述农业硬件资源服务接口。网络服务描述语言用于描述服务各个方面，包括服务所在的位置、支持的传输协议、其中包含的接口、接口中的方法以及方法的参数类型等。网络服务描述语言首先对访问的操作和访问时使用的请求、响应消息进行抽象描述，然后将其绑定到具体的传输协议和消息格式上，以最终定义具体部署的服务访问点。相关的具体部署的服务访问点通过组合就成为抽象的仪器服务。由于网络服务描述语言是以 XML 作为语法基础的，因此，各种开发环境能够采取程序化的手段来分析农业硬件资源服务，并在开发环境中生成相应的程序接口，以实现开发的无缝链接。

不同的元数据标准又形成了大量分布式的异构数据，使得不同系统的资源对象之间的关联十分复杂，无法实现更深层次的资源发现和关联。基于语义网的农业知识本体的研究有利于农业信息资源的组织与描述，通过元数据本体的构建，对元数据进行语义强化，不需要重建元数据方案，可以在充分利用现有元数据的同时，发挥本体概念层次化、结构化和小颗粒度等优势，对农业元数据、农业知识本体进行进一步开发、细化，梳理资源相关的实体关系，挖掘不同资源的共同属性，实现多种媒体资源的深度聚合和知识发现。同时，结合物联网技术的发展，建设都市农业物联网，实现都市农业信息资源共享的透明化，充分挥资源的经济效益和社会效益，为都市农业现代化服务。

4. 充分利用 WEB 技术开展都市农业信息资源整合

一是充分利用现有网站平台整合技术。目前大部分网站技术架构是基于 Web2.0 技术，Web2.0 技术在内容聚合方面有 RSS 技术。TAG 标签技术等。网络用户可以知识本体在客户端借助于支持 RSS 的信息聚合工具软件，依据网民的信息定制，实现对网站信息的自动推送。通过 TAG 标签技术可以实现对信息多维度属性（如区域、品种、服务对象）进行标注，不但可以实现一条信息发布可以在多个栏目同时显示，同时依托信息标签属性实现搜索的智能化和精准化，提升网站的可用性和用户体验。二是利用 Web3.0 技术对信息资源进行个性化、智能化整合。利用 Web3.0 技术对用户定制、访问习惯分析和跟踪的能力，可以实现根据用户信息需求、浏览页面习惯等特征进行个性化聚合服务，并自动推送给用户。三是利用 Web3.0 技术构建智能搜索平台。依托 Web3.0 的语义网技术、聚合技术和挖掘技术搭建的搜索平台，可以通过对自然语言的自动提取，将网站信息的语义按照语义本质进行关联，在提高用户搜索速度的同时，可以提升网站信息搜索的丰富度和精准度。

本体在网络上的应用导致了语义 Web 的诞生，其目的是解决 Web 上信息共享时的语义问题。1999 年，Web 的创始人伯纳斯-李（Tim Berners-Lee）首次提出了“语义 Web”（Semantic Web）的概念。2001 年 2 月，W3C 正式成立“Semantic Web Activity”来指导和推动语义 Web 的研究和发展，语义 Web 的地位得以正式确立。

语义 Web 提供了一个通用的框架，允许跨越不同应用程序、企业和团体的边界共享和重用数据。语义 Web 是 W3C 领导下的协作项目，有大量研究人员和业界伙伴参与。语义 Web 以资源描述框架（RDF）为基础。RDF 以 XML 作为语法、URI 作为命名机制，将各种不同的应用集成在一起，对 Web 上的数据所进行的一种抽象表示。语义 Web 所指的“语义”是“机器可处理的”语义，而不是自然语言语义和人的推理等目前计算机所不能够处理的信息。

（二）基于现代信息技术的都市农业知识智能化服务

基于内容聚合。跨平台资源共享、信息搜索等的都市农业信息资源整合，需要借助现代信息技术，以提升都市农业信息资源整合的个性化和智能化。

1. 都市农业知识图谱

知识图谱（Knowledge Graph）又称为科学知识图谱，在图书情报界称为知识领域可视化或知识领域映射地图，是显示知识发展进程与结构关系的一系列各种不同的图形，用可视化技术描述知识资源及其载体，挖掘、分析、构建、绘制和显示知识及它们之间的相互联系。

具体来说，知识图谱是通过将应用数学、图形学、信息可视化技术、信息科学等学科的理论与方法，与计量学引文分析、共现分析等方法结合，并利用可视化的图谱形象地展示学科的核心结构、发展历史、前沿领域以及整体知识架构，达到多学科融合目的的现代理论，它把复杂的知识领域通过数据挖掘、信息处理、知识计量和图形绘制而显示出来，揭示知识领域的动态发展规律，为学科研究提供切实的、有价值的参考。迄今为止，其实际应用在发达国家已经逐步拓展并取得了较好的效果，但它在我国仍属研究的起步阶段。

2. 都市农业知识库服务

传统的数据库管理系统具有海量数据存储和快速检索的能力，缺乏基于规则的知识表达和推理。人工智能则注重基于规则的知识表达与推理而缺乏海量数据处理与检索的能力。知识库综合了传统的数据库技术和人工智能技术两者的优势，使其不但可以包含海量事实数据，而且还可以包含规则和过程性知识。知识库一般由“事实—概念—规则”三层架构组成，“事实”位于最低层，“规则”位于最高层，每一层都是对下一层的综合和抽象。

都市农业信息资源库是为了实现用户对农业信息资源的透明访问，将分散在不同地理位置上的、异构的资源融合在一起，由资源提供者事先将资源封装并以服务的形式发布，用户可以通过访问封装过的服务对相关的农业资源实现透明访问。资源使用者不需要考虑其所在的位置，只需提交问题请求，然后得到的就是问题解决后的结果，这一过程都是自动完成的，对用户来说都是透明的。农业信息资源的层次化是农业信息资源虚拟化的基础。首先要进行资源的元子化，然后将每个元子化的资源再封装成元服务，资源共享系统可以根据不同的应用组合元服务以满足需求。都市农业信息资源可以采用资源树的组织方式，实现资源的层次化访问。

农业高校图书馆知识信息资源的开发利用，要以需求牵引，与信息技术应用相结合，加强信息资源开发利用的统筹管理和顶层设计，规范知识信息服务行为，促进知识信息资源共享和转化应用。在以用户知识服务为主导的智慧图书馆环境下，由于图书馆鼓励用户自由地创造、发布和分享知识资源，且用户服务不受时间和空间的限制，使得智慧图书馆未来将发展成一个吸纳海量信息的巨型动态知识资源库，成为用户知识管理、知识学习、知识共享和知识创新的重要场所。但不断更新、日益膨胀的信息资源无疑会降低用户查找所需相关资源的效率，使得资源不能被用户有效发现并加以利用，进一步恶化信息过载问题。因此，对图书馆信息资源进行合理地描述、标注、组织和管理，才能提高用户信息检索和浏览的效率，促进知识的利用与共享。

第三章　国内外特色资源建设经验及其启示

特色资源是指充分反映本单位在同行中具有文献和数据资源特色的信息总汇，是图书馆在充分利用自己的馆藏特色、具有地域文化特点基础上建立起来的一种具有本馆特色的可供服务对象共享的文献信息资源。通过国内外图书馆特色数据库建设的理论研究与实践案例获得的启示，利用数据库技术加强图书馆馆藏特色信息资源建设，构建便捷有序、特色高效的馆藏信息资源空间，实现图书馆信息资源效能最大化，是新的信息技术发展的需要，也是图书馆自身发展的必然选择。在网络资源信手拈来的今天，网民通过搜索引擎就能方便快捷地获取各种信息，但各种良莠不齐的信息充斥在互联网上，图书馆又再次成为人们诗意栖居的家园，人们又理性回归到图书馆，寻找可信度较高的数据资料。作为高校的文献信息中心的图书馆，馆藏资源是其生存的重要基础和发展的重要保证，特色资源建设已经成为高校图书馆的研究热点。图书馆若能为用户提供深层次的、结构化的、高效率的特色资源服务，则能在竞争激烈的信息社会中继续获得生存与发展的空间。

一、国内外图书馆特色资源研究综述

近年来，国内对高校图书馆特色资源建设主要围绕特色数据库建设展开，并越来越受到图书馆界重视，已成为不少图书馆的统筹规划项目之一。特色数据库是指依托本馆馆藏资源，针对用户需求，收集、分析、评价某一学科或某一专题有利用价值的各类型信息资源，并按照一定标准和规范将其中特色化的资源进行数字化，按一定的格式进行编排，最终以数据库的形式存储起来的信息资源集合。目前，国内正式出版的图书、期刊几乎都能被商业数据库公司囊括，如万方、维普、超星、读秀、中国期刊网等，同时可作为通过购买引进的馆藏数字资源的补充。但它们多局限于正式出版的内容，或者收录了部分内部资料性出版物，不能完全收录各个地区或某一单位的特色资料。自建特色库是一项投入很多人力、物力，需长期坚持进行的系统工程，农业高校图书馆若都重视收藏那些未被商业公司“鲸吞”的特色资料，并将其采集、整理汇编成特色库，则更能充分满足本地区、行业、单位的特殊借阅需求，也能充分发挥图书馆人在整理、开发一次文献方面的专业优势。

（一）国外图书馆特色数据库建设研究

自20世纪90年代中期以来，欧美发达国家就在数字信息资源的建设与利用方面给予了高度重视。他们借助其在世界上领先的信息技术，在信息资源开发、管理、利用方面走在世界的前列（王纯，2000）。就数字信息资源的政策法律调控而言，H C Relyea探讨了美国联邦信息自由政策的发展近况与热点问题（H C Relyea，2009）。McClure C R等人分析了政府信息政策研究的重要性与实施方法（McClure C R，Jaeger P T，2008）。Berry W E探讨了信息资源网络传播中的传播权问题（Berry W E，2003）。Dames K等等则论及了网络信息资源的利用与侵权问题。2003年9月，王朴在联合国信息素质专家会议上更是指出数字信息资源开发利用与信息素质是决定信息获取的要素（王朴，2005）。

国外对特色数据库的研究最开始集中于理论上的研究，大部分集中在特色数据库的性能、作用、对特色数据库的利用等的研究，包括了对发展中国家的特色数据库的开发、利用的研究。就数字信息资源数据库开发建设实践而言，内容涉及了商业、新闻、综合、科技、工程、法律、医学、生命科学、人文科学、社会科学及各种交叉科学等，涉及了本地区本国的历史传统、文化文明等相关资料，甚至还有一些珍贵资料和古籍史料，如耶鲁大学图书馆建有15个数字图书馆，其中Lewis Walpole Library收藏了18世纪英国的书籍、手稿、印刷品、素描、水彩画和油彩画等珍贵资源；形式从原来的单一的文字、图表，扩展到了声频、视频等多媒体数字数据库；从加工层次来看，全文的、事实型还有目录、文摘、索引等二次文献数字数据库。

相关文献调研表明，国外对高校图书馆特色数据库建设的研究内容主要集中在所面临的实际问题，即建设中的技术问题，表现在以下几个方面。

（1）基于馆内信息资源的数字化问题的研究，表现为对馆内所拥有的都市农业专著的数字化问题及技术问题，如内容与馆藏的互操作性，元数据及其使用；有效的数据采集、表示、数字化存储应用；知识产权、隐私与安全等方面。

（2）以用户为中心（Human-Centered）的研究，可广泛适用的用户资源发现与检索应用的方法与软件，协作技术与工具等。美国高校图书馆的数字数据库研究和实践处于世界领先水平，它们非常重视用户对于数字数据库资源的需求，MichellVisser提出高校在建设和开发数字信息资源，提供数字服务时要首先考虑用户的需求。

（3）以系统为中心（System-centered）的研究，能动态、灵活实现复杂信息环境的技术与系统集成技术，如支持复杂信息存取、人工智能、分析和协同工作的新信息环境的开放式网络架构、互操作性等。

（二）国内图书馆特色资源建设研究

国内在20世纪90年代开始逐渐引入信息资源管理理论，在数字信息资源研究方面也取得一定进展。如始于20世纪90年代的“中国国家实验型数字式图书馆”的实验项目，该项目的一项重要内容就是建成具有特色的数字化全文数据库。随着1998年我国高等教育文献保障系统CALIS的启动，CALIS资助了24个高校图书馆开展特色数据库建设项目，对特色数据库研究起到了极大的激励作用，高校特色数据库建设的研究越来越受到学术界的重视。

通过以《CNKI中国学术期刊全文数据库》为数据来源，以“特色数据库”“专题数据库”“特色资源建设”作为关键词进行检索，将所检的论文按主题分为理论研究、特色数据库建库技术研究、某领域区域特色库建设研究、建设个案研究、建设综述、特色库建设中的版权问题、特色库建设标准与质量、评价指标研究、特色库建设实践和其他研究。经分析发现，国内高校图书馆特色资源建设的研究在数量上呈逐年增长的趋势；在研究初期多为理论上的初探，后来伴随着我国高等教育文献保障系统CALIS的启动，支持了一批数字数据库建设项目，理论研究随着实践的发展而日渐深入和成熟，实践研究也颇有成效，理论探讨和实践研究相结合，研究层次更加深入。尤其近年来，随着图书馆界对版权问题的关注度不断提升，相关理论研究不再只局限在可行性、必要性等一些条件性理论的研究上，有关定义、原则、建设意义、存在问题、相应对策等的研究慢慢增多；关于高校图书馆自建数字数据库建设标准、建设规范的研究和制定，并日臻完善；有关自建特色数据库的版权产权问题也逐渐被人们关注，主要是针对特色数据库建设中涉及的版权问题，包括各种不同文献资源进行数字化时涉及的版权问题研究和利用网络资源建设数据库涉及的版权问题的研究。

1. 特色资源建设的基础性理论

特色资源建设研究比较重要和集中的是理论研究，理论研究一直是研究的重点，其研究数量都处于相对较多状态。学者们主要是从信息服务机构的角度，将特色信息资源的定义、意义及建设中存在的问题作为切入点来研究特色资源，包括对特色数据库建设的必要性和可行性分析，探讨建设特色数据库的意义、建库原则，建设中存在的问题及对特色数据库建设的综合思考，现状调查及研究综述等。

李娅（2006）认为，特色信息资源的特色是指一个信息服务机构采集收藏的信息资源所具备的独特风格，有着区别于其他信息服务机构所收藏的信息资源的不同特点。它包括两个方面：一是图书馆资源中独具特色的部分信息资源；二是图书馆总体信息资源体系所具备的与众不同的特点。

张秀文（2004）认为，特色馆藏资源是一个图书馆区别于其他馆因而能独立存在的基础。经过长期的文献资源积累，图书馆大都会在某一学科、某一方面或某一领域形成内容较为丰富、结构较为完整的文献资源优势，这就是图书馆的特色资源。

马春燕（2007）认为，特色馆藏是指图书馆依据其所处的地理位置、历史传统以及主要读者群的需求，在文献资料收集过程中有意识地选择并逐步形成的具有一定特色和优势的馆藏体系。

金以明（2008）认为，特色馆藏是指一个图书馆所收藏的馆藏资源具有自己的独特风格，它包含两层含义：一是指图书馆中独具特色的部分馆藏；二是指图书馆总体馆藏体系所具备的与众不同的特点。

赵珊珊（2013）针对图书馆特色文献资源建设呈现的趋同化特征，有些图书馆为“特色”而“特色”的短期行为，提出在特色馆藏资源建设中，必须从长期发展出发，基于合理的逻辑框架和发展规划持续建设，如保持相关资源的时效性，服务于研究人员或教师的研究工作，与研究机构和社会组织持续开展合作，不断丰富相关馆藏资源，真正实现基于长效性的持续建设机制。

2. 特色资源建设的形式

为了更好地为学科领域的科学交流与研究发展提供资源实用性、保障性基础，当前我国高校学科特色资源建设的形式多样，针对不同学科，内容选取各有侧重。

（1）学科特色资源建设

学科特色资源是指与重点学科（或交叉学科、前沿学科）或特定专题相关，足以体现其学科特色乃至教育特色的馆藏资源与数字资源。如上海交通大学的“机器人信息库”；中央民族大学的“民族相关文献信息特色库”；华中科技大学图书馆的脉冲强磁场资料库、机械制造及自动化特色库等。经统计，基于学科建设的特色资源共计138项，占特色资源总数的37.81%。由此可见，学科资源建设开始逐渐成为我国高校馆开展特色资源建设的一个重要组成部分。其中，哈尔滨工业大学图书馆、天津大学图书馆、山东大学图书馆的所有特色资源均为重点学科特色资源。

①学科特色数据库。所谓学科特色数据库，是指基于用户的信息需求，以馆藏信息资源为依托，对某一学科主题的信息进行收集、存储、处理、分析、评价，并按照一定标准和规范进行数字化建设的信息资源数据库。学科特色数据库是高校图书馆开展信息服务最主要的资源基础，也是传统图书馆馆藏在网络环境下的另外一种表现形式，即高校图书馆根据自身的服务内容及资源优势，结合本校专业学科的特点，围绕明确的主题或学科范围所建立的一种显示自身学科特色和特殊性的网络数据库。建立学科特色数据库，包括本校教学相关的学科资料的整理，也包括馆藏文献的数字化转换，还包括网络相关专业信息的下载以及综合处理，不论属于哪一种开发方式，都是对

信息资源进行深层次开发。具有强大检索功能的学科特色数据库可以作为学科专业网站建设的基础，能够在网络环境下为教学、科研工作提供更好的平台，从而为教学、科研人员提供快捷高效的资源保障服务。数据库是将相关数据信息以一定方式组织存储的技术手段，目前我国高校图书馆主要以该形式建设学科特色数字资源。具体包括三种类型：一是基于本校重点学科、优势专业独立创建的数据库。像哈尔滨工业大学图书馆的机器人及机电一体化科学、航天雷达与通信系统学科等均属于此类。二是以学科相关的特色馆藏为依托而创建的数据库。较常见的有学位论文库。如浙江大学的古籍文献、民国文献特色资源的建设，即是基于其图书馆的特色馆藏，又与其国家重点学科中国古典文献学紧密结合。三是围绕本学校或本地区的一些特色文献和文化，再与本学校的重点学科与优势专业相结合，在其资源基础上创建的各类特色数据库。如北京大学的北京历史地理数据库；西北农林科技大学图书馆的黄土高原水土保持数据库。

②学科数字图书馆。数字图书馆作为一个系统，通常拥有更大规模的、分布合理的数据库和知识库群，用户可以通过一致性访问对其直接进行检索，从而获得所需的学科信息。如兰州大学的敦煌学数字图书馆（包含6个数据库）；清华大学的中文数学数字图书馆、中国建筑数字图书馆、中国水利史数字图书馆等。

③学科网站。将某一学科的特色资源通过网站进行组织与建设，是当前我国使用较多的形式之一。如湖南大学的图书馆学科服务网站；中国科学技术大学的火灾科学学术资源网。

④重点学科导航库。即按照图书馆学的原理和方法对网络上与学科相关的数字资源（如电子期刊论文、专家学者、研究进展报告、研究机构等各种资源）实施收集整理，形成一个虚拟的资源库，作为馆藏资源的有效扩大和补充，提供用户浏览和检索。具体内容十分广泛，包括最新论文、学术热点追踪、专家成果追踪、学术会议信息、主要研究机构研究进展、新出版专著等。如此通过重新组合的方式将网络环境中海量丰富但杂乱无章的信息资源转化为学科数据库信息资源的一部分，使之具有稳定性和连续性。比如由多所高校参与的CALIS重点学科导航库；四川大学的口腔医学网络资源导航库、中国语言

文学网络资源导航库等。重点学科导航库是建立在互联网络上的数据库导航，其目的是让该学科领域的教师、科研工作者能够以较快的速度了解这一领域最前沿的国际动态及学术发展。建立学科导航库既能够丰富图书馆的网络数字资源，又可以为用户提供更为便捷高效的网络化服务。

⑤学科信息门户。它是基于控制质量的信息服务，将其他网站或文件的链接提供给用户。如中国科学技术大学图书馆的 Metalib 学术资源门户；西安交通大学图书馆的西安交大医学在线、法医学科文献信息资源服务平台；中国农业大学图书馆的食品科学与工程学科专题文献信息服务平台、植物保护学科专题信息服务平台。

此外，还有学术科研报告、专利库、学术期刊等。学术科研资料包括申请课题、申报重点学科或重点实验室之初所形成的立项书、论证报告、合同协议等；研究和实施过程中的研究记录、设计资料、设备使用、测试数据、试验结果等；后期阶段的科研报告、科研成果汇编、会议资料等。如北京航空航天大学图书馆的 AD 报告、AIAA 报告、NASA 报告。专利库主要收录各学科领域内的国内外知名研究机构、高校及其院系的申请发明专利，内容包括专利基本信息、相关图片及部分说明书，如华中科技大学的机械制造与自动化专利库。学术期刊，如西安交通大学的应用力学学报、工程数学学报、中国医学伦理杂志等。

（2）地域性特色资源建设

地域性特色资源即具有所处地域的历史和人文特色的，抑或是与地方政治、经济建设和文化发展密切相关的特色资源。如武汉大学的长江资源库；四川大学图书馆的三峡数字图书馆（包括巴蜀文化特色库、中国藏学研究及藏文化数据库）；吉林大学图书馆的东北地区地学文献数据库、满铁资料库；厦门大学的东南海疆研究数据库等。

吴高（2013）在对地方公共数字文化特色资源建设现状调查中得出，在挖掘和收集独具地方特色的文献作为特色资源方面，建设内容主要体现在地域特色资源、历史特色资源、文化特色资源、民族特色资源、人物特色资源和其他专题特色资源等方面。

从资源来源来看，各地特色数据库不仅收录了地方文献信息资源，还收录了网络信息资源，并且包括了纸质和数字的图书、报刊、图片、照片、影片、画片、唱片、拓片、手稿和簿籍等各种类型或载体的信息资源；从资源表现形式来看，收录的资源可分为文本资源、图像资源、音频资源和视频资源，文本资源又可分为书目数据库、题录数据库、文摘数据库和全文数据库。

3. 特色资源建设的技术

数据库的建设离不开相关的技术支持，关于数据库的建库技术，只有很少的一部分研究是对特色数据库建库过程中的技术支持进行了研究，主要是结合特色数据库建设实例分析不同建库系统的使用性能，包括超大规模内容数据的管理技术、多媒体技术、人工智能技术、XML 技术、媒体数字化技术、元数据技术、主题图技术在高校特色数据库建设中的应用。

彭佳（2016）通过元数据特性分析，利用统计方法，提炼其中高频次的、实现资源聚合与发现的常用元素，梳理特色资源元数据所表达的各种实体关系，构建基于元数据的本体，以实现特色资源的深度聚合。

朱道勇（2009）专门讨论了信息采集的扫描技术、光学字符识别技术、音视频捕捉技术。

信息资源加工过程中一般涉及了自动标引技术、人工标引技术和元数据技术等。李建伟（2017）围绕对象属性描述、内容特征反映、资源关联信息三大核心体系进行科学设置，共设置 15 类规范化主题元素，扩展限定性修饰语多达 38 项，主题元素与 VRACore、DC、CDWA 国际元数据标准之间均建立了明确的映射关系，为实现客家古民居基本信息数据国际交换创造了必要条件。

刘蕴秀（2016）提到，从事古籍工作的馆员应利用国家图书馆“全国古籍普查登记基本数据库”检索平台做好高校图书馆古籍书目数据库建设，要做好馆藏古籍的数量、版本、内容的清点等前期工作，还要处理好建库中的著录、分类及定级等相关技术问题。

基于 CALIS 在“十五”期间高校专题特色数据库建设的实践要求，许多学者研究了相关技术在图书馆数字数据库建设过程的应用和兼容。吴涛（2010）针对拓片文献在现代图书馆收藏与利用过程中的关键问题，将拓片著录规范与数字化整合技术、拓片数据库平台选用与拓片元数据的组织和标引、拓片文献信息的网络发布与维护进行了分析和介绍，概括性地总结出一套解决方案，为图书馆拓片文献的开发利用提供了系统的理论参考。

在图书馆特色数据库建设的整个过程研究中，宋欣（2007）阐述了数据库的选材，数据库数据的采集、加工、录入，以及如何用 SQLServer2000 工具创建数据库，用 ASP 技术嵌入 HTML 代码中编写程序，用 IIS 发布数据库，最后用 SQLServer2000 工具备份数据库。

另外，信息存储过程中的直接连接存储、网络连接存储（NAS）、存储区域网络（SNA），信息检索过程中的全文检索和智能检索技术，信息发布过程中 PULL 和 PUSH 技术等都有所涉及。

4. 特色资源建设的调查研究

从有关指导性纲领文件看，2002 年 2 月教育部颁发的《普通高等学校图书馆规程（修订）》第十一条已提到："高等学校图书馆应根据学校教学、科学研究的需要，根据馆藏特色及地区或系统文献保障体系建设的分工，开展特色数字资源建设和网络虚拟资源建设。"从研究现状来看，也出现了一些调查报告、调查统计，主要集中在对某省市、地区数据库的调研、统计、分析，从某个专题、某领域、某区域范围的角度察看特色库的类型、分布、使用方式、存在问题等，并肯定了图书馆特色库发挥的特殊作用。调研的目的和实际落脚点主要是关于特色数据库建设的实践过程和经验的研究，对某一专业领域或某类型高校图书馆所建有的数字数据库的统计分析，遵循了数字数据库建设的原则和目的，有利于区域数字信息资源的共建共享，有利于数字信息资源在行业内或同类型用户之间的有效利用和流动，有利于节约时间成本和经济成本，同时促进了资源的合理配置和共享。

叶吉波（2008）对浙江省 39 所高职院校图书馆网站的自建数据库调查发现了数字建设中存在的问题，提出构建符合高职学生需要的自建数据库的解决途径。

覃凤兰（2009）对 78 个省市级公共图书馆特色数据库的情况进行调查，发现公共图书馆存在的突出问题，并针对存在的问题，提出公共图书馆应加大地方经济、政治、参考决策等内容数据库的建设，并与有关部门联合建设专题知识库，加强数据库建设的标准化和规范化，合理解决知识产权的纠纷及加强宣传推广等对策。

王嫚茹（2010）通过访问东北地区三省的本科高校图书馆主页，调查自建特色数据库建设的现状，提出东北地区高校图书馆应在图书馆页面建设中突出特色数据库的“特殊性”，提高建设特色数据库的意识，丰富特色数据库的资源类型，加强区域性高校图书馆特色数据库的共建共享、更新与维护，从而完善高校图书馆的特色数据库建设。

陈京莲（2012）在调研的基础上，分别从数量分布、地域分布、层次分布、主题分布等四个方面对江西省高校图书馆已建成的特色数据库进行了详细分析。调研结果表明，江西省高校图书馆在特色数据库建设方面取得了一定的成绩，形成了一定的规模，但还存在一些问题和不足，明确了江西省高校图书馆特色数据库建设未来的发展方向。

冉小波（2009）基于对四川高校图书馆（含民办高校、职业技术学院、独立学院）自建特色数据库的调查，概括了四川高校图书馆特色数据库建设的现状，找出当前特色数据库建设中存在的问题，提出了今后四川高校图书馆特色数据库建设的对策。

段运（2010）通过对清华大学、浙江大学等国内工学十强高校图书馆的“特色数据库”进行调查，着重介绍了工学十强高校特色数据库的现状，提出了需以标准为依据，采用统一的软件平台构建特色数据库，优化数据库的检索功能，增强特色数据库的动态性和连续性，加强后期宣传推广等优化对策。

云广平（2013）对陕西省“211 工程”高校图书馆特色数据库资源的现状进行了调查分析，并就目前存在的问题，提出了相应的对策。

5. 特色资源建设其他方面

特色资源建设的其他方面，主要包括馆藏资源、学位论文数据库、专家学者库、随书资源建设的社会化服务方面，包括对高校图书馆特色数据库建设的统筹规划、资源社会化服务、城乡融合共享等的研究。

袁曦临（2009）把图书馆学理解为研究知识与信息的组织、管理、生产和利用，以及通过图书馆、情报所或其他信息机构的服务，实现知识和信息的生产、创新和传递利用的学科。

程孝良（2009）提出分层次构建图书馆服务体系，通过科学制定规划，统筹城乡建设，城乡融合互动，资源共建共享，立足区域实际，开发数字资源等途径，实施城乡一体化图书资源“共享工程”，加快实现城乡一体化建设目标。

陆浩东（2011）指出，图书馆公共信息服务非均等化问题比较突出，不同地区之间、不同系统之间在基础建设规模、信息技术运用、信息保障能力等方面的差距各异，马太效应加剧了数字鸿沟现象，信息资源管理体制改革、服务水平提升，以及信息产品高效供给机制，是图书馆实现公共信息服务均等化目标的根本措施。

方波（2010）阐释了在网络环境下，高校图书馆应弘扬图书馆精神，树立社会化服务理念，因地制宜地服务社会，多借鉴和学习国内外高校图书馆社会化服务的经验，以解决我国高校图书馆社会化服务中存在的问题。

冯向春（2014）的文章针对大型企业图书馆在信息基础设施、信息资源与信息服务等方面的现状，以及企业图书馆的信息需求，结合同城高校图书馆的资源与服务优势，提出校企图书馆之间可强强联合，优势互补，开展传统相互认证开放服务、联合参考咨询服务、共建行业数字数据库资源、校企图书馆联盟服务等多种形式的联合服务。

除上述研究以外，学者们还对数字数据库建设过程中的版权问题以及由此而开展的数字服务进行了研究探讨。

对于高校数字数据库建设的系统评估研究基本上是基础理论发展到一定程度，结合数据库实践的迅速发展而兴起来的，开展高校特色数据库建设评估研究，有利于对高校特色数据库建设规模和水平、发挥的作用等做出正确的判断，对即将开展的高校特色数据库建设项目做出科学的规划，对其产生的作用和影响进行理性的预测和期待。同时，也是伴随着高校以及高校图书馆各种评估而进行和发展的。

王启云（2012）分析了高校特色数据库建设评估研究的国内外研究现状和趋势，提出了研究的具体内容，进而对研究的思路与方法、重点与难点进行了探讨。

总之，目前国内高校图书馆特色数据库建设研究多是介绍建库经验和对特色数据库建设过程中存在问题的分析，理论探讨多，相关技术方面的研究较少；关于特色数据库资源的技术支持、组织、标准规范、质量控制、评价指标等方面的研究比较薄弱，而这些方面却是特色数据库建设的重要内容。因此，为了使特色数据库能够真正提升资源的价值，实现资源共享，无论是从原则的制订和把握上，还是从实际的建设和利用上，都有值得进一步研究和探讨的必要，特别是对特色数据库的评估指标体系，能动态、灵活实现复杂信息环境的技术与系统集成、数字化内容的先进存取技术等相关技术方面的研究还有待进一步加强。

二、国内特色数据库建设存在的主要问题

通过以上文献分析可以看出，目前一些高校图书馆对特色数据库的建设给予了一定的重视，特色数据库的建设也具有了一定的规模。从技术角度来看，标准化、规范化是数字资源实现共享访问的基础，而建设特色数据库的一个重要目标就是为了促进资源的广泛利用。特色数据库建设是以元数据为核心，以特色数据分类表和题词表为控制词表，对特色资源进行网状组织，满足从分类、主题、应用多个角度对特色资源进行管理、识别、定位、发现、评估与选择。可见，高校特色数据库是一种实现特色资源有序组织与共享、公众检索利用需求的重要手段，是信息组织技术在特色资源管理领域的应用，是衡量高校图书馆建设水平的重要因素。特色数据库建设需要整体规划特色资源开发利用总体框架，在统一的框架下进行开发建设，但现阶段特色数据库建设没有形成较为完善的建设体系、共享体系和服务体系，特色数据库建设有待进一步发展。

（一）特色数据建设标准不统一

在研制信息资源元数据标准体系，规范信息资源分类标准框架体系，确定都市农业文化资源的管理标准与存储模式方面存在不规范的问题。

首先，由于我国信息资源网络化建设还处于起步阶段，网络化迅速发展的背后呈现出许多不合理的因素，网上信息资源处于无序状态和不平衡状态，缺乏完备的信息政策引导和规范的法律保障。长期以来，体制造成的“条”“块”分割，使各文献收藏单位在文献资源建设方面各自为政，没有全局观念，

不管是否需要，只求齐、全、多。封闭的服务理念和方式，使宝贵的文献资源沉积在小单位、小部门中，不为人知。

其次，特色数据库建设的标准化是实现特色资源共建、共享和跨库检索的重要前提。我国目前图书馆系统在自动化系统及应用软件的选择上五花八门，缺少统一的规划和管理，造成重复建设，数字化的标准性、规范性差。绝大多数图书馆在建设特色数据库时，元数据标准、用户接口标准、资源检索标准等都不统一，使资源在馆内都难以共享，不利于资源的利用和迁移，这导致特色数据库无法形成馆际之间的资源深度融合。DC 元数据是一种简单结构的元数据，适合组织网络环境下的数字资源。数字资源元数据规范的标准化是数字资源管理与组织的基础，是共建、共享数字资源数据库的必由之路。但不规范、不科学的编目规则会影响信息资源描述的质量，更会阻碍数字视频资源数据库共建、共享的进程。例如，我国无论是广播电视行业制定的 GY/T202. 1—2004《广播电视音像资料编目规范第 1 部分：电视资料》《中央电视台音像资料编目细则》，还是 GC-HD090190《国家图书馆视频资源元数据规范》、文化部全国公共文化发展中心的《数字资源元数据规范》均参考 DC 元数据扩展而成，但是，在各元数据规范间存在差异。另外，我国图书馆行业相关标准制定滞后，直到 2012 年才出台有关文本、图像、音频、视频等资源数据加工规范的文化行业标准和《数字对象唯一标识符规范》，到 2014 年才出台《音频资源元数据规范》和《视频资源元数据规范》的文化行业标准以及《图书馆馆藏资源数字化加工规范》的国家标准。由于标准不统一，导致很多省馆之前建设的特色数据库之间的兼容性和互操作性差，影响了数据库共享和效用最大程度的发挥。

从技术角度定义，都市农业文化资源体系建设是以元数据为核心，以都市农业分类表和题词表为控制词表，对都市农业文化资源进行网状组织，满足从分类、主题、应用多个角度对都市农业文化资源进行管理、识别、定位、发现、评估与选择。可见，都市农业文化资源管理是一种实现都市农业文化资源有序组织与共享、公众检索利用需求的重要手段，是信息组织技术在都市农业文化资源管理领域的应用，需要整体规划都市农业文化资源开发利用总体框架，在统一的框架下进行开发建设。但在研制信息资源元数据标准体系，规范信息资源分类标准框架体系，确定都市农业文化资源的管理标准与存储模式方面仍然存在问题。

（二）资源组织方式单一

以科研与教学角度出发对资源进行合理组织和系统架构，非常有利于用户有效地获取各种资源。但纵观近些年的资源组织，关注重点是开放获取、保存政策等，对于知识组织机制的研究较少。大多数特色数据库中的资源组织方式都十分单一和传统，往往只是按照标题或作者等资源的外部特征进行组织，而未通过有效揭示资源内容特征来对资源从内容上进行组织，导致图书馆信息资源服务仍无法为用户提供深层次的知识服务。

以图书馆传统信息资源组织方法为例，图书馆传统信息组织方法有分类法与主题法两种。传统意义上的分类法是以学科聚类为基础，根据图书数据内容的不同而采取的一种组织与管理文献的方法。分类法一般依据学科的性质和逻辑层次对知识门类进行等级划分，从而实现信息的有序组织，其汇编、修订与维护都由图书情报领域的专业技术人员完成，类目之间具有严密的逻辑关系和严格的等级结构。分类法具有稳定的等级分类体系，强调系统性。一方面，它便于用户在查找时对整体结构进行浏览；另一方面，类目之间严谨的隶属或平行关系能引导用户自主地扩大或缩小查找资源的范围，从而提高查全率与查准率。相对于以学科为划分依据的分类法，主题法面向具体对象，以对象的主题为中心，是一种以表达文献内容特征的主题词作为检索标识，并按标识的字序来组织文献的方法。主题法关注对象的归类，强调特指性，适用于对知识资源特性的揭示与组织；同时，与缺乏词汇控制的自然语言相比，主题词表是经严格定义而组织成的规范性主题词的集合，它有利于构建严谨和规范的分类体系。传统信息组织方式拥有百余年的历史，具备深厚的知识分类基础和相对完整的体系。但传统分类体系的形成基于传统的文献信息环境，而分类法的类目一经确定则难以修改，可扩展性较差，且修订时间长、工作量大、成本高；主题法不能明确对象之间的关联，导致资源分散，不利于用户进行族姓检索。因此，在知识资源的日益更新的环境下与发展速度更快的互联网时代，传统信息组织方式需要与语义关联知识组织方法共同结合使用。

（三）特色数据库的交互性较差

提升系统的交互性有利于提高系统关联性，提高资源的访问频率，吸引用户长期进行使用。现阶段，绝大多数特色数据库都只是单向地向用户提供，而没有提供任何交互式功能，用户无法对资源进行评价，也无法对自己感兴趣的资源进行个性化管理和利用。

（四）资源检索功能存在不足

资源浏览和检索是用户访问特色数据库中资源的入口，强大的资源检索功能能方便用户快速地获取到所需资源。现有的特色数据库大多数都只提供了资源查询功能，但检索功能对用户的信息素养要求较高。因此，提供诸如全文检索、布尔逻辑检索功能对特色数据库来说至关重要。提升检索功能，并对检索结果进行二次组织，是当前特色数据库检索所急需改进的地方。

三、国内外特色资源建设的经验与启示

依托于现代信息技术资源和信息门户，围绕都市农业文化资源建设项目，积极整合校内院系单位、文化单位、农业科研院所等；整合资源相关的政、产、学、研、信、用的人力资源，形成一个开放统一、共建共享，常建常新，持久发展的都市农业文化数据和服务支持平台，为服务北京地区农业经济发展和科研实践提供特色文献的支持，如行业标准、行业文献查新、产权保护、实践案例等。特色资源建设是图书馆数字化资源建设的核心和发展方向，为了将都市农业文化特色资源建成独树一帜的具有北京的地域文化和历史人文的特色资源，最终使之成为北京乃至全国重要的有影响力的数字资源，其价值和生命力的体现主要通过质量保障和控制来实现。从高校图书馆特色资源建设的实践出发，特色资源建设的质量保障主要包括 3 个方面的内容：资源建设之初的质量控制，针对资源建设的流程控制，针对具体应用的技术控制。

（一）针对资源建设之初的质量控制

特色数据库的建设是一个系统工程，包含着规划、论证、收集、整理、加工、分类、网页建设与维护等环节，同时还包含一些技术问题。在这个系统工程建设中，首先应该从源头开始严格把关，即在建库之初的规划、论证阶段要有科学严谨的态度，在全面了解特色数据库建设总体情况的基础上，提出可行性报告。

1. 选题论证要严谨

目前特色数据库建设中低水平重复建设、缺乏特色、更新缓慢等现象比较普遍。作为高校图书馆，应该划定范围，有所为，有所不为，才能找准自己的位置，才能建设既符合高校的办学特点，又有可持续发展潜力的特色数据库。因此，开发特色数据库首先要选好题，把好立项论证关，在对国内外数据库信息资源分布状况进行认真调查的基础上，针对馆藏特点、重点学科设置、用户需求等因素，确定适当的主题范围或文献类型范围。不要一味地求“大”、求“全”，而应该求“精”、求“特”，也就是说内容不要太杂，面不要太广，要重点关注某一领域，尽可能地将该领域内的有价值的东西收录进来，体现数据库的专题性和独特性。

2. 数据源的收集要全面

数据是数据库的核心，数据质量从某种意义上说就是数据库的质量。因此，数据的收集是数据库建设中十分重要的环节。要确保收集信息的完整性和权威性，主要应注意以下几方面。

（1）确定合理的收集范围，包括学科范围、时限范围、地域范围、文种范围等，按特色数据库资源内容特色进行划分。根据数据库资源内容特色和范围可以分为馆藏特色数据库、学科特色数据库、地域特色数据库、民族特色数据库以及其他专题数据库。我国高校现在的特色数据库一般类型有馆藏特色数据库、学科特色数据库、名人专家数据库、地方特色数据库以及一些其他专题数据库。

（2）确定信息源的种类，包括图书、期刊、会议录、论文集、专利文献、产品说明、科技报告及网上信息等。以网络资源为例，网络是一个巨大的信息资源库，网络上的各种免费资源极为丰富，应用型本科院校图书馆应根据本校的学科特色及教学科研需求，充分利用网络搜集可以利用的资源，如专业学术站点、免费访问数据库、开放存取期刊等，并对网络资源进行深加工和整理，为用户利用网络信息资源提供导航指引系统。这样可以丰富图书馆电子资源，克服经费不足等困难，补充馆藏电子资源尤其是外文资源的不足。陆春华（2018）在调查中发现，电子资源建设较好的图书馆，其网络免费资源往往揭示得也比较好。

（3）确定特色数据库资源类型划分。高校图书馆的信息资源类型多样、数量庞大，包括文字、表格、图片、动画、音乐及多媒体信息。因此，特色数据库中的资源除了传统的纸质资源，还包括图书馆已引进的数据库资源、图片资源、视听资源、网络资源等。根据资源内容的形式可以将特色数据库资源类型分为以下 4 类。

第一类，文本资源特色数据库。文本资源很多是图书馆根据本馆或者本地区的特色纸质资源扫描、复印转化成的数字化资源，这部分资源在有关古籍特色的数据库中占有比较大的比例，也是特色数据库资源的重要组成部分。

第二类，图片资源特色数据库。在很多特色数据库中都有大量的图片资源，尤其是有关人物纪念的特色数据库，这些图片经过扫描、处理后，再进行数字化处理，转换成计算机能够识别的数字信息，经过分类、整理，成为特色数据库中的特色资源。

第三类，视听和多媒体资源特色数据库。在图书馆信息资源中，视听和多媒体资源所占的比重越来越大。这些资源包括图书馆自身自建、购买的音频、视频资源，通过交换、捐赠等形式获得的音频、视频资源，还有目前各高校图书馆自建、购买的多媒体数据库等。这些经过处理的数字化多媒体资源，具有强烈的视觉冲击力，具有更形象、更具体的表现形式，开始被越来越多的图书馆用户使用，并在逐步减少纸质资源的使用。由此可见，视听和多媒体资源也是特色数据库的重要组成部分。

第四类，网络资源特色数据库。很多高校图书馆把网上的资源加以整合、提供链接供图书馆用户使用，网络用户可以登录付费使用。高校图书馆可以购买这类型数据库，充实馆藏资源，建立相应的本地镜像站或者提供中心站检索服务。虽然图书馆不拥有这些资源，但图书馆用户可以免费使用这些网络资源。

（二）针对系统建设的流程控制

从资源管理的技术角度看，都市农业文化信息资源的组织与管理主要是通过数字信息资源的编目、注册、发布、交换、查询、管理等基本环节和流程，实现数字信息资源目录内容甚至资源全文在政府、企业、个人之间有序流动，进而推动都市农业文化数字信息资源公共获取的一系列过程。上述6个环节又可归纳为3个阶段。编目和注册是都市农业文化信息资源组织管理的资源准备阶段；发布、交换、查询等环节属于都市农业文化数字信息资源的服务阶段，是都市农业文化资源组织管理的目的所在，也是都市农业文化资源组织管理工作的核心；都市农业文化资源管理环节实际是政府信息资源目录控制系统的维护、更新阶段，它贯穿于都市农业文化资源组织管理的整个流程，是都市农业文化资源管理工作持续发展的支撑。都市农业文化资源组织管理的6个环节、3个阶段相辅相成，缺一不可，共同组成了都市农业文化数字资源的组织管理系统。

（三）建立数字图书馆标准规范体系

国外数字图书馆建设都很重视标准规范和应用指南的制定，如美国国会图书馆的美国记忆建设项目就制定了一套技术指南文件。

与国外相比，我国数字图书馆标准规范建设还存在一些问题，如标准规范种类名目繁多、范围互相重叠、质量参差不齐、更新修订滞后等。为了扭转过去很多建成资源因为标准不统一而无法有效共享的局面，我国加快了重要标准规范的出台步伐，如2012年发布了数字对象唯一标识符规范和文本、图像、音频、视频等数据加工规范的文化行业标准，2014年发布了电子图书、网络资源、音频、视频等资源元数据规范的文化行业标准。因此，有必要针对基于各类新载体的都市农业特色资源，加快数据交换与互操作、新媒体服务类等新标准规范和指南的制定，促进其在特色数据库建设中的应用。同时，推动国家数字图书馆、CSDL（中国国家科学数字图书馆）、CADLIS（中国高等教育数字图书馆）等不同工程之间标准规范的相互借鉴和引用，推动我国数字图书馆全行业的资源互通、标准共享和统一应用。这对于推动都市农业特色资源共建共享具有重要意义。

1. 搭建公益性的元数据交换平台

都市农业文化信息资源的规划和建设，参考了其他信息资源建设的技术标准。其中，信息资源元数据是重要的编目方式。目前，信息资源的元数据格式主要有都柏林核心元数据 DublinCore；规定了描述信息资源特征所需的核心元数据及其表达方式，给出了各核心元数据的定义和著录规则；规定了必选核心元数据和可选核心元数据的数量，用以描述信息资源的标识、内容、管理等信息，并给出了核心元数据的扩展原则和方法。搭建公益性的元数据交换平台，适用于都市农业文化信息资源目录的编目、建库、发布和查询，是图书馆制定都市农业信息资源元数据标准的依据，是对都市农业文化信息资源元数据进行扩展的依据。

2. 建立标准、规范、开放、共享的建设机制

信息资源分类标准规定了信息资源目录体系中都市农业信息资源的分类原则和方法，以及主题分类类目表，以促进图书馆部门之间资源共享和面向社会的公共服务，是都市农业信息资源目录重要的分类依据。

信息资源分类标准是电子都市农业信息采集、加工、存储、保护和使用的必要工具，为都市农业信息资源分类体系的建立和维护提供了依据。遵循信息资源分类标准以国内发展都市农业的需求为导向，应与信息资源目录体系核心元数据、标识符编码规则相结合，可以对都市农业信息资源进行识别、导航和定位，以支持图书馆都市农业信息资源的交换与共享，是实现都市农业信息资源交换和共享的基础。

（四）制定都市农业文化音视频资源标准

随着互联网和数字技术的飞速发展，视频资源的制作者扩展至图书馆。在图书馆信息资源中，视听和多媒体资源所占的比重越来越大。目前，我国许多图书馆既收藏、组织、揭示数字视频资源，还自行策划、出品、拍摄、制作视

频资源。现在不少图书馆成为视频资源的产出机构。部分图书馆还设立视频拍摄室和视频制作室，为图书馆和个人用户拍摄和制作视频创造良好条件。这些经过处理的数字化多媒体资源，具有强烈的视觉冲击力，具有更形象、更具体的表现形式，被越来越多的图书馆用户需求，视听多媒体资源也是数字数据库的重要组成部分。

不同媒体类型的特色资源，其元数据方案设计时的元素设置也各不相同。这就需要解决都市农业数字视频资源元数据及编目规则现存的问题，根据数字资源的特点和用户的需求，基于 DC 元数据制定数字资源元数据国家标准。数字资源元数据国家标准既要满足普通用户的需求，也要考虑专业用户的需求。

随着数字图书馆的发展，特色资源媒体类型越来越丰富多样，都市农业文化音视频资源应通过音视频包括各类物品、民居建筑、民俗风情、各类活动以及重大事件等。因此，为统一图书馆界、广电行业、文化行业的数字资源元数据规范，使元数据规范的共享性和特殊性兼而有之，通过统计方法的应用，提取出都市农业元数据方案中的常用元素，同时，也依据实际的统计分析结果，来确认在所构建的都市农业特色资源的元数据本体中，没有常用的元素被遗漏。为此，我们首先以国内应用比较广泛的国家图书馆“国家数字图书馆工程标准规范项目”的《数字图书馆标准规范》“大学数字图书馆国际合作计划”（China Academic Digital Associative Library，CADAL）、科技部科技基础性工作专项资金重大项目《我国数字图书馆标准规范建设》等的元数据标准规范成果为研究对象，收集其各种资源类型元数据方案，用统计学方法，选取在多种资源描述元数据中出现的高频元素，以提取出其常用元素。从而加强数字资源描述的标准化，为都市农业共建共享跨行业、跨部门的数字资源数据库奠定了坚实的基础。

（五）针对具体应用的技术控制

1. WebService 技术

WebService 是封装为单个实体并发布到网络上供其他程序使用的功能集合，创建开放式系统的构件，有效地满足面向互联网的复杂应用。作为一种新的分布式计算模式，是一种自包含的、模块化的应用程序，通过网络访问为企业与个人提供一系列的功能，其接口设置和服务绑定可以被 XML 组件描述和发现，并可通过基于 Internet 的协议直接与基于 XML 消息的软件应用交互。它的主要目标是在现有各种异构平台的基础上构筑一个通用的与平台无关、语言无关的技术层。由于 WebService 具有互操作性、普遍性、易于使用和行业支持的特点（郭雷，2005）；具有自我描述的功能，因而任何支持 HTTP 和 XML 技术的软件系统都可以通过网络拥有和访问 WebService。系统间可以方便地访问操作对方的数据，利用对方的服务功能，从而实现信息资源的共享。

2. 网格技术

网格（Grid）根据 LairySmair 定义，网格计算系统是种无缝的集成的计算和协作环境。它把分散的各种资源集成在一起，成为有机协调的整体。我们可以借鉴网格中的资源发现能力和资源共享功能实现用户的检索需求，在技术实现上相比较计算资源的共享更简单一些。另外，系统需要解决资源的供求问题，即需要解决资源拥有者与用户之间需求的冲突问题。因此，我们可以借鉴网格中计算资源的共享机制来实现信息资源的共享。

3. OGSA 标准

OGSA 是在原来 WebService 技术和网格服务（GridService）基础上，提出的概念。在 OGSA 中将计算资源、存储资源、网络、程序、数据库、仪器设备等一切都表示为一个遵循一套规范的网络服务。OGSA 采用面向服务的体系结构，使人们能够利用许多现有的 Web 服务开展服务。

OGSA 体系结构（图 3-1），充分融合了 WebService 和网格的优点，对数字信息资源的共享具有很好的借鉴意义。我们可以充分利用 WebServices 技术把永久性或短暂性数字信息资源封装成为 Web 服务，通过一个通用平台实现服务的调用，利用网格的资源发现能力和资源共享功能实现 Web 服务的发现和共享，更好、更快、更经济地满足用户的检索需求。

总之，要充分利用互联网+技术和“一带一路”的创新发展视野，以及国内外特色资源建设的经验，审视都市农业文化研究，推进都市农业特色文献资源建设工作的规范化、精细化，努力打造成具有国际影响力和竞争力的都市农业文化特色品牌，促进北京都市农业文化与经济融合，使首都丰厚的都市农业

应用层	
OGSA-Architected服务层	
Web服务层	
逻辑资源	数据库，安全，文件系统，目录，安全认证
物理资源	OGSA，服务器，OGSA存储器，OGSA网络

图 3-1　OGSA 的体系结构

历史文献资源和珍贵的非物质文物遗产得以更全面、更广泛、更深层次、更有序地整合，形成图书馆都市农业知识服务全方位开放创新、合作共享新格局。

第四章　图书馆都市农业资源建设原则与标准

互联网的普及使社会资源稀缺形势发生根本性的变化，过去稀缺的资源（如信息资料、共享渠道）今天已不再稀缺了，公开渠道资料极大地丰富。然而在另一方面，资料供应过剩所带来的时间与注意力的不足，也带来应用的目标不足，过量阅读已成为一种社会性的浪费。在资料日趋过剩的年代，人们不再关注那些增加阅读量的系统，而是在寻找帮助筛选资料的系统，人们需要少读一点，读精一点，需要节省时间思考问题并进行思想的创新。

因此在这种背景下，数字信息资源的研究与建设成为一个全球范围的课题，可以说对特色数据库的建设是实现信息资源共享的重要基础。广大高校管理者更应该加强对图书馆特色数据库的建立，以便更好地实现信息和资源的共享，防止出现各类矛盾现象。特色数据库的出现是对传统图书馆藏方式的一种重要转变，标志着当前社会向着数字化发展的趋势更为明确。所以，在今后的工作开展过程中，只有实现对高校图书馆的有效建设，才能更好地实现高校发展的整体进步，为提升综合实力奠定良好的基础。

都市农业文化数字资源建设包括信息人文环境管理、数字信息资源采集、服务、利用与管理等多方面，它涉及的领域也必然存在着交叉（邓灵斌，2004）、融合。由此可见，能否正确处理都市文化各个学科领域以及都市文化与农村乡土文化之间差异与共存的问题，考验着都市农业高校图书馆人的集体智慧。为充分挖掘北京地方特色文化，发掘馆藏特色文献，农业高等院校图书馆自建都市农业文化特色数据库，开展特色数字资源建设，使自己拥有独树一帜的核心优势数字资源，并秉承传统图书馆的公益性特点与原则，为社会和公众提供服务。其中，提高图书馆与各类科研机构、智库之间的官方数据、人才队伍资源、平台资源、技术等的共享是关键要素。图书馆都市农业特色资源库可以借助数字化的平台，将其收集的著作、论文、课题资源、灰色资源、网络资源等以特色数据库的方式提交给相关机构、用户，为科研用户加快资源的检索和利用及其学术性的成果的实践化运用，为政府部门提供决策支持。

一、都市农业文化资源建设的可行性

（一）智慧图书馆日益成为主流方向

随着智慧城市建设发展理念的推进，智慧图书馆管理和服务一直是图书馆发展的重点方向之一，很多 AI 技术有望更快地应用到图书馆智能化建设中：亚马逊推出的电子书阅读器 kindle，是使用无线连接技术的集中式信息的能力或软件，使得信息使用打破了地理界限，读者可以通过电脑、手机等设备将亚马逊的电子书推送到 kindle 上，让读者无论在哪里都能无线获取信息，随时随地阅读自己喜欢的图书；同时，亚马逊将便携性、定制化、移动化、社交化等价值主张传递给读者，实现信息传递模式创新。随着语义分析、情感分析技术的发展，图书馆可以为不同读者提供具有不同情节和结局的出版物，并在文字和语言表达风格上符合读者的阅读习惯与偏好；随着语义网与关联数据技术的发展，语义计量（Semantometrics）和语义学者（Semantic Schol-ar）等在语义和内容关联方面做了有益尝试，如上海图书馆家谱关联数据平台已取得了一定成果，受到业内瞩目。在万物互联的智能网络中，智慧图书馆利用人工智能技术建立平台来连接个体，利用图书馆拥有的知识资源，为参与平台的用户提供个性化的知识服务。例如，图书馆借助于大数据、传感器、定位服务和算法系统等人工智能技术，能够改变传统的学习过程，借助机器学习的新型模式，把合适的人匹配在一起，增加协作，让在线学习变得更容易和精准，师生间是一种新型伙伴关系，充分满足了用户个性化、协作化、场景化、智能化的学习需求。

智慧图书馆的信息共享性、获取便捷性，为都市农业文化数据库建设提供了思路和路径，允许图书馆组织相关信息并向所有需要的用户提供信息，为用户获取高校科研人员的科研成果带来便利，从而使科研成果可以落地转化，带来经济效益。

转知为识：广义的“知识”是一种静态的、显现的信息，而“见识”是一种动态的、隐性的，是识者对于当下情景的洞见和体悟。把“知识”转化为“见识”“能力”是知识服务的目标。农业科技成果和最新农业科研成果不仅见于文献中，也大量存在于网络数据库中，图书馆员通过收集文献中的农业新品种、新技术信息，按照时间线索，将最新知识加工整理，并按照产业业态、农业新品种（产前农资信息）、新技术信息（产中生产技术、产后加工和贮藏技术）加以有序化而形成新的文献形式——文摘，是都市农业知识服务的重要途径。一方面，研究人员可以通过科技文摘，很快查找到相关的原始文献资料，使研究人员花费较少的时间和精力，获得较多、较全面的原始信息和原始情报，有利于提高科研工作效率；另一方面，通过馆员的知识服务，加快推动农业科技发展和成果转化、普及农业科技知识，提高农民综合素质，振兴农村经济。

转识为慧：把见识、洞见转化为顶层设计的理念、大智慧。一些文献着重介绍国内外有关农业的典型案例和做法，以及农产品市场的供需前景和农资市场动向，对这些文献进行二次加工，以学科信息文摘和简讯的形式定期发布，有利于国内外农业信息的交流、农业结构调整、农产品产销平衡，加强农技推广人员与广大农民的联系，成为服务乡村现代农业的好参谋和助手；部分文献宣传党和国家关于农业工作的方针政策，特别是我国种植业管理方面的工作部署、重大决策，研讨新形势下有关农业的热点问题，将这部分文献加工成文摘，使用户能更快、更好地了解农业形势与政策，从而更有效地指导农业生产，促进乡村现代农业协调、稳定、健康发展。

（二）以读者需求为中心的图书馆目标信息行为

以资料为中心的信息资源开发利用的理念正在逐渐过时，人们需要应用导向的信息服务系统，需要节约信息收集与处理时间的系统，需要减少阅读量的系统。以资料为中心的信息资源夸大了资料的作用，将信息的价值固化，将信息资源比同于物，以为信息会有着长久的价值，而现实远非如此。信息价值有着明确的主观性，一条信息是否有用，完全与此人的行为目标有关。对一个人极为宝贵的信息，对另一人很可能一文不值。

人们在生产工作中的每一项活动都是有目标的活动，实现目标就是这项活动的价值。托尔斯泰说：“聪明的人是能实现自己目标的人。”因此，是否有助于目标的准确实现是评价信息行为价值的出发点。图书馆不仅仅是图书的馆（书本位），而同样重要的还要面向全社会，面向读者，借助传播媒体与其他途径（如学校教育、社区文化活动等）传播文化、进行社会教育（包括倡导关注弱势群体、倡导读书、倡导开放获取、培养培训读者等）。这在客观上就规定了图书馆的目标宗旨，必须体现对读者不同需求的满足。如农林学科的科研人员比较注重文献的新颖性或时效性，比较注重外文文献；而与农业相关的文史哲专业人员可能比较注重中文文献或第一手文献。从这个意义上讲，资源建设与读者需求的契合程度是体现图书馆目标宗旨的一个窗口。因此，图书馆收集、保存都市农业特色资源，建设都市农业特色数据库，需要借助可视化、虚拟现实等信息技术，深层次挖掘都市农业资源中的前沿、人文信息，为科研型读者访问学术资源提供便利；又通过传承传统农业文化资源，发挥中华优秀传统文化对一般性读者的教化育人作用。

1. 科研读者对都市农业信息的需求

图书馆已从传统“为书找人”的信息服务转变为“为人找书”的知识服务，图书馆通过对信息资源建设和服务能力的提高来激发人的创造力和创新能力。科学技术研究具有继承和创造两重性，科学技术研究的两重性要求科研人员尽可能多地占有相关资料、情报。从实践经验看，科研中出现的绝大多数问题都有必要而且有可能通过查找科技文献得到启发甚至得到解决。另外，一项科研成果中部分是别人创造的，因此研究人员在开始着手研究一项课题前，必须借助于图书情报部门了解相关信息。这就需要图书馆不仅要拥有一定数量和质量的都市农业“基础性藏书”，还要事先了解前人在某个课题方向做过哪些工作，还存在什么问题及相邻学科的发展对这项课题提供了哪些新的有利的条件等与研究课题有关的科技信息，在此基础上，建构本馆自己的都市农业特色的“研究性读物结构”。

2. 小众读者对都市农业信息的个性化需求

都市农业是指地处都市及其延伸地带，紧密依托城市的科技、人才、资金、市场优势，进行集约化农业生产，为国内外市场提供名、特、优、新农副产品和为城市居民提供良好的生态环境，并具有休闲娱乐、旅游观光、教育和创新功能的现代农业。因此，农业院校图书馆馆藏资源的服务对象不仅包括学校内读者，还包括乡村农民、乡镇行政管理者、科研工作者、企业管理者以及社区居民。图书馆的资源不仅包含文化艺术、生活休闲类的大众信息，还有满足不同读者个性化需要的信息，例如各区县乡镇经济社会发展的最新的系统信息，以及聚集产业发展创意、高端要素的科技信息等小众化信息，这对图书馆都市农业文化特色资源建设提出新的要求。

3. 人文读者对都市农业历史文献信息的资源需求

农业历史文献应有广义和狭义之分。“广义而言，所有对过去的历史知识和信息的记录都属于历史文献范围，包含了古往今来的所有著作和所有文献。狭义而言，一切有关历史的记载和编纂就是历史文献。”（黄爱平，2013）对于农业高校图书馆来说，对农业历史文献的理解更应从广义上去把握，即一切历史上的农业文献都属于农业历史文献。

都市农业历史文献具有传承乡村农耕文化的功能：一是对非文字的、口头传承的多民族文化传统的活态保护。21 世纪初由联合国教科文组织举办的申请“世界非物质文化遗产”活动就是保护传统文化的一个例子，北京的昆曲、庙会、抖空竹先后被成功申报为非物质文化遗产。二是对世代相袭的农业劳动工具与劳动方式、农村民俗、乡土习俗、农事节庆、以“天人合一”为价值理念的农本观念及其文献等的静态保存。因为，图书馆正确认识并挖掘、利用农业历史文献的价值与文化的功能，成为都市型现代农业文化发展的重要基础。

因此，历史文献作为记载人类文明发展的珍贵资源，其精品应当成为都市农业文化资源建设的特色和重点，这对于都市农业历史文献的保护、开发、整理，激发都市农业文化研究者的想象力，满足人文读者对都市农业历史文献信息资源的求真心理等方面均发挥了积极的作用，即对都市农业文化学术文献开展资源深度挖掘的知识服务，尽可能体现专业的深度和水平，着力反映不同主题研究、发展的历史脉络，突出主要人物、事件、学术成果，引导读者对文献更深层次的理解和研究，着力避免都市农业资源内容陈旧、趋同。

4. 怀旧读者对都市农业信息资源需求

环境的污染、食品安全问题，人们对工业文明条件下的生活感到厌倦，越来越多的人们追求回归自然和田园的生活，越来越多的都市人喜欢到自然中去寻找快乐，都市农业的诗意栖居的魅力在向现代人发出强烈召唤的同时，也必须创造一种更接近自然、更适合人性的生活方式。都市农业文化发展的根本目标或时代追求，即从满足人们最基本的物质生活需要，到进一步满足人们更高层次的文化生活的需要。如何才能满足人的需要呢？一个最主要的内在动力就是要充分发挥都市农业空间的文化功能，使都市农业建设和文化发展真正地“以人为本”。如都市农业具有拓展延伸农业文化的功能，在以传统文化精神为内核的基础上进行新形式的文化创意，按照经济功能文化化、文化功能经济化及产业化经营的原则，着力发展乡村休闲文化、饮食文化、民俗文化、环境文化、海洋文化等创意产业，全方位满足都市居民的文化需求。

5. 数字读者对都市农业数字文献信息资源需求

都市型农业高校图书馆建设都市农业文化数字资源，在全方位推进数字出版，实现都市农业文化资源数字化转型升级取得了创新性发展。随着最能体现互联网精神的云计算的出现，云计算提供的基础设施即服务，图书馆无须自己购买服务器、网络设备、存储设备，只需通过网络租赁这些设备搭建自己的应用系统（郝媛玲，2011），就能实现区域高校图书馆数字资源的“云服务”（曾琦，2012）、一站式资源服务（孙坦，2009）。早在2009年4月，OCLC就推出了基于World-Cat书目数据的“Web级合作型图书馆管理服务”，其实这就是云服务早期模式。通过具有协作性的OCLC平台共享馆藏管理系统、集体情报（collectiveintelli - gence）及身份管理，提高资源发现、资源共享和元数据管理等方面的能力（曾琦，2012）。借鉴他们的成功经验，图书馆通过云计算技术对都市农业文化资源进行的数据管理，可以构建一个使读者利用资源方便、快捷的、安全性高的无纸化系统。

二、都市农业文化立体资源库建设的现状

图书馆资源建设面临的挑战来自多个方面，既有经济、知识、技术层面的问题，也有思想、观念方面的问题；既有人才队伍的问题，也有管理、制度、政策方面的问题；既有新的组织方式、出版方式方面的问题，也有读者阅读兴趣、获取资源的途径、方式、方法的选择方面的问题。

（一）缺乏都市农业文化资源的协同监管

党的“十八大”以来，习近平总书记多次强调要重视智库知识库建设，提出智库是国家软实力的重要组成部分。尤其近年来，我国特色数据库的类型和数量快速增长，一些特色数据库广泛收集了地方经济社会发展的特色资源，在数字资源与服务等方面具有优势，成为图书馆数字资源的重要内容。众所周知，图书馆特色资源库是一个全社会资源共享、发展与进步的问题，其使命是协同合作而不是各自为政。但就目前来看，有些高校图书馆因高校科研发展的需求而建立都市农业文化资源数据库，相互独立，缺乏合作，特色数据库建设的协同性和数据共享性不强，缺少和外在机构的合作与互动。这就导致了一方面信息闭塞、重复建设、资源浪费以及内容分散的问题，难以构建全面的、系统的、长远的信息资源库，也无法满足读者的真正需求。例如，重庆维普、清华同方、万方数据等收录的学术期刊存在大量交叉重复，用户检索一些学术文章时，自然语言歧义和多义现象干扰检索结果、不能提交近义词的检索结果，还可能碰到检索费用高、数据库的检索性能低等现实问题。另一方面，现有图书馆理论研究和实践探讨专注于面向特色数据库建设的前端信息服务，却忽略特色数据库建设的后端数据监管与服务，造成重建设、轻协同监管和利用，不但造成了资源的浪费，还给读者利用增加了难度，读者体验较差。

（二）图书馆知识组织的关联性不强

当前数字信息环境下，科研人员从事科学研究，专业性强，创新性也很强，他们希望花费最少的时间和精力，得到本学科领域内对其研究开发与创新思维形

成至关重要的针对性强的、专业的、动态的信息内容，在信息需求深度上不再满足于文献检索与获取，希望在大量信息中获取蕴含的知识内容及知识的逻辑关系，根据知识内容的特征进行鉴别、关联、重组、识别并创造新的知识。用户的信息需求趋向于数字化、专业化、集成化、知识化、动态化，这些要求将信息资源、信息服务、信息交流和用户工作过程聚合于一个开放的数字空间，图书馆传统的信息组织方式已经不能够满足这些变化了，相关学科课题的零零散散的资料，连贯性不够，没有建立知识关联，影响资源建设的有效性。

王嵘（2007）指出，我国农村的绝大多数信息处于杂乱、无序的状态，缺乏加工和处理，难以形成可利用的信息资源和得到有效集成、及时共享，农业信息资源的现状在种类、数量、深度、广度及其管理上处在一个低水平运作的状态，无法满足都市农业及都市农村经济贯彻“一带一路”的发展需求。主要是原有思维方式、原有知识、经验的局限以及知识产权保护的问题，例如，图书馆购买的各类数字资源、各类数据库，仍是用目录、导航库等线性的方式来组织资源，这无疑有助于文献资源的有序化，但从知识流动和大数据应用角度来考察，这无疑阻碍了知识之间的关联和流动，难以实现知识的发现，难以有效开展用户数据的管理、存取，进而有效地分析、挖掘、开展个性化、精准的服务。托马斯和麦克唐纳德（2007）曾提到分类存放是一个普遍存在的困难。因为用户信息检索行为带有一定的目的性，需要将所检索的知识内容与其他相关或可能相关的内容和对象动态链接，这样对存储资源建立多种维度的知识关联会对资源建设的发展有积极的影响。

（三）缺乏“走出去”的精神

目前，有些高校图书馆已经尝试建立特色数据库，但是进度比较缓慢，而且资源局限性较大。一是数据库中的很多电子文献资源是纸质文献的扫描件，缺乏有创造性见解的原创文献。二是在采集文献的过程中，一般只能采集到一些题录、文摘，缺乏满足科研需求的深层次、高质量的资源。这些资源只能用来普及都市农业文化通识，无法为读者提供深入的内容和独特的精髓。三是在文献引进的过程中，没有贯彻“走出去”的精神，严重缺乏外文文献资料。随着农业高等院校引介外国留学项目，交换生日益增多，中国传统文化不仅需要内化，更需要“走出去”。四是用户信息检全率不高，出版格式缺乏标准化。另外是对数字资源认识的不足和技术的局限。国内很多图书馆也认识到这方面的问题，试图通过引进国外的跨库检索系统（如 summon 等知识发现系统）来解决不同数据库之间的检索问题，提升图书馆资源的知识发现，帮助用户解决在不同数据库之间来回检索费时费力的问题，但到目前为止，我国各个高校引进的跨库检索系统都是不够理想的，难以取得令人满意的效果。以 CNKI 数据库为例，用户用一个或几个关键词来表示的查询请求，往往很难忠实地表达用户的检索请求，或者用户无法用匹配的关键词来覆盖与用户的知识结构和语义网络匹配度较高的信息检索意图。因此，用户通过关键词查寻到的资源虽然很多，但关联度低，用户真正需要的文档可能因为关键词的选择不当而无法检索出来，微软研究院一名技术专家说：“75%的内容通过搜索引擎搜索不出来”（张敏，2010）。国际上数字图书的通用标准是 PDF 和 XML 两者格式，从国外相对统一的数字出版标准看来，我国的出版行业没有一个统一的标准，不同出版机构使用不同标准。关于数字出版格式和标准，至今仍没有普遍认同的行业标准和规范。面对无法兼容的阅读终端和阅读软件，读者为了阅读的需要，有时不得不下载安装相应的软件，给读者带来很多阅读不便，增加阅读成本，浪费读者时间，读者群体一定程度上流失了。因此，推动数字资源的走出去必定要制定一套符合广大读者需要的统一的标准规范。

（四）工作人员的数字人文保护意识淡薄，人才不足

在数字出版飞速发展的大环境下，内容、服务必须依托于技术而升级，技术、内容与服务必须相互促进、共同提高；图书馆、出版商和服务商应携起手来创新服务模式，应对数字化带来的新挑战，解决单一图书馆在技术和人才方面存在的局限。

人员队伍素质能力是影响都市农业文化资源库平台建设成功与否的关键因素。一方面，要有一个技术过硬的数据库开发团队。都市农业文化立体资源库平台构建、数据上传、数据发布、用户管理及数据库维护等，都属于数字化技术的应用，离不开技术开发馆员。另一方面，要有一个具备丰富的分类、标引知识和技能的学科馆员队伍，既包括从事多年分类、标引、典藏的图书馆员，

也包括农业相关类专业的学科馆员，为数据质量提供双重查找保障。但目前这方面的人才比较欠缺。

首先，农业高校图书馆工作人员对都市农业文化资源的保护意识淡薄，认为都市农业文化只是众多传统文化之一，有的甚至认为都市农业文化只是民俗、节庆典礼，没有充分认识到其对都市地区文化的重要性，也没有全面认识和了解都市农业文化，缺乏主观能动性。其次，农业高校图书馆保护都市农业文化资源缺乏专业人士。要做好这项工作，工作人员必须具备丰富的文化知识，良好的调查、沟通能力，以及进取的研究精神等，而农业高校图书馆的工作人员现有的知识结构无法满足这项工作的需求，这也是工作人员在开展工作时感到力不从心、缺乏自信心的原因。最后，图书馆的现有人员大多只有本学科或单一的学科背景，缺乏具有数字人文交叉学科背景的人才，直接影响了数字人文研究在图书馆领域的应用和发展。尤其是图书馆馆员在数据管理方面仍旧处在较为低级的层面上。一方面缺乏数据管理意识，另一方面是缺乏数据管理技能。大数据是一种全景式的数据，其具有超常的规模，对图书馆馆员而言，的确是一个巨大的挑战。但是，如果能够在大数据中挖掘中提升自己的价值，那么未来的发展也将是无可限量的。

（五）都市农业科研用户数据共享意愿

由图 4-1 可知，94%的科研人员是有数据共享意愿的，不同部门科研人员的共享意愿有显著性差别，但都对数据共享的需求度较高。

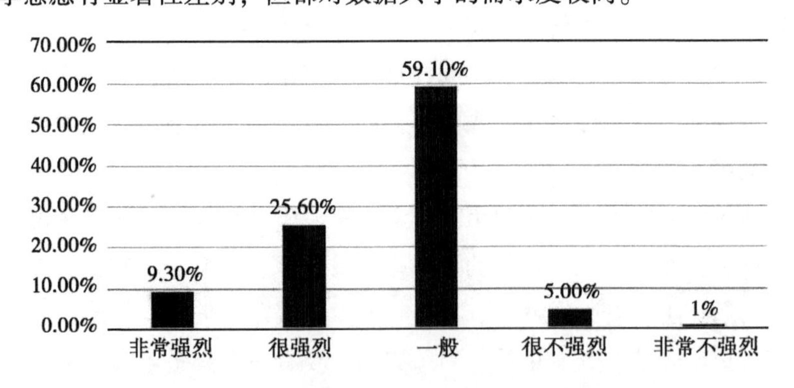

图 4-1　被调查者的科学数据共享意愿

三、都市农业文化资源建设原则

基于长期研究实践和前期研究成果，本研究中都市农业资源建设模式的构建必须遵循以下基本原则。

（一）适应需求、适度超前原则

最佳都市农业资源建设模式应符合当前资源需求现状，积极适应多元化需求，在理论与实践两方面均具有可行性。其一，满足用户需求，为用户提供更加丰富的信息资源；其二，满足学科发展需求，对园艺、植科、食品、经贸等专业的教学科研起到促进作用。

资源建设模式是共享活动开展的根基，需具有一定的稳定性，因此在构建资源建设模式时，即要立足现实，又要适度超前考虑未来资源建设发展的趋势。

（二）原创性原则

都市农业文化立体资源库视频采集以北京农学院教师的优秀作品等具备自主版权的原创视频、图片为主，辅以网络上不涉及知识产权的电子图片和经过扫描、拍摄等形式由纸质转换为电子形式的原创图片。一方面充分体现了北京农学院园艺、植科、食品、经贸等特色学科专业深厚的学术积淀，为他们提供了一个展示风采的平台；另一方面反映了学校风貌和历史变迁，也充分发掘了都市农业文化人文资源的潜在价值。

（三）标准性原则

标准是数字信息的长期真实可读的重要保证，是保证数字信息资源长期保存各环节互操作的基础，贯穿于数字资源生命周期的全过程（郭家义，2006）。相对于数据库，标准化主要是元数据标准、标识符标准以及技术接口等通用标准。数据库之间、数据库与其他数字资源存储系统之间要形成一个互联的共享网络体系，必须以遵循不同层次的标准为前提，否则会给信息资源的交流与兼容带来障碍。数字资源元数据规范的标准化是数字资源管理与组织的基础，是共建共享数字资源数据库的必由之路。以视频资源为例，其标引遵守我国参照《都柏林核心元数据元素集》（*Dublin Core metadata element set*，DC）创建的数字视频资源元数据规范或编目规则。

（四）数字资源可持续保存原则

数据库能够促进数字资源长期保存，但并不意味着所有数据库都具备资源长期保存的能力。美国第108条款研究组（Section 108 Study Group）在其研究报告中提出开展数字资源长期保存机构必须满足6项资质要求，包括：能够实现资源的大容量存储和数据的备份；存储的数字对象必须具备唯一的标识符，以此作为数字对象被识别和利用的标志；具备质量控制体系，能确保数字对象的质量和完整性；有相应的认证和授权技术，保护合法的访问，保护知识产权；有相应的元数据管理方案，有保存数字作品的格式、来源、知识产权和其他重要信息的能力；用开放格式存储数字对象，确保在平台升级、变换储存时能顺利实现迁移和格式转换。

因此，为了让数据库具备长期保存、可持续发展的能力，一般通过在数字资源长期保存技术与框架的基础上需综合考虑资金、运行机制等可持续性因素。最佳模式的选择是一个循序渐进的过程，不能一蹴而就，需根据环境和需求等变化不断发展完善，不能脱离现实追求理想化构建，并根据现有数据库的具体特点加以适当调整。

（五）互操作原则

在开放系统中，互操作是指在组织不同、技术规范不尽相同的元数据环境下，通过向用户提供统一的数据检索与界面服务，确保系统对用户的一致性服务。其表现为易转换性，也就是在所携信息损失最小的前提下，可以方便地转换为其他系统常用的元数据。这需要建立在大量的标准规范的基础上，除了有关数据结构、格式、语法、通信协议等静态的标准规范外，还需要服务过程、组合、注册、发现等方面的体系规范。

目前各学科和机构之间没有明确的科学数据互操作定义和结构体系。欧盟GRDI项目指出，缺乏科学数据互操作框架看似微不足道，实则导致了科学数据互操作体系不能朝着同一方向协同地发展，是阻碍科学数据互操作发展的根本问题（Pagano P，2013）。都市农业科学数据的共享与重用存在技术互操作问题，随着互操作概念和范围的延展，组织和语义互操作等问题日益凸显。缺乏互操作的都市农业数据，必定无法纳入完整的资源体系，孤立存在的资源容易被用户的视线所忽略，最终必将被数字信息时代的用户所淘汰。

都市农业数据互操作采用分层思想，描述层面由低到高，涵盖技术层面、语义层面、组织层面和法律层面。

1. 技术互操作

技术互操作是数据互操作有效开展的必要条件，是访问和处理分布在多个服务器上的都市农业数据的重要问题，目的是实现都市农业数据的有效交换和利用。

2. 语义互操作

语义互操作主要是解决都市农业数据整合和一致性问题，以支持合作与协作，确保数据之间语义一致。最简单的语义互操作解决方案是构建共享元数据，更具挑战性的解决方案是构建本体。分类法、受控词汇表、叙词表、代码列表和可重用数据结构模型是实现语义互操作性的基本方法，数据驱动设计（Data Driven-Design）方法和关联数据技术是大幅提高语义互操作的新手段。

3. 组织互操作

互操作研究多集中在数据交互问题上，而对体系架构设计研究较少，但应该注意的是，底层支撑技术的改进永远无法弥补顶层设计的不足，都市农业数据的互操作需关注组织层面的互操作设计，涉及组织策略、协作目标、组织架构、业务流程等，从组织层面分析系统的互操作问题，指导协作关系的建立与维护，使组织间具有协作交换数据的能力。

4. 法律互操作

法律互操作性确保在不同法律框架下的组织、政策和战略能够协同工作。

都市农业数据法律互操作需考虑组织间交换数据时，通过明确协议克服实施中存在的法律差异；向公众提供服务时，通过明确协议消除法律层面的数据安全、数据保护问题等（禹明刚，2015）。

（六）可扩展原则

都市农业文化立体资源库作为图书馆员智力成果与知识资产的保存基地，其为了达到稳定的长期的保存和共享，系统必须遵循可扩展性原则。可扩展性原则是指在元数据方案设计时，为元素、元素的限定词以及属性值的扩充留有一定的余地。元数据是一个发展活跃的领域，新的元数据元素会不断出现，老的元数据元素也要不断地被修改完善。这就要求元数据方案允许纳入新的元数据元素，或者要求修改更新已经注册的元数据方案。因此，都市农业文化数字资源标准化管理系统具有开放式的系统框架，给用户提供一种基于互联网的新型计算平台，可以容纳任意类型的单元，同时对客户的请求选择合适的资源服务。同时，系统不仅集成现有资源，还提供统一的接入接口，未来的新资源只要遵循标准接口就可以接入系统，成为系统资源。系统中的所有资源对外提供统一的访问接口，资源请求者只要按照统一的格式发出请求，就可以使用系统的资源，请求者不需要知道资源的位置，访问的数据格式等（李宝强，2007）。

（七）可重构、重用原则

面对复杂、变幻的国际形势，读者的需求具有多元化、动态性、易变性，因此，都市农业文化数字资源标准化管理系统的体系结构也应该具有良好的可重构性，需因地制宜，兼顾考虑共享环境和数据使用者习惯等因素，能够在读者需求变化时，按照变化了的要求准确、快速、经济性地由一种构形向另一种构形转换。另外，数据共享与重用环境差异较大，因此在制定共享模式时，可多种模式共存。

（八）安全性原则

在信息时代，都市农业文化资源管理系统利用 Web 服务安全规范实现安全性，例如，数据库应用信息加密、数字签名等安全技术满足用户对于信息保密传输、身份认证以及数据完整性检验等信息安全需要；为了保证信息的安全性和保密性，可以建立图书馆内部的网络，通过防火墙防御来自外部的访问，本馆的读者，在馆外的任何地方都可以上网获取信息，只需具备网络浏览器软件以及通过防火墙的密码；作为一名通晓技术与知识产权法律法规的图书馆馆员，还要认识到馆员对于保护个人和组织网络资源的重要性，既要约束好自己的行为，同时也能教育读者，在面对知识产权犯罪时懂得如何保护自己的知识产权、规避知识产权风险。

四、都市农业立体资源库建设的战略规划

针对上述的现状和原则，首都农业高校图书馆在都市农业立体资源库建设项目的工作上需充分利用先进的现代技术，加快建设步伐，提高建设效率，基于高校图书馆推进科研、传承文化和服务社会的三大功能，探讨都市农业资源建设的战略规划。

（一）都市农业资源的内容设计

从信息的内容来分，可分为自然信息资源、生物信息资源、机器信息资源和社会信息资源。都市农业文化信息资源兼具有社会性和自然性的特点。都市农业文化立体资源库是将北京的地域文化特别是我国都市农业产生、发展以来，从都市农业的人物传记、历史、建筑、传统文化、民风民俗、当下等各个视角，推动“四个传”，即传统建筑精华元素的运用、传统工艺现代建筑的传承、传统民居市场运作的流转、传统民俗的重塑，从而凝聚村民的力量，寻回市民久违的乡愁，搭建政府与村民的沟通平台，让政府的意图和群众的需求更好地结合。通过对都市农业文化资源的梳理和记叙，催生了都市农业文化立体资源库，成为都市农业文化建设的中坚力量，对加快乡村振兴的进程具有重要意义；同时，优化整合，建成高水平、有影响力、符合社会公众需求的特色数据库。例如，首都图书馆打造的我国第一个地域文化的大型多媒体数据库品牌

《北京记忆》，湖南精心打造的《天下湖南》品牌，等等。

都市农业资源具有空间离散型、载体形式多元化的特点。第一，空间离散型。都市农业可以划分为农家乐、休闲农庄、休闲农园、休闲乡村、休闲园林、休闲农业旅游节庆型6种基本形态，各种形态的都市农业散存于各地，例如，北京的大兴巴园子满族文化民俗村、怀柔项栅子正蓝旗村、七道梁村；培育了多个乡村旅游特色业态，如门头沟樱桃沟采摘篱园、山水人家（密云穆湖渔村）、乡村酒店（昌平国际观光园乡村酒店）、国际驿站（北京紫海香堤香草艺术庄园柳沟）、休闲农庄（大兴留民营生态农场、清泉农庄）、民族风苑（七道梁村）、养生山吧（付明星，2012）；北京兴农天力农机服务专业合作社等多家农机合作社为全国农机合作社示范社、示范基地。第二，载体形式多元化。传统文献信息资源以印刷型为主，而网络环境下，信息形式表现为多元化，除了论文、文献外，还包括过程性材料、手稿、图片、影像、音频等。信息资源不仅以纸本存储，由纸张上的文字变为磁性介质上电磁信号或光介质上的光信息，即可以网络为载体，通过虚拟化的状态展示。

1. 北京都市农业历史文化资源

北京市属于我国都市型农业的发源地之一和具有代表性的地区之一。20世纪90年代后期，在率先实现农业现代化的进程中，北京市提出了发展都市型农业的要求。20世纪初，北京市正式将都市型现代农业作为农业发展方向。北京市国民经济和社会发展第十一个“五年计划”的重点专项规划“新农村建设发展规划”确认，按照“生态、安全、优质、节约、高效”的都市型现代农业发展方向，以服务城市、改善生态和增加农民收入为宗旨，提高农业综合生产能力、社会服务能力和生态保障能力，实现功能多样化、布局区域化、设施现代化、生产标准化、经营产业化、产品安全化、景观田园化、环境友好化。都市型现代农业建设的工作是多方面的，其重点是现代农业制度的设计。本数据库全面、系统地介绍北京都市农业的源流、沿革，发展历史，还有都市农业各方面的方针政策、发展大事件等。

2. 都市农业生态休闲文化

生态休闲农业起于19世纪30年代，由于城市化进程加快，人口急剧增加，为了缓解都市生活的压力，人们渴望到农村享受暂时的悠闲与宁静，体验乡村生活。于是生态休闲农业逐渐在意大利、奥地利等地兴起，随后迅速在欧美国家发展起来。都市农业文化立体资源库主要展示观光农业、教育农场、休闲农舍、市民农园等的科研文献和科技成就，以及由此延伸出的文化内涵。

3. 都市农业建筑文化

全国可移动文物信息登录平台和数据库，对博物馆中被数字化处理过的文化遗产资源进行信息公开，已成为吸引观众的热点。如徽州古建筑展（图 4-2），就包括全景展示、展品展示、视频展示的形式。北京是有 3 000 多年建城史、800 多年建都史的历史文化名城，是国家的首都和文化中心，历史悠久，文化遗产可谓不胜枚举，有的已被联合国教科文组织列入“世界文化和自然遗产”。北京名胜古迹、传统建筑、人工或自然山水、旅游景点众多，地域内散布着不同历史时期的大量历史遗迹、古城及古建筑，主要传统建筑有“十三陵”“天坛”“地坛”“故宫”等。此外，郊区还有许多独具特色的民居建筑。借鉴全国可移动文物信息登录平台和数据库的做法，以视频、图片并配以文字说明等多种形式，可以全方位展示都市农业独具特色的传统建筑文化、历史遗迹。

图 4-2　徽州古建筑展

4. 都市农业民俗民风

在文物展方面，与以前很多走马观花的参观不同，如今越来越多的参观者更乐于深入了解文物的历史和内涵。面对新的观众群体，博物馆拓宽策展方向，2017年以来，以《国家宝藏》《如果文物会说话》为代表的主题鲜明、展品恰当、布展精致的文博类电视节目走红，与厚重的文物陈列展不同，这些有时代记忆、具有文化内涵的高质量的文物主题展、风俗民俗的展览，对于社会变迁、生活变化的记录极具亲切感，很容易引起共鸣，赢得了大众喜爱。“文博展热”的背后，是中华民族悠久历史、厚重思想、宝贵文化创造的沉淀与薄发，于热潮中彰显出文化自信。

因此，借鉴文博展的做法，对都市农业文化遗产资源加以数字化处理并进行信息公开，是吸引潜在读者、特别是年轻读者的重要方式。这种方式能够促进都市农业产业进一步发展，同时也让传统文化在新时代重新焕发活力、绽放光彩，服务和丰富人民群众的精神文化生活。

5. 都市农业文化人物

由于在五千多年的历史发展长河中，作为古都的北京，是古代农业文明的发祥地，人杰地灵，出现了许多名人、雅士。都市农业立体资源库主要介绍了与都市农业相关的各类人物，如都市农业地方名人、非物质文化传承人等，以及从事都市农业文化研究的专家、学者等。

6. 都市农业灰色文献

都市农业文化资源的信息是宽泛的概念，是指对于都市农业经济和社会发展有利用价值的数字化和网络化信息。都市农业文化资源除了采集永久性的信息资源外，还包括短暂性的信息资源，网站、论坛等里面也有大量的都市农业资源，以及未经数字化加工的乡土信息——灰色文献，这些信息资源虽短暂、易逝，但它也详细地记载了都市农业文化的发展，是研究都市农业的重要参考，故具有第一手资料的价值。

（二）都市农业资源建设步骤设计

都市农业立体资源库是北京市教委所属的一个北京农学院图书馆特色资源

建设项目。资源库大致经历了项目实施建设、确定数据库系统平台、数据上传标引等工作。

1. 项目实施阶段

都市农业文化立体资源库是一个分布式信息资源利用体系，需要参建人员根据数据库内容框架及建设周期和工作进度安排，制定相关的技术统一标准及规范，以保障不同格式数据间的兼容性，以先规划、建立标准，后实施项目建设这种自上而下的方式推行。

2. 收集数据

数据是数据库的核心，数据收集是数据库建设的基础。根据项目书的架构设计广泛收集所需资料，并进行系统分类和整理。北京农学院图书馆按照都市农业文化立体资源库框架大纲，在广泛调研的基础上，多方收集数据资源。首先充分发挥自身的资源优势，集中查找本馆具有代表性的，能集中反映都市农业文化的各种文献，把这些分散在不同时空地域的信息资源进行整合；其次到深入都市郊区、田野、会展现场采集资源；最后，充分利用网络资源，拓展数据来源。针对网络资源海量、无序、动态、分散等特性，选择一批有参考价值的权威的网站和信息源，定期浏览和获取信息。经过广泛的收集，积累了涵盖文字、图片、音频、视频等类型的数据资源，为数据库建设奠定了良好的资源基础。

3. 数据分类

数据收集完成后，我们将收集到的纷繁无序的各类资源分别进行筛选、分类、整合。从图书馆学角度出发，将用于数字化的都市农业文化资源划分为：文献型（包括图书、期刊、手稿等）、扩展文献型（包括书法、图片、音频、视频等）、非文献型（指除上述两类资源之外的其他文化遗产，又可划分为实体型与虚拟型）等3类。其中必要的非文献型文化遗产亦应收录，因为不同类型的文化遗产可能是同一文化行为的结果，承载着共同的文化符号，在进行数字化时很难将它们分开。同时，按照资源的内容框架确定分类主题，包括人物、事物、机构、事件4个专题，专题又细分为多媒体音频、视频、图片、文献4个分专题。按照都市农业文化资源的内容把数据资源依次归入各子库中。

这种资源和专题分类法将有利于都市农业文化资源的保存、保护和利用。

4. 数据加工

数据加工是数据资料收集、归类完成后的一个重要环节。都市农业文化立体资源库参建人员在严格依照全国文化信息资源共享工程资源建设标准规范的基础上，通过录入、扫描、识别、拍摄等加工处理方式把各子库中的数据全部数字化；然后再根据各子库数据的具体内容分别设置出名称、作者、出处、时间、关键词、简介（提要）等字段，采用文本（TXT）形式依据设置的字段对每一条数字化的数据进行细致化加工。

5. 数据库平台系统

（1）确定数据库平台

图书馆在采购数据库管理平台系统前应作前期调研，对国内外许多家数据库制作管理系统软件，诸如 Oracle 软件、微软的 SQLServer 软件、北大方正的 DEAI 软件、北京拓尔思公司的 TRS 软件、清华同方的 TPI 数据库制作管理系统等进行深入调研、全面考察、多方对比，最终选定符合要求的数据库制作管理系统作为建设、发布都市农业文化立体资源库的平台系统。

（2）页面设计

确定数据库平台系统后，数据库技术人员根据数据库框架结构和内容进行数据库的结构设计和页面设计。都市农业文化立体资源库主要包括都市农业机构、都市农业文化专家人物、都市农业事件、事物、研究文献资料、图片、音频、视频等信息内容。技术人员根据这些内容，在与数据库建设人员进行充分沟通后，完成数据库首页、一级栏目、二级栏目、三级栏目、概览、细览等所有前台页面、静态页面的制作及美术设计。都市农业文化立体资源库主页面上主要呈现都市农业机构、都市农业事件、都市农业事物、人物春秋等主库信息，在页面右下角设置检索入口，提供库内通检，检索页面显示题名及所在栏目，方便用户准确找到所需资料。而文献、图片、音频、视频等子库作为辅库则在后台加工、标引和存放，不在主页面上反映，而是通过关键词实现与主库数据间的关联链接。这样的设计主次分明，布局合理、有序，给人以清晰明了、界面友好之感。通过页面，用户即可非常直观地了解、浏览数据库的资源体系。

（3）数据标引

面向都市农业文化资源的数据监管活动可以为保证都市农业文化研究数据的持续性收集、评价、筛选、验证、保护及复用等提供解决方案。因此，针对都市农业特色数据信息进行数据监管服务，对都市农业农村信息资源的整合、建设优质农村信息资源平台是非常必要的，必须保证与国际上比较成熟通用的元数据规范在功能、格式、语义语法等方面的一致性，使不同信息服务系统、信息服务平台上的内容得以共享。毕强（2010）从 Web 信息网络向语义 Web 知识网络的渐进与渐变昭示了数字图书馆知识组织系统建构的发展趋势——从机器可读到机器可理解。这就需要图书馆借用本体的语义扩展技术，帮助用户实现都市农业数据基于语义的概念检索。

图书馆在建设都市农业特色数据库时，对其进行持续标准化、规范化、监测、管理的活动，是保证科学数据质量和检准率的有效手段和措施。数据加工和页面设计完成后，就进入了数据上传、标引阶段。数据标引是数据库质量的保障。数据库编辑人员首先把各子库中不同格式、不同类型的元数据全部上传到数据库平台，然后再依据一定的元数据结构及著录规则，标引每条数据，即标引出数据的名称、作者、出处、时间、关键词、简介等要项，便于用户检索利用。在标引时，应对现有资源进行唯一标识定位，使用户可以通过信息资源的分类目录和唯一标识来提高检索的精确率。

数据库是一种通用型的数据保存环境，所收藏的信息资源并不限于图书、论文等文献资料，与都市农业研究有关的图片、音频、视频等资料也在收藏范围内。

由于 XML 在可读性、可移植性以及可扩展性上的出色表现，可将 XML 与 RDF 作为都市农业数字文本以及各类对象之间相互关系的描述格式，通过自定义的 XML 标签和 RDF 详细地描述都市农业人文资源对象的内容和相互之间的关联。表 4-1 为都市农业资源核心元数据列表及相关条目的简要解释。

表 4-1　都市农业资源核心元数据列表及相关条目的简要阐释

主要元数据	对应的 Dublin Core	内　容
资源形式	Format	都市农业人文资源
资源标识符	Resource identifier	数据库系统自动给出的标志符

（续表）

主要元数据	对应的 Dublin Core	内　容
主题	Subject and keywords	都市农业资源所属的类别
馆藏信息	Right management	都市农业资源的典藏号及相关信息
题名	Title	都市农业资源的各种题名及相关信息
主要责任者	Creator	都市农业者优先主要责任者的名称及相关信息
其他责任者	Contributor	都市农业资源的其他责任者的名称及相关信息
出版项	Publisher	都市农业资源的版本及相关信息
时空范围	Coverage	都市农业资源的年代及相关信息
相关文献	Relation	与该都市农业资源相关的文献信息
附注说明	Description	关于都市农业资源各方面信息的补充说明

（4）链接发布

都市农业文化立体资源库中数据标引工作全部完成后，由数据库技术支持人员完成链接发布工作，在网站主页及其他页面各个模板之间作链接，保障标引数据的正确显示。在这个阶段，编辑人员可以直观地看到发布后的数据库，检查显示是否有错误，及时和技术人员沟通修改，保障标引数据的正确链接和显示。

（5）平台构建及数据库访问

都市农业文化立体资源库以“北京农学院馆藏数据库为基础，将“都市农业文化立体资源库”数据库作为分库，实现数据库平台的无缝对接。

都市农业文化立体资源库采用 Web 发布的方式为用户提供服务，与服务器在同一网络中的计算机用户在获取数据库访问权限之后，直接在其计算机上开启浏览器，在地址栏中输入地址、域名，或者通过点击“北京农学院图书馆”主页“都市农业文化立体资源库”进入，即都市农业文化立体资源库的标引质量直接影响到检索效率。

（6）用户管理

对用户的分级管理是区分用户权限的基本途径，是保障数据安全的有效方法。用户分为两类，一类为内部用户，包括系统管理员和数据操作员。系统管理员具备用户管理权限，包括内部用户添加、修改和删除以及权限设置，外部用户信息注册的批准和审核、用户许可 IP 管理、分配用户权限、图片浏览和下载、查看数据库访问统计等。数据操作员具备数据管理权限，根据不同的分工具备不同的权限，包括数据的存储、标引、验收、发布等。另一类为外部用户，即读者用户，需进行实名注册并填写个人基本信息，系统管理员根据注册用户身份的不同，赋予其相应的权限。如教师、研究生、农学相关专业册用户，拥有数据浏览、检索、下载权限，对其下载数量不做限定。如普通学生注册用户，拥有数据浏览、检索、下载权限，但下载数量有所限定。

（三）从促进科研的角度开展工作

都市农业资源建设工作需要学术研究的支撑，高校图书馆的一项重要功能就是协助科学研究，因此，可充分利用高校图书馆对科研的辅助作用来整合都市农业文化资源建设，从而推动都市农业资源建设工作的开展。

1. 利用先进技术提升加工整理的效率和质量

首都农业高校图书馆可以利用自身先进的技术，对北京地区都市农业资源的一系列数据进行高效率、高质量的收集，例如，通过走访、查询、调查来采集数量、种类以及分布的情况，对这些数据进行进一步的加工整理。可以利用现代化数字技术对这些资源进行音频化、视频化等多媒体格式化，再对其进行编码、分类，建立可以满足师生欣赏、普及通识或者科研等特殊要求的素材数据库。这样的处理使简单枯燥的资源更加具有实用性和丰富性，也更加完整、真实。例如，图书馆可以对葡萄酒的酿制过程进行拍摄，后期加上配音解释，然后上传至都市农业资源特色数据库以及网站，供师生观赏、学习和参考。

2. 通过交流培训加强工作人员的专业素养

首先，高校图书馆可以与相关人才合作。通过向社会发布信息，选拔出优秀的专业技术人才。其次，提高高校图书馆工作人员的专业知识水平和实践操作能力。通过都市农业知识的系统培训，工作人员在较短时间内掌握初步专业知识，为都市农业资源数据库建设做好基础工作。最后，鼓励工作人员参加各类学术交流研究活动，促进工作人员深入了解都市农业资源的实时动态，提高其对都市农业文化立体资源库建设的敏感度和主观能动性。最后，理论与实践相结合，进行实际操练。使其独立完成原始数据的采集、后期加工整理，以及保存分享的工作流程，为都市农业资源数字化保护提供完整的、高质量的、真实可信的数据。

（四）从传承文化的角度开展工作

高校图书馆作为文化与资源传播的窗口，在保护、传承文化中承担着重要的责任，其可以通过搭建都市农业资源传播和展示的平台来深化都市农业资源保护工作。首先，高校图书馆可以采用多种形式的活动来激发师生对都市农业资源的兴趣。例如，利用图书馆的空间优势和先进技术，展示图片、书籍、视频等资料，向师生介绍和宣传都市农业资源；也可以开展一系列征文比赛，增强宣传效果。其次，高校图书馆利用丰富的学术资源和人脉关系，聘请都市农业文化研究相关学者，向师生开展保护和传承都市农业资源系列讲座，加深师生对保护都市农业资源的认识。最后，可以与北京都市农业机构合作，开展都市农业进高校图书馆系列活动。例如，葡萄酒酿制过程可以涉及葡萄的种植、采集、酿制工艺、品尝等，所以具有直观性、可视性和趣味性，可以潜移默化地提高师生参与的积极性，通过活动使他们自发参与到都市农业文化资源的宣传、保护和传承的工作中。

（五）从服务社会的角度开展工作

首都农业高校图书馆不仅给师生读者提供了科研方面的保障，而且还为北京地区的农业及文化发展提供资源，通过建立都市农业资源特色数据库，共享资源来分享和保护都市农业资源。

1. 加强都市农业文化资源的社会宣传

《关于加强我国非物质文化遗产保护工作的意见》明确要求：“要运用文字、录音、录像、数字化多媒体等各种方式，对非物质文化遗产进行真实、系统和全面的记录，建立档案和数据库。”因此，高校图书馆要利用自身先进的信息技术及人才优势，收集都市农业信息资源，用图片、音频和视频等方式对现场技术表演做好记录，并通过后期制作将这些资源进行数字化处理，建立特色数据库。

为了让更多的民众能够接触到这些资源，可以根据已有的数据库建立相应的都市农业资源网站，内容不仅囊括都市农业资源项目，加大宣传力度。通过多渠道宣传推广数字文化网，提升网站知名度。如建立互动栏目，邀请当地文化名人在网站开设文化博客，以数字文化网名义举办丰富多彩的文化活动；在国内外搜索引擎站点或知名网站建立链接；印发宣传资料，借助传媒进行宣传等，以此不断提升网站的知名度和公信力，使特色资源数据库为更多人所知晓。

举办形式多样的推广活动。在数字文化网站推广的基础上，省级分中心网站可通过借助媒体、宣传资料、用户投票、专题讲座、读者培训、文化活动等多种渠道来推广特色资源数据库，如浙江的“数字文化讲师团”模式、河北的“曲艺进校园”模式等，扩大特色资源的社会影响力。

2. 建立资源共享的联盟机制

目前，首都农业高校图书馆和其他地区高校图书馆一样，在都市农业资源数字化保护工作中不仅面临人力、财力不足的问题，而且技术非常匮乏。这就需要高校图书馆和当地文化机构互相沟通，统筹安排，明确分工合作，实现资源和技术共享，使建设工作长效平稳地运行下去。例如，北京高校图书馆可以和博物馆、档案馆、文化馆等建立都市农业资源联盟，建立起高校与公共机构之间的有效链接，建立北京区域的都市农业资源数据库。整合的重点工作之一就是特色资源的整合，以提升服务社会公众的质量。具体措施如下：一是选题明确，要根据本馆馆藏资源优势来确定其主题；二是依据特色主题进行的资源搜集必须遵循全面、系统等原则，要考虑到社会公众的服务需求，做到有的放矢；三是依据图书馆的“文化特征”、博物馆的“历史特征”、档案馆的“地域特征”（简称 LAM 模式），加强彼此间的合作交流，建设特色馆藏，把历史性资源、地域性资源等整合成特色数据库（如利用名人资源建立特色数据库、围绕文化遗产建立特色数据库等），并建立关于“检索利用”的书目资源整合。整合 LAM 现有书目数据资源，以形成综合性强、涉及面广的资源网络，让社会公众一次检索就可以查阅到同一信息的不同载体资源，实现了 LAM 资源的通编通检，让社会公众获取信息的渠道畅通无阻，促进了都市农业文化特色资源的开发和社会功能的拓展。

目前图书馆与图书馆之间、图书馆与其他研究机构之间资源建设工作上交叉和合作的点比较少，处于界限分明，各自为政的状态有关。打破这种界限，建立合作关系很有必要，这样可以实现双方资源的共享，集中力量加速资源的数字化转化。这种界限的打破，可以较大限度地运用不同类型机构、档案研究室、博物馆等各类优势资源，激活图书馆都市农业特色资源库资源共享的动机。

（六）知识产权问题

知识产权问题是图片数据库建设过程中遇到的重要问题。首要的是数据库的建设必须符合中国《著作权法》规定的合理使用的范围。

1. 图片、视频著作权问题

有关都市农业图片、视频采集来源均需正规合法，全部具有自主版权，并通过标明图片的作者、来源、创作时间等来体现著作权；标明视频的题名、主题、描述、责任者、出版者、版权、语种、日期、类型、格式、时空覆盖范围、来源以及关联 12 个元素将视频资源纳入知识产权保护范围。

2. 网络传播权问题

建立完善的安全管理及加密等机制，通过 IP 地址限制、用户权限分级、限制恶意下载等措施来限定资源的网络传播范围。在都市农业文化立体资源库建设初期，资源的检索和下载只限于北京农学院的读者在校园网范围内使用。伴随着数据库的后续发展，在获得作者授权后，逐步开通社会读者在因特网范围内检索和下载的权限。为了避免图片被用于商业用途，将通过添加水印标识等技术方式，来保护作者的权益。因此，图书馆的安全管理及加密等机制有待加强。

第五章　面向数字人文的都市农业本体的构建

奈斯比特认为，“失去控制和无组织的信息在信息社会不再构成资源，相反，它将成为信息工作者的敌人”。黄纯元（1997）认为，网络信息资源是“通过因特网可以利用的各种信息资源”。前者强调了构成资源的信息所应该具备的系统性，有序性和可理解性；后者则反映了信息资源具有的有效性和可利用性特征。

目前，我国农村信息化建设面临从提供信息服务向提供知识服务的逐步过渡，知识服务对提高农业生产水平、增加农产品收益、创建农村和谐社会具有深远的意义。农业生产过程是生物依靠自然环境和自身生理机能而进行的自然生长发育过程，因此，农业知识具有环境多样性、地域差异性和种类丰富性等特点，农业领域知识的获取和表示与其他领域相比难度更大、更具有挑战性。在新一代信息技术如关联数据、知识处理技术（知识发现、知识获取、知识表示、知识推理）、新型的知识组织技术（领域本体、概念图、知识图谱）、语义Web技术等飞速发展的今天，拥有相互关联的都市农业资源对用户的知识获取和科研能力的提高有重要意义。

在图书馆现有信息服务深度不够，资源利用率、共享率低，个性化服务难以实现等问题的基础上，知识组织的新方法——语义关联以促进资源共享、完善服务体系为宗旨，提出了在对相关数据进行统一标识的基础上，利用本体实现相关数据集之间的深层次、跨学科的关联。

数字人文，有时也被称为人文计算，它是针对计算与人文学科之间的交叉领域进行学习、研究、发明以及创新的一门学科。作为一个跨学科的领域，数字人文涉及文学、计算机科学、历史学、语言学等多个学科，新的研究方法和研究范式在文献与技术的结合中重叠创新（DalbelloM，2011），数字人文，作为人文学科研创新的研究范式，备受关注。近年来，国内外相继成立了数字人文联盟、协会、学会等组织，一些高校创设了数字人文研究中心，为人文研究提供技术和数据支撑，将学者从繁杂琐碎的资料收集整理工作中解脱出来，专注于提出问题和学术发现，极大地提高了研究效率，促进了学科发展。

一、国内外关于资源的语义本体知识组织的理论与实践

（一）国外关于资源的语义本体知识组织的理论与实践

国外关于关联数据广泛应用于实体搜索和个性化推荐等智能服务的研究。

Ronnie（2010）提出了一个基于本体的个性化自适应学习框架实现的在线 Java 程序设计课程系统，根据本体模型为用户推荐个性化学习资源。

Gomes（2006）等提出了一个基于本体的电子学习个性化方法，通过该方法构建一个学生的模型，使得个性化系统能够指导学生的学习过程。

Kontopoulos（2008）提出了 PASER 系统，通过使用人工智能计划和语义 Web 技术，使该系统匹配学习者的概貌、需求和能力，甚至能够从无关联的学习对象中动态构建学习路径。Abbes 等提出了一种数据源为大数据、目标模式为 OWL 本体的基于模块化本体的大数据集成方法，包括 3 个步骤：将数据源封装到 MongoDB 数据库，生成局部本体，局部本体构建全局本体，定义了从 MongoDB 结构映射到 OWL 本体的转换规则。

国外图书馆在借鉴语义网领域的技术和研究成果，提供知识服务方面，已经处于世界领先水平，并积极参与到相关项目的研究和实践中。

OCLC 利用 SRU 服务为虚拟国际规范文档（VIAF）项目提供关联数据。2010 年，W3C 专门成立了图书馆关联数据孵化小组，开展关联数据在图书馆界的应用研究。2012 年 6 月，OCLC 将 WorldCat. org 中的书目元数据发布为关联数据，成为目前 Web 上最大的关联书目数据。北卡罗来纳大学教堂山分校机构知识库除了承诺对存入的成果数据提供安全和备份，从而为成果提供一个长

久存取的安全场所之外，还保证遵循相关标准能被 Google 和 GoogleScholar 这些搜索引擎发现和索引，使研究成果易于开展后续研究和为其他人所利用。

堪萨斯大学机构知识库承诺其元数据可以在世界上免费使用，所有的成果条目都被分配指定了永久的 URLs，不会变化和永久能被使用，并致力于对该机构知识库里的元数据进行高质量的维护和建设，在为教职员工和部分学生的创新成果提供一个集中、持久和可靠的存取空间。

（二）国内关于资源的语义本体知识组织的理论与实践

1. 国内图书情报学界关于语义本体知识组织的研究

马捷（2018）基于关联数据构建了“人—事件—信息”三元框架，以此为基础分析智慧服务过程中的信息协同机制，并以智慧朝阳案为例进一步阐述基于关联数据在实现智慧服务过程中的信息协同机制。

孙红蕾（2017）等构建了一个基于关联数据的、能有效实现跨系统区域图书馆联盟资源深层整合，并为用户提供高价值、深层次和细粒度的精准服务，该框架由数据层、资源整合层和应用服务层 3 层构成。

沈志宏（2012）以科技文献、科学数据的发布为例，开展了关联数据发布流程与关键问题研究。

总的来说，国内情报学和图书馆学侧重强调对关联数据数字对象的内容进行揭示，更多地停留在关联数据理论的探讨上，实践和应用较少。

2. 国内关于知识本体的研究

面对结构化和非结构化的信息，如何从中抽取人们感兴趣的内容，发现内在规律，越来越受到学术界关注，本体在这一过程中发挥着关键作用。本体以三元组形式描述，呈现的是实体之间的关系，通常用于知识发现。本体最早被引入知识工程是 20 世纪 90 年代；随着语义网概念的提出，本体已成为国内外研究的热点；国内对本体的研究主要集中在最近几年，此领域的研究和实践主要包括以下几个方面。

（1）基于大数据技术的领域本体构建

付苓（2018）在《基于大数据的领域本体动态构建方法研究——以养生领

域本体构建为例》中，复用知识资源和从大数据获取知识相结合，提出了基于大数据的本体构建方法，为有效地构建领域本体提供了一个可扩展的解决方案，并以养生领域为例，阐述提出的方法在构建大数据场景中养生领域本体的应用。

夏翠娟（2016）在《关联数据在家谱数字人文服务中的应用》中，利用关联基于语义万维网的规范控制方法和基于知识本体的知识组织方法以及关联数据技术、社会化网络技术（SNS）、可视化技术，并以“上川明经胡氏”和“湖广填四川”为例，详细展示了关联数据在家谱数字人文研究中的作用和用法。

（2）特色、多媒体资源本体构建

滕春娥（2018）在《非物质文化遗产资源知识组织本体构建研究》中，以黑龙江地区赫哲族为例，分析本体理论在知识组织构建中的重要性和适用性，基于本体理论，对其进行知识组织构建，建立起赫哲族资源体系，便于更好地保护赫哲族文化和传承民族记忆。

谈国新（2017）在《非物质文化遗产多媒体资源语义组织研究》中，以“度戒”为例，采用本体编辑器 Protégé 软件构建本体，采用 OWL 语言对定义的概念和关系进行形式化描述，对其多媒体资源进行语义组织及关联数据发布，实现了对资源的有效组织，揭示了“度戒”知识概念之间的语义关系。

翟姗姗（2016）在《面向传承和传播的非遗数字资源描述与语义揭示研究综述》中，利用语义出版技术实现非遗数字资源共享，以“楚剧”为具体应用背景的语义出版实例，将出版单位细化到知识单元，有效建立知识单元之间及与外部数据集间的语义关联，并通过知识单元内容重组实现资源共享。

徐晨飞（2015）在《基于本体的江海文化文献知识组织体系构建研究》中，首先提出采用七步法进行本体构建，采用 Protégé 为江海文献知识本体的开发工具，采用 OWL 为本体描述语言，通过构建江海文化文献知识本体库，确定核心概念集并划分层次等级机构，最终实现江海文化的存储和揭示。以上研究为都市农业资源的整合、语义互操作提供了解决思路，为都市农业数字化保护与传承的研究提供了必要的借鉴和参考。

（3）基于人才培养的知识服务支撑研究

当前，如何有效开展语义知识服务成为高校图书馆的重要课题，全国许多高校图书馆都已经开展了基于人才培养的知识服务支撑研究：

赵军（2016）在《“互联网+”环境下创新创业信息平台构建研究——以大学生创新创业教育为例》中，提出了“互联网+”环境下大学生创新创业信息平台的架构设计。

成伟华（2014）在《高校教学参考信息服务保障体系与E-learning平台整合服务研究——高校图书馆资源服务嵌入高校教学过程模式探索》中，探索了图书馆将自身的资源与服务嵌入到教学环境中的途径，为高校教学提供支持服务。

魏顺平（2013）在《基于术语部件的领域本体自动构建方法研究——以教育技术学领域本体构建为例》中，提出了一种基于术语部件的领域本体自动构建方法，该方法通过术语部件之间的关系来自动发现术语之间的属种关系和并列关系，并以《电化教育研究》期刊为例，通过领域本体自动构建方法构建起一个初步的教育技术学领域本体。

杨丽萍（2011）在《基于SSH架构的大学生创新创业教育网络平台设计》中，提出了基于Struts+Spring+Hibernate（SSH）的轻量级J2EE架构，并将3种框架技术整合起来应用到大学生创新创业教育网络平台系统设计中，简要阐述了系统框架、系统功能以及框架中表现层、业务逻辑层和数据持久层的实现。

在实践方面，中国知网、万方数据和一些实力雄厚的出版社利用自身优势，也已经开始投入到构建基于领域本体的知识库的实践中去，朝着知识服务的方向发展。

总而言之，在对高校用户的知识服务的国内相关研究中，能够提供的多是单一雷同的用户服务内容与方式，对如何实现数字资源所包含的知识关联关系的研究，缺乏相关数字资源的实际支撑和理论基础；对如何使具体的信息技术和网络技术等解决方案来指导用户教学科研的实际应用，缺乏系统的实证研究。都市农业数字资源的本体语义关联组织以此为切入点，在国内外学者的研究基础之上，在关联数据理论、方法和相关研究的经验和指导下，根据用户的实际需求和潜在需求，对图书馆知识服务平台构建进行研究，完善都市农业数字资源的语义关联方案和步骤，提供个性化的检索查询与结果呈现，创新用户教育科研知识服务的个性化、可视化表现传播方式。

3. 农业本体方面的文献调研

在国内，对叙词表转化的研究正处于热点阶段，目前已转化为本体原型的主要有《国防科学技术叙词表》和《中国农业科学叙词表》的一部分。

（1）农业科学叙词表的转化

鲜国建（2008）使用当前最新的本体描述语言——网络本体语言（简称OWL），成功地将《农业科学叙词表》中的叙词及词间关系进行了表示和描述，在此基础上，设计和实现了一个转化系统，能够自动批量地将词表中的知识结构和语义关系转化到农业本体中，基于叙词表来构建领域本体，为构建都市农业领域本体提供了一种科学性、规范性和权威性借鉴。

中国农业科学院科技文献信息中心的常春（2004）博士基于《中国农业科学叙词表》的"作物大类"，构建了一个有关食物安全的本体原型。系统介绍和分析了本体论构建理论的基础上，使用目前在国际上性能比较完善的本体论构建和维护工具KAON，把本体论的理论方法与传统的知识组织工具结合起来，利用已有的知识和技术，首次将部分中国农业科学叙词表转化为RDFS格式本体论，具体实现了本体论原型的构建，这是论文的重要创新成果之一，同时为其他本体论的构建提供了借鉴。

邱琳（2011）提出基于本体构建的农业网络叙词表的编制策略，并结合实际，以"常见蔬菜设施技术数据库"为例，介绍农业网络叙词表的编制方法，以及农业网络叙词表在农业网络信息标引、检索以及农业本体构建等方面的应用。

（2）农业本体的检索应用研究

贺纯佩、李思经（2004）描述了农业本体论在中国的发展，农业本体论服务的特点，还对农业本体论服务的应用进行了评价，以及农业本体论在将来农业信息网络检索中的应用。

李贯峰（2016）针对农业领域存在的知识表示、共享、重用等问题，将本体理念与技术引入农业领域，提出了构建农业领域本体的基本原则、流程和方法，并以枸杞病虫害知识为例构建了领域本体，可为促进枸杞病虫害综合防治的知识共享及重用提供参考。

在国际上，联合国粮农组织（FAO）也在进行农业领域本体方面的研究，AOS 项目就是世界农业信息中心作为 FAO 的一个机构，他们从 2001 年起开始策划定义一种通用的农业语义系统，为农业信息服务需求者提供服务，获取权威的农业信息资源。通过每年一次的研讨会，使各国农业本体的研究者，专注于本体研究中的知识再现、知识整合等，促进了本体在知识推理和知识挖掘方面的应用。以 FAO 建立食物安全专业本体论为例，他们使用了 3 位主题专家作为智囊团使用本体论编辑器（SOEP）对欧洲食品宝典和食物安全协议进行了筛选，用网络搜索器对 257 个食物安全领域的网站进行了搜索，这些网站包括政府食物安全信息的网关、共计提取出 67 个概念和 91 个关系，用此作为食物安全的核心本体论。

（3）叙词表研究

农业叙词表包括英国应用生物科学中心开发的“CAB 叙词表”、联合国粮食与农业组织开发的“AGROVOC 叙词表”和中国农业科学院文献信息中心开发的“农业科学叙词表”等。这些叙词表都可以作为构建农业本体论的工具。

对目前国内和国际上农业本体方面的文献调研，是构建都市农业领域本体的一个基础性的工作，这样在构建都市农业本体时，才能有针对性地复用现有农业本体词表。

二、面向数字人文的都市农业本体构建目标

（一）提供都市农业资源的全方位、多层次的聚合

随着互联网的快速发展与广泛应用，Web 成为人们获取知识的重要资源库。Web 是互联网的总称，即全球广域网，也称为万维网，它是一种基于超文本和 HTTP 的、全球性的、动态交互的、跨平台的分布式图形信息系统。Web 是建立在 Internet 上，可以为浏览者在 Internet 上查找和浏览信息提供了图形化

的界面，其中的文档及超级链接将 Internet 上的信息节点组织成一个互为关联的网状结构。但万维网（Web）资源结构庞杂无序，缺乏对语义信息的描述，人们需要一种自动化的方式对 Web 资源进行有效的处理和整合，获取对用户有价值的知识并过滤掉不相关的信息，Web 知识服务的研究是在这样的需求背景下产生的，被专家学者们广泛关注，成为研究的热点。

现有的 Web 语言主要有超文本标记语言（HTML）、自然语言等。HTML 是网络的通用语言，一种简单、通用的全置标记语言，但这些方法只能抽取实体信息，不能描述 Web 中包含的语义信息。本体作为一种有效的知识建模工具，被广泛地应用于信息科学等众多领域。本体能够提供特定领域中存在的对象类型和对象属性间的相互关系，其良好的知识组织模型能够有效地识别概念及概念之间的关系，解决传统语言在语义抽取方面的不足。

近年来，基于本体的 Web 知识服务已经成为重要的研究方向。通过本体构建规则，不仅能通过特定类型来识别实体，还能利用本体中的概念层次关系从语义描述上来识别实体。因此，基于本体的语义技术将在未来的数字人文发展中成为不可缺少的辅助技术。

都市农业资源多种形式的数据来源（例如，图书、期刊、报纸、网站、网络日志、社交媒体、视频、静止图像、音频等）、可用数据量的不断增加以及数据量不断的更新和真伪的不确定性，说明都市农业数据具备了大数据的典型特征。这是都市农业资源的全方位、多层次的聚合的前提。通过构建都市农业本体，图书馆实现都市农业数字资源的聚合，可以让图书馆将所有资源有机地聚合在一起，进行深层次的组织、加工、处理和归纳，从而为用户不断地提供各种形式的多样、类型齐全、分层次的信息与知识，以满足用户在知识、技能、态度信息获取等方面上的多种实际需求。这种集成性的知识服务极大地提高了知识服务的灵活性和智能性，深化了知识服务的内容。

（二）增强都市农业资源利用的实际价值

基于关联数据的图书馆知识服务在资源效益的最大化发挥上给予高度重视，尤其是在充分挖掘和利用资源本身的价值上，它可以有效地帮助用户通过获取资源、利用资源并创新资源来解决现实生活中的具体决策问题，从而在图书馆资源和用户之间架起一座桥梁，提高大学生的创新创业能力。一是主动性推荐，即主动跟踪用户需求，从用户经常在浏览器中的检索的信息或经常访问的数据库中分析用户的学习兴趣，并对用户的实际需求进行推理，从而向用户主动地推送其所需的信息；二是协同性推荐，这一功能是在了解用户之间的相同或相似性的基础上实施信息推荐的，能够使资源在信息需求相同的用户之间实现共享。

（三）构建满足用户对都市农业个性化需求的知识服务体系

基于语义关联的数字图书馆知识服务能够针对用户的个体特征，根据用户的显性需求、用户行为、兴趣偏好和用户习惯，通过横向比较，建立用户资源本体，依据用户本体，智能推测用户的隐性需求，为用户推荐和提供个性化的知识资源。个性化推荐引擎和语义搜索引擎是个性化知识服务系统为用户提供个性化服务的核心。语义搜索引擎组件负责对资源进行索引，对其输入信息进行相应的处理，根据用户的服务需求，选择不同的检索测试，并构造成标准的语义查询语句，对语义数据进行检索，并将获得的结构反馈给个性化推荐引擎；个性化推荐引擎主要对用户背景知识进行提取和分析，正确理解用户需求，然后根据需求对语义搜索引擎的搜索结果进行个性化处理，反馈给知识服务部分。

这种针对性的个性化服务，以知识内容为导向，根据用户的知识需求，能够在对网络资源进行统一标识、深层关联的基础上，提供一一对应的知识内容链接，让用户能够自如地进行数字资源浏览、检索和选择。

都市农业本体以语义关联的资源深度聚合为基础，实现图书馆知识服务体系的创新与完善，包括基于关联数据的知识发现与知识推理、基于关联数据的信息个性定制与推送以及基于关联数据的搜索服务系统。

三、面向数字人文的都市农业本体构建的思路

（一）面向数字人文的都市农业本体构建目标

现阶段的网络搜索引擎，多为基于关键词或简单信息主题分类，造成信息检

全和检准都存在问题。在检全方面，表面上只要含有要查的关键词，就可以查出相应的文献。但是，由于用的是自然语言，使用的名称不一致，或地方差异，查询者不太清楚词表中的用代关系的同义词现象，例如查有关“都市农业”的信息，将会缺失诸如只用“都市型现代农业”这样的文献信息。在查准方面，更是不尽如人意，无关信息太多，以至于淹没目标信息，尤其对于汉语，由于分词技术没有完全解决，更增加了无用信息数量，例如，查“都市农业”，而含有“成都市”的文献信息也查了出来。其实，在实际网络检索中，遇到最明显的难题就是面对同样海量般的查询结果，你觉得无能为力，无从下手。

解决以上问题的办法之一，就是面向数字人文，以本体论作为后台支持系统，开发基于本体论的语义的都市农业本体系统，实现都市农业资源的语义搜索。其基本原理为在领域专家的参与下，建立某一领域的专业本体论；收集网络信息，按照本体论的原理，建立知识库；将用户检索请求转换为本体论规则下的概念，在知识库中进行匹配，查找在概念含义水平上的信息；然后将检索结果返回给信息查询者（常春，2003）。

（二）面向数字人文的都市农业本体的构建方法

基于本体的都市农业数字人文服务实践致力于将本体的数字技术融合到都市农业资源服务研究，将借助于都市农业领域概念集，借鉴本体识别和表达方式，设计一种都市农业领域内表达数据属性与关系的模型。有利于全方位立体地展示都市农业人文现象，有助于启发研究者思路，促进资源的共享和利用。按照都市农业领域本体的概念及关联，对都市农业人物、事件、场所、书目、音频、视频、图片等资源对象进行概念分析、标引、描述和处理，形成电脑可以理解的带有语义信息的元数据，实现了对资源基于语义的标注，全面揭示出都市农业领域内知识内容和资源的相互关系。最终以领域本体的概念模型作为资源元数据的规范描述标准，可使目前相对独立、没有语义的领域信息形成具有语义关联的知识组织系统，也是实现基于知识、语义检索的基础。

1. 本体的内涵

在互联网环境下，规范控制的本质是基于概念的匹配而非基于字符的匹配，而基于知识本体的关联数据技术正是这样一种解决方案（刘炜等，2015）。

本体（Ontology）最早是个哲学范畴，源于古希腊哲学家亚里士多德对事物存在本质的研究，被逐渐兴起的人工智能界赋予了新的定义，从而被引入信息科学中。随着信息技术的发展，不断被信息科学领域采用作为信息抽象和知识描述的工具，已经成为数据集成和知识管理等领域的研究热点。本体是“共享概念模型明确的形式化规范说明”，“强调通过概念分析、引证关系等手段发现并用可视化手段呈现出数字资源中蕴含的知识结构”（张云中，2014）。本体一般由类（概念）、关系、约束、公理和实例五大部分组成（T. R. Gruber，1933）。“类（概念）”是对客观事物的抽象和规范化定义，是具有共同属性的事物的集合。“关系”是概念之间的相互联系，概念之间的关系是语义推理的基础。其中“属性”是一种特殊的“关系”（值域为数值或字符串时），它是对类及其内部实例本质和特征的描述。“约束”是关于概念的属性或关系的一种规则。“公理”是一种约束条件，其值始终为真。“实例”是类中需添加的实体。图5-1展示了本体的结构，并列举了一个关于都市农业知识本体的具体示例：“人物”和“事件”是将都市农业知识中的两个顶层概念，根据实际需求，顶层概念可被划分成不同详尽程度的子概念，例如“人物”，基于不同的人物性质可以更进一步划分为“文化名人”和“文献作者”等子概念；其中“冯建国”是“文献作者”中的一个实例，“第一作者”是其固有的属性，同时也具有研究过都市农业“发展模式”的性质。

2. 基于本体理论的知识组织实施过程

国内外一些计算机人工智能研究室在研究本体论构建工具，作为图书情报部门，数据结构程序编制不是强项，信息技术更新换代又快，我们没有必要具体研制开发软件工具，只需具备相关的信息技术知识，将信息技术看作一种工具，直接选择可进行数据转换、符合国际通用标准的软件，是图书情报部门面对信息技术快速发展的一种科学工作策略。要实现都市农业资源本体构建，要在此方面领域内的专家指导下，建立一个能够进行形式化表达的领域本体。

具体分为三个阶段。

第一阶段：确立该领域知识概念集。根据该领域专家的建议确定该领域的元概念及概念间关系，概念应不仅局限于领域内的线性知识，更应将其内涵与外延相关概念融入其中，概念间的关系包括等同关系、属分关系、相关关系

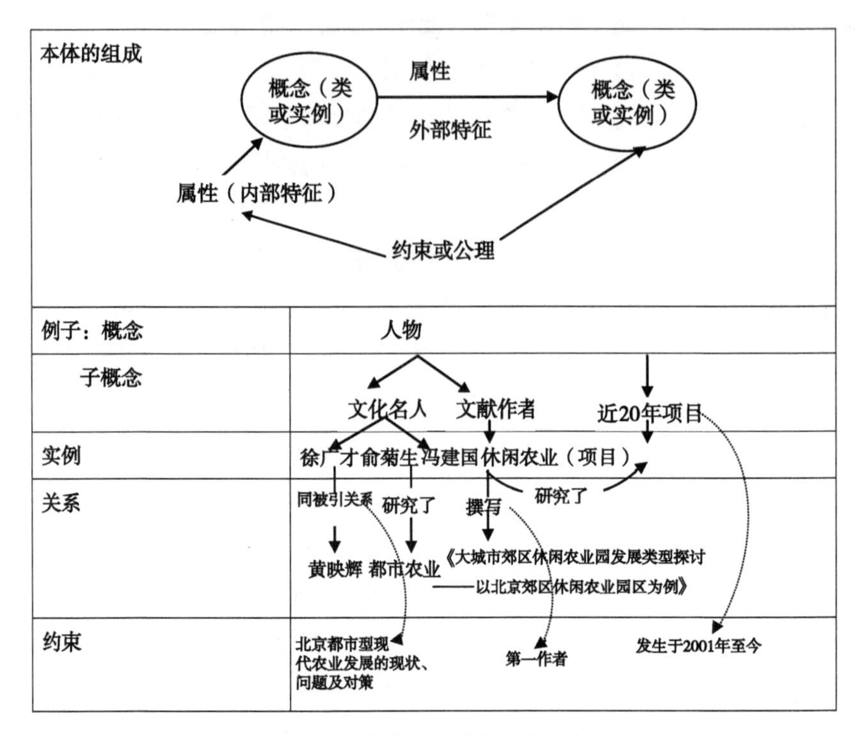

图 5-1　本体的组成和一个示例

等。与主题词表（分类表）不同的是，本体可以描述概念间的语义关系，并且具有高度的知识推理能力，能通过逻辑推理获取概念之间的蕴含关系。

第二阶段：实现概念间的知识再组织并将其形式化。在概念确定后，用交叉渗透的网状结构图表的方式将概念和关系表示出来，构建领域知识关系模型。

第三阶段：用计算机软件实现知识关联模型构建。即利用程序设计语言将上述模型转化为能在计算机上运行的软件。通过该软件可以实现知识与资源的关联，形成知识组织系统。据文献了解国外已经出现很多较为成熟的软件，但由于 Protégé 可免费获取，操作简单而较多地被作为知识本体开发工具。用此软件将本体论模型通过元数据对知识进行描述，便于机器识别和处理，形成可供检索利用的资源系统。同时，采用 OWL 本体描述语言。OWL 描述语言提供了大量用于描述属性和类的词汇，具有更丰富的语义表达能力和推理能力，其可对所建立的概念层次体系和属性进行形式化表示，便于机器的读取和理解。

另外，本领域知识不断发现和拓展，可随时对本体系统中的概念、关系和使用的软件进行调整和更新。具体操作步骤如图 5-2 所示。

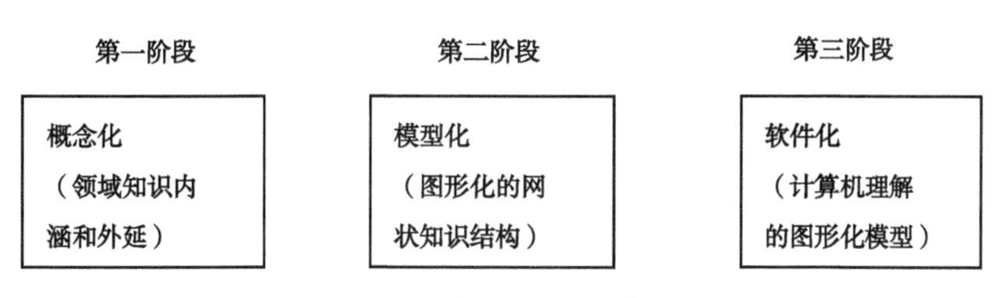

图 5-2　本体构建具体步骤

3. 都市农业文化资源智能化管理的本体构建

（1）确定本体构建的知识领域范畴

都市农业是农业经济发展重要组成部分的一种新型农业。根据经验分析，大城市人均 GDP 达到 2 000~3 000 美元的时候，就可能进入都市农业阶段，主要是依托城市、服务城市、适应城市发展要求、纳入城市建设发展战略和发展规划建设的农业，是为满足城市多方面需求服务，尤以生产性、生活性、生态性功能为主，是多功能农业，发展水平较高；位置在大城市地区，可以环绕在市区周围的近郊，也可能镶嵌在市区内部。都市农业文化资源是都市区域内重点传承保护的都市农业生产、经营和科研的重要资源，彰显地域特色，对于都市农业发展具有重要的意义。以都市农业发展模式为例，其中既蕴含着世代相传的传统文化，承载着民族的集体记忆，比如传统农居、家具，传统作坊、器具，民间演艺、游戏，民间楹联、匾牌，民间歌赋、传说，名人胜地、古迹，农家土菜、饮品，农耕谚语、农具等已经或即将开发利用的重要民间文化和农耕文化资源；也包含生态环境保护、文化创意元素、“互联网+都市农业”等人文智慧、科研成果。北京都市农业兼容北京古都文化意蕴，包含华夏大地的文化色彩，有京津冀三大文化圈共存共荣的生态环境，可以说，其具有丰富的历史内涵和深邃的人文精神。近几十年来，诸多专家和学者对“都市农业文化”的内涵、形态、特征、生态环境、模式、产业发展等诸多方面展开了研究，且已形成错综复杂的知识网。本体构建领域知识范畴即为前人对“都市农业文化”研究的各类文献知识综合。

（2）都市农业知识收集与知识分析

都市农业相关资源收集来源主要有4个方面：第一，网络信息资源。利用百度、谷歌等搜索引擎、维基百科、北京政府门户网站等站点进行信息检索。第二，本馆馆藏数据库和图书资源。第三，都市农业领域专家的采访与谈话。第四，田野调查。

例如，2018年5月31日，在“知网”中以“关键词=都市农业 AND 北京”为条件检索，北京都市农业研究文献531篇。从研究文献的主题词分布的角度来看，不同作者描写的侧重点各有所不同。邓蓉等（2007）指出，围绕城市的要素市场和产品市场的形成，以及都市化社会的形成等因素是都市农业形成的原因，主要的发展模式包括成品农业模式、生态农业模式、设施农业模式、精准农业模式、观光休闲农业模式。詹慧龙等（2015）总结了各国都市农业的产业结构，发现都市农业的产业融合形态主要包括：都市园艺业、都市养殖业、都市农产品加工业、都市休闲旅游业、都市农业服务业。冯建国（2012）对都市农业发展模式进行了详细分类，如表5-1所示。

表5-1 都市农业发展模式

模式	分类	举例
依托型	1. 依托城市 2. 依托景区 3. 依托传统农业区	蟹岛绿色生态度假村，北京房山区十渡民俗风情苑，怀柔长哨营满族文化新村北京密云区不老屯镇黄土坎鸭梨观光采摘园
资源型	1. 资源特色型都市农业园 2. 文化特色型都市农业园	妙峰樱桃园，位于已具有300多年樱桃种植历史的门头沟区妙峰山；樱桃沟村怀柔长哨营满族文化新村项栅子村，是依托怀柔喇叭沟的满族风情而建的民俗村
功能型	1. 观光采摘园 2. 农业科技园 3. 市民农园 4. 休闲都市农业园 5. 生态农业园 6. 文化创意农园 7. 农业公园	燕赵采摘园（御杏园）（顺义），北京新特果业发展中心葡萄观光采摘园（顺义）；北京小汤山现代农业科技示范园（昌平），北京顺义三高科技农业试验示范区（顺义）；万科艺园农庄、小毛驴市民农园；蟹岛绿色生态度假村（朝阳），安利隆生态农业旅游山庄；富恒生态农业观光园（房山），北京星湖绿色生态观光园（通州）；北京紫海香堤香草艺术庄园（密云），七彩蝶园（顺义）；世界花卉大观园（丰台），北京昌平苹果主题公园（昌平）
产业数量	1. 专业性园区 2. 综合性园区	北京观光南瓜园 北京蟹岛农庄

对收集到的都市农业研究文献进行分析，其知识来源应包含两部分：

其一，为都市农业传统文化中蕴含的知识。北京作为五朝古都，在漫长的历史发展过程中，多元文化的相互交融碰撞，形成了深厚的历史文化积淀，不仅包含其良好的自然环境和地理位置，还包含其特有的戏剧、市井民俗、庙会文化、建筑、服饰和饮食文化等人文内涵，形成了都市农业的文化特有“基因”，但同时随着时间的流逝，都市农业的各种文化“基因”不断融合发展，因此，都市农业是“变”与“不变”的结合体。都市农业依存于独特的自然生态，人文环境和文化内涵，我们从历史发展即时间角度和地理演变即空间角度对都市农业研究文献知识进行梳理，可把握都市农业的发展脉络，并挖掘其不同阶段的人文历史内涵。

其二，为都市农业研究文献和与其相关联的人、物或机构及其他内容。目前，国内已涌现了一大批该领域优秀的专家学者，建立了一批以都市农业问题为研究方向的学术机构。主要研究集中在都市农业的模式、解决方案、影响因素和前景等几方面。经过与都市农业领域专家协作工作，选取近年来有代表性的 3 篇与都市农业相关的文章（表 5-2）。选取文章的主要方法是在领域专家的参与下，选择该领域的一些有代表性的专家，挑选他们有代表性观点的文章；同时，也从领域文献出发，选取该领域的主流观点的文献。表 5-2 的文章主要来自清华同方的“中国期刊全文数据库”。

表 5-2　构建核心都市农业本体论的的主要文章

作者	题目	期刊	年	期	页码
冯建国	大城市郊区休闲农业园发展类型探讨——以北京郊区休闲农业园区为例	中国农业资源与区划	2012	33	23-30
曹祎遐	上海都市农业与二三产业融合结构实证研究——基于投入产出表的比较分析	复旦学报（社会科学版）	2018	60	149-157
胡晓立等	举例探讨都市农业景观规划中地域文化的应用	北方园艺	2018	11	103-110

这些学术研究成果是都市农业数字人文服务重要的知识支撑，因此在都市农业数字人文资源中应该存储有关的文献信息。对都市农业文献中的历史文化人物、建筑及民俗艺术等都市农业的知识切入点进行有效地组织和梳理，便于我们深入理解都市农业的人文内涵及传承人文精神。本体构建领域知识范畴即

为前人对都市农业研究的各类文献以及都市农业传统文化的综合。

（3）确定都市农业核心概念集及其层次等级结构

一是确定都市农业核心概念集。类的层次的定义有3种方法，即自上向下法、自下向上法和混合法。混合法将自上向下法与自下向上法相结合，先建立那些显而易见的概念，然后分别向上与向下进行泛化与细化。构建核心概念集时，除了在领域专家的帮助下，还可以考虑直接利用现有叙词表的词汇和语义，作为构建本体论的一个环节，用于丰富术语的选择。同时，也可以吸收一些叙词表已有的语义知识，如本研究利用了《农业科学叙词表》第二分册（1994）；再运用混合法，经过识别、分析和统计，按照目前相关政府部门、研究学者及普通大众对都市农业知识的需求，对都市农业内容知识进行提取与整理，最终确定“环境”“人物”“机构”“食物”“项目”“风俗”“文献”“时间”“地点”9个相关的本体，基本涵盖了都市农业实际生产中主要的模式种类、形态特征，本体核心概念（图5–3）。

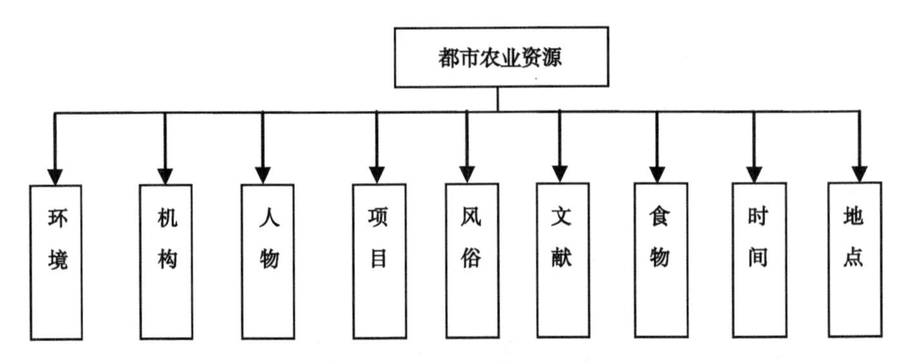

图5–3　都市农业资源核心概念集

都市农业本体构建借鉴国内外比较成熟的本体方案，根据都市农业资源的特点，确定包括都市农业项目及人物、机构、食物、风俗、文献、环境、项目、时间、地点等核心概念类组成，实例之间关联关系通过类属性来揭示。

二是划分层次结构。人物类，主要指都市农业的传承者、工匠艺人以及研究者。机构类，主要分为都市农业生产机构、管理机构、保护机构、研究机构等。但“人物”类在本文中不仅仅指那些都市农业中的文化名人，还包含研究都市农业文献作者。因此，“人物”类首先可划分为“文献作者”和“文化名人”两个核心大类，之后再根据不同的性质或从不同角度对核心子类进行细分。按时间角度进行划分，可以把“文化名人”进而划分为 2 个子类：“工艺大师”和“时代精英”。“工艺大师”按人物性质还可以进一步划分为“民间艺人”“非遗传承人”2 个子类；“时代精英”按人物性质可细分为“政界名人”和“科技名人”2 个子类（图 5-4）。

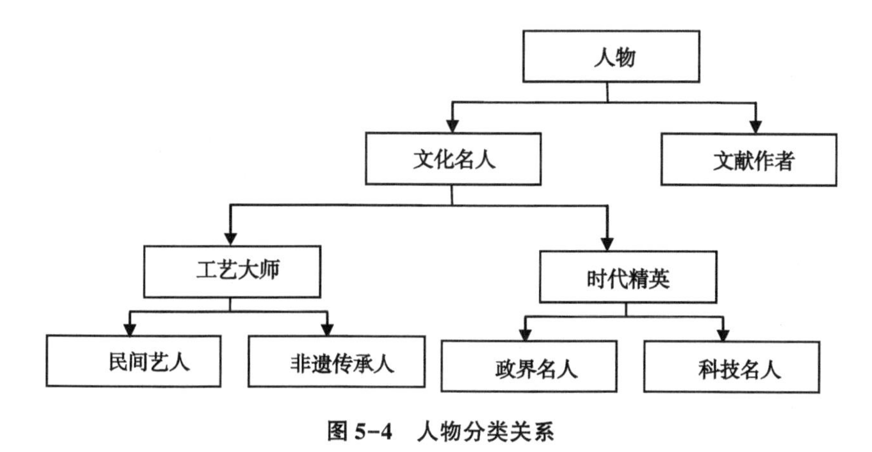

图 5-4　人物分类关系

项目类，包含都市农业发展项目子类，都市农业项目可继续分为科技型都市农业、民俗旅游农业、文化创意农业、休闲旅游农业、生态农业、家庭农场、观光农业园（图 5-5）。

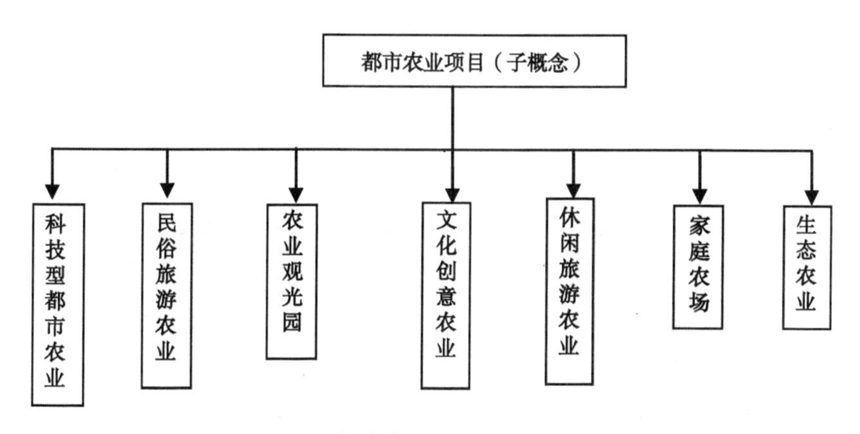

图 5-5　都市农业项目分类关系结构

风俗类，涉及农业农村农民生活的方方面面，具体来说，主要可从“经济风俗”“日常生活风俗”“礼仪风俗”3个方面进行研究（冒健，2011）。此外，“经济风俗”可继续细分为“农业生产”“渔业生产”“手工业生产”和“畜禽业生产”4个子类；日常生活风俗”包含“饮食”“建筑”和“节气”3个子类的内容；“礼仪风俗”可从“节庆”“年俗”“庙会”3个子类加以归纳（图5-6）。机构类，从都市农业相关研究文献角度出发，主要研究的是作者、

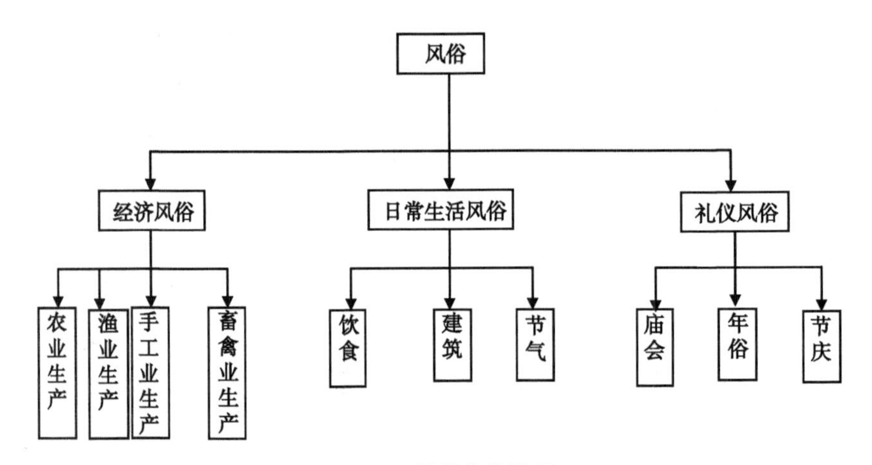

图5-6　风俗分类关系

机构、文献以及时间之间的关系，按照本体构建需求主要划分为“作者机构”“都市农业机构”和“文献机构”。“文献机构”按属性可进一步划分为“出版机构”“发表机构”和“馆藏机构”（图5-7）。

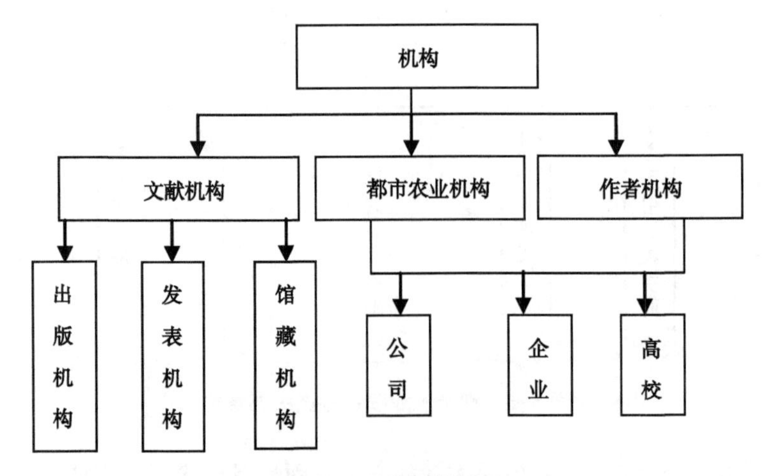

图5-7　机构分类关系

文献类，包括对都市农业的研究成果，如著作、论文、科研项目、报纸、专利、会议论文、学术论文等（图 5-8）。

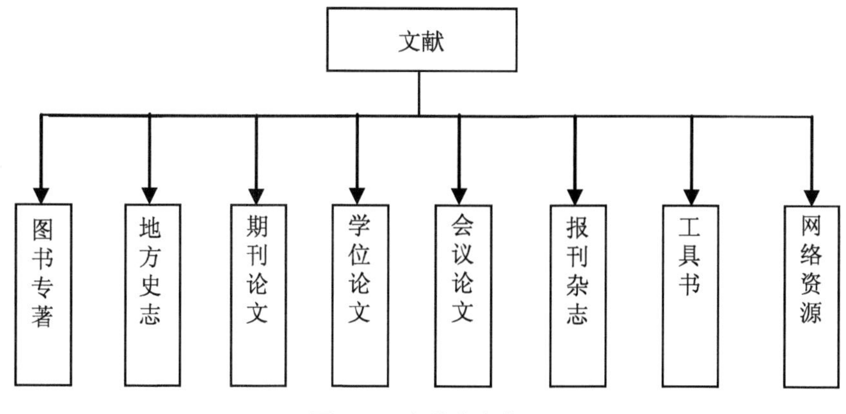

图 5-8　文献分类关系

环境类，可划分为自然环境和社会环境。自然环境包括农田、温度、湿度、水、大气；社会环境包括需要、科技水平、劳动力（图 5-9）。

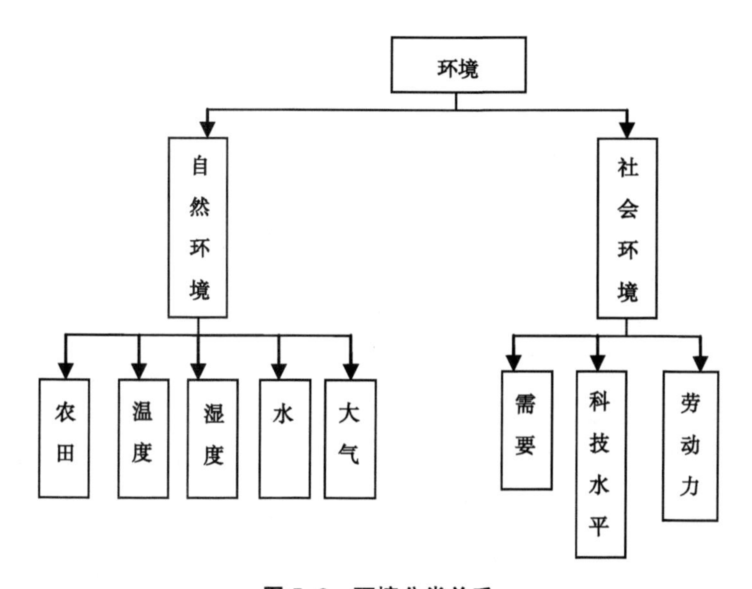

图 5-9　环境分类关系

食物类，包括农产品、畜禽鱼产品和农作物。农产品包括种植农产品和加工农产品，农作物包括蔬菜作物和蔬果作物（图 5-10）。

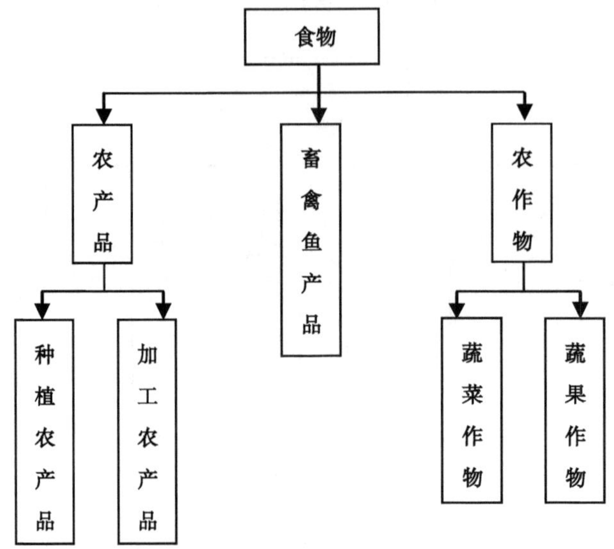

图 5-10　食物分类关系

对于时间和地点类，据蔡路（2016）的研究可知，都市农业知识组织概念分类还有时间段类和位置类。时间段主要指都市农业项目的起止时间；位置类是都市农业的主要分布地，这两类对都市农业实例起到限定和约束的作用。

（4）都市农业本体构建

一是构建类及其层次体系结构。运用混合法的本体构建原则构建都市农业知识本体，并利用 OWL 语言本体描述语言对都市农业知识本体进行编码，转为计算机可识别的语言并对本体加以存储，使之最终在 Protege 界面中可以查看到。

一般情况下，本体中的概念，在 OWL 中则表述为类。图 5-9 中的“自然环境”“农田”“大气”和“水”等词，在 OWL 中都理解为类，可以通过 OWL 的语言元素“owl：Class”标签来表示这些概念，具体如下：

<owl：Classrdfm=“自然环境”></owl：Class>

<owl：Classrdfm=“农田”></owl：Class>

<owl：Classrdfm=“大气”></owl：Class>

<owl：Classrdfm=“水”></owl：Class>

在都市农业本体中，等级关系占了词间关系相当大的一部分，所以将这些上、下位词关系较完整地转化到本体中也有利于都市农业信息检索。

在 OWL 中，标签“rdfs：subClassOf”就用来表达这种关系，表示一个类是另一个类的子类，如图 5-6 的实例中“庙会”就是“礼仪风俗”的下位词，“礼仪风俗”就是“风俗”的下位词，在 OWL 中就可以表示为：

```
<owl：Classrdfabout=“#庙会”>
<rdfs：subClassOf>
<owl：Classrdfaboul=“#礼仪风俗”/>
</rdfs：subClassOf>
<rdfs：subClassOf>
<owl：Classrdfaboul=“#风俗”/>
</rdfs：subClassOf>
</owl：Class>
```

二是定义类与实例的属性关系。作为都市农业属性类，是农业科技信息的业务属性，是对都市农业在生产和交易等活动中产生的各类信息的描述和标识。这一层级的分类，主要针对都市农业互联网络上的信息应用而设，在都市农业本体结构设计上，具有重要的参考意义和使用价值。包括项目创建、科技利用、文化风俗传承、文献发表、环境保护、农产品加工利用、农业标准制定、企业机构、农业专家和科技成果等属性。属性及其约束与限制确定取决于每个概念自身的特性以及与其他概念集之间的关系。本体的属性分为数据属性和对象属性两种类型。数据属性又称为概念的内在属性，描述的是概念自身特性，其值域只能是某一数据类型，如 string。对象属性亦称为概念的外在属性，描述概念之间的相互联系，可以将不同的类，类与实例相关联，是本体推理的重要语义基础。如“人物”的对象属性“撰写了”描述了两个人名类和文献实例之间的创作等关系，“被利用”将“环境”类和“食物”类相关联，“出生地点”将“人物”类与“地名”类相关联，“出生/去世/任职时间”将“人物”类和“时间”类相关联，等等。通过创建这些对象属性，可以使相同的或不同的概念联系到一起，概念集以及其相互之间的关系共同搭建起本体的知识网络。表 5-3 列举了都市农业本体中的主要属性和关联。

如“环境”的下位概念又分为“自然环境”“社会环境”等；“自然环境”又分为“温度”“湿度”“大气”“水”“农田”等；“自然环境”的属性有“被使用”“被开发”等；“自然环境”的赋予属性是“可影响”，即概念“大气”可以影响“自然环境”；概念“农田”又有3个具体实例，分别为“园艺”“设施”和“园林”。概念和属性间的关系，其中一个例子如：“自然环境”有“被利用”的属性，“自然环境”如果“被利用”，则可以发展都市农业项目、食物，“自然环境”的上位概念是“环境”，最终表达了“环境”和“项目”这两个最高一级的概念的一种关系。本体中还包含其他多种相互关系。核心都市农业本体论共选择9个概念，72个属性及词间关系，描述了都市农业资源的基本信息，还包括7个人物实例，4个机构的实例、10个项目的实例、7个食物的实例和其他本体类的实例。所有概念、属性关系见表5-3。

表5-3　都市农业资源概念属性关联结构

概念	属性	关联
人物	姓名、别称、性别、任职、成果、出生地点、出生时间、创建了、撰写了、传承了、研究了	人物—人物关联、人物—地点关联、人物—时间关联、人物—文献关联、人物—项目关联、人物—风俗关联
机构	机构名、归属地、馆藏了、出版了、发表了、创建了、传承了、研究了	机构—文献关联、机构—人物关联、机构—项目关联、机构—食物关联
项目	名称、责任者、主题、现状描述(星级、服务)、形式描述（模式)、日期、时空范围	项目—机构关联、项目—时间关联、项目—地点关联、项目—食物关联、项目—环境关联
风俗	名称、类型、主要简介、所属地域、记载于、流传于	风俗—地点关联、风俗—文献关联、风俗—食物关联、风俗—人物关联
环境	分布地点、特征、被开发、被使用	环境—文献关联、环境—食物关联、环境—项目关联、环境—地点关联、环境—文献关联
文献	文献名、责任者、馆藏于、出版机构、出版时间、发表机构、发表时间、引用文献、引用时间、引用频次	文献—人物关联、文献—地点关联、文献—机构关联、文献—时间关联、文献—文献关联
食物	名称、表现载体、特征、种植于	食物—项目关联、食物—地点关联、食物—机构关联、食物—环境关联、食物—文献关联
时间	年、月	时间—人物关联、时间—地点关联、时间—文献关联
地点	地名为、曾用名、地理坐标	地点—时间关联、地点—人物关联、地点—文献关联、地点—机构关联

定义本体属性是确定一个类内部以及类之间关系的过程，通过定义本体属性来建立概念间的关系是实现知识推理的基础。属性描述的是一个二元关系，Protégé 中提供了 3 种类型的属性关系，即对象属性，描述的是两个概念的实例间的关系；数据属性，指某个类属于某一个数据类型；注释性属性，是对概念属性的注释。在定义属性时除了包括属性名称、描述信息、数据类型的定义外，还要确定定义域、值域、顶级属性、子属性、逆属性等约束信息。比如，对象属性 use，定义域为环境，值域为农产品，表示环境被某农产品所利用和使用，而环境是农产品的根源，因此它们之间的关系是 usedby，这就是逆属性关系。类似的方法可以定义数据属性和注释性属性。使用 Addsubproperty 即可构建子属性，形成树状层次结构。表 5-4 列举了都市农业对象属性关系。

表 5-4　都市农业对象属性关系

属性名称	描述信息	定义域	值域	逆属性
HasCharacteristcs	属于关系	项目	休闲农业	belong To
Use	利用了	环境	农产品	be used by
Write	撰写	文献	作者	be writed by

三是都市农业资源实例添加。属性关系确定之后，就要进一步为类添加都市农业实例（表 5-5）。类是实例的抽象归类和表示，实例是类的具体表现，一个类可以赋予多个实例，形成实例集。每个实例继承类中的特性，用属性值描述实例的特征。在 Protege 中选择 Individuals 选项可以在相应的类中添加实例，同时为实例添加相关的属性及属性值。例如在类“休闲农业”中添加蟹岛绿色生态度假村、北京房山区十渡民俗风情苑、燕赵采摘园（御杏园）（顺义）、北京新特果业发展中心葡萄观光采摘园（顺义）、万科艺园农庄、小毛驴市民农园、安利隆生态农业旅游山庄、富恒生态农业观光园（房山）、北京星湖绿色生态观光园（通州）、北京紫海香堤香草艺术庄园（密云）、七彩蝶园（顺义）、世界花卉大观园（丰台）、北京昌平苹果主题公园（昌平）、北京观光南瓜园 14 个具体实例，在每个具体的实例中可以添加它的属性内容。

表 5-5　都市农业资源本体实例举例

类	实例
人物	俞菊生、田鹤年、史亚军、王有年、冯建国、黄映辉、江晶
机构	北京蟹岛绿色生态度假村有限公司、上海市农业科学院农业科技信息研究所、首农集团、北京农学院
项目	蟹岛绿色生态度假村；北京房山区十渡民俗风情苑；怀柔长哨营满族文化新村北京密云区不老屯镇黄土坎鸭梨观光采摘园；妙峰樱桃园，位于已具有 300 多年樱桃种植历史的门头沟区妙峰山；燕赵采摘园（御杏园）（顺义）、北京新特果业发展中心葡萄观光采摘园（顺义）；北京小汤山现代农业科技示范园（昌平）、北京顺义三高科技农业试验示范区（顺义）；万科艺园农庄、小毛驴市民农园
食物	永宁豆腐、大兴西瓜、玉巴达杏、平谷大桃、妙峰山玫瑰、“佛见喜”梨、怀柔虹鳟鱼
文献	中国知网文献 531 篇，本馆图书 29 本
环境	地形，山地约占 62%，平原约占 38%；植被为落叶阔叶林；水资源缺乏
风俗	妙峰山“香会”、白龙潭的“开潭”、戒台寺的晾经、天台山“魔王”、西顶娘娘庙“七十二司”等处庙会

如果还需要比较精确地表达类、实例间以及类和实例间的关系，则还需要在领域专家的参与和协助下进一步细分关系，并建立更多的属性来描述细分后的关系，这也是需要再研究的问题。

四是分类与编码的原则与结构。都市农业资源分类与编码原则主要有：满足都市农业全过程管理的需求；分类原则唯一性；规范化、可扩展、易识别；目录予以编码，便于信息平台数据共享等。

编码结构：编码采用层次编码结构，由 6 位代码构成，其中 D 代表都市农业，后面 5 位代码分为 3 个层次，各层分别命名为大类、中类和小类，编码结构如图 5-11 所示。第 1 层与第 3 层代码用 2 位阿拉伯数字 01～99 表示，第 2 层代码用大写英文字母 A～Y 表示，各层级类目代码顺次递增。例如，D01.000 代表都市农业中大类“食物”，D01. A00 代表其中类“农作物”，D01. A01 代表其小类“蔬果作物”。

在此，第 1 层代码与第 2 层代码之间为扩展码，扩展分隔符用英文句号“.”表示。每层级代码皆设有收容类目，第 1 层和第 3 层类目均用数字 99 代表其收容类目，第 2 层类目采用字母 Y 代表其收容类目。例如，D99.000 代表都市农业中大类的收容类目“其他都市农业”，D01. Y00 代表大类食物中的收容

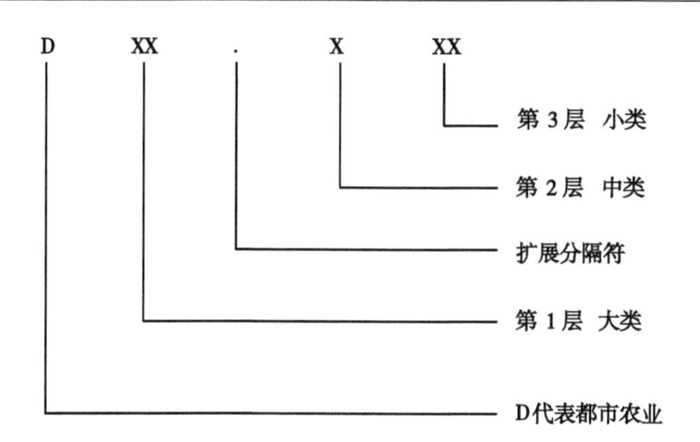

图 5-11　都市农业资源编码结构

类目“其他食物”，D01. A99 代表中农作物中的收容类目“其他”。

线分类法：线分类法是将分类对象按所选定的若干个属性或特征逐次地分成相应的若干个层级的类目，并排成一个有层次的、逐渐展开的分类体系。在此分类体系中，被划分的类目成为上位类，划分出的类目称为下位类，由一个类目直接划分出来的下一级各类目，彼此称为同位类。同位类类目之间存在着并列关系，下位类与上位类类目之间存在着隶属关系。由于事物发展的不平衡，复杂程度不一样，所以每个类目继续划分的深度可以不一样，每个类目所依据的特征也可能不一样（图 5-12）。

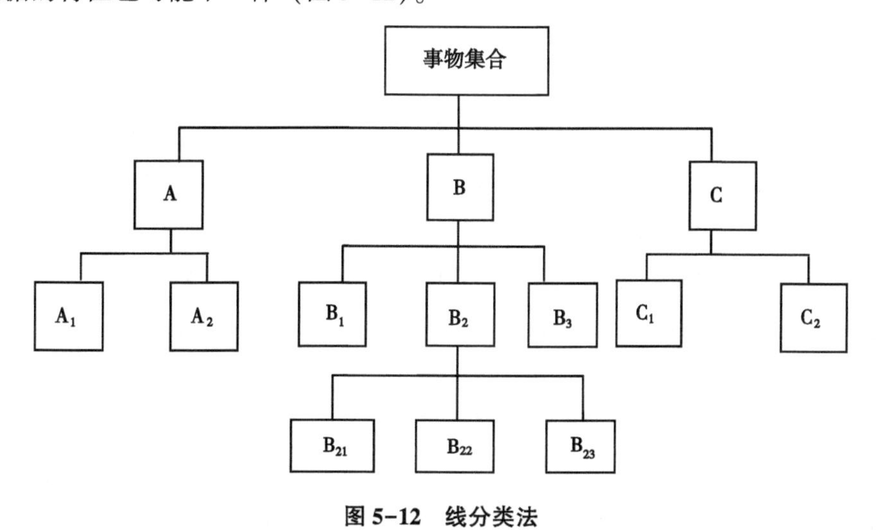

图 5-12　线分类法

五是都市农业资源分类与编码。将都市农业资源分为食物、项目、风俗、人物、机构、环境与文献 7 大类，28 中类，30 小类。大类目录见表 5-6。

表 5-6 都市农业资源分类与编码

编码	大类
D01	食物
D02	项目
D03	风俗
D04	机构
D05	环境
D06	人物
D07	文献

总之，在借鉴前人研究成果的基础上，基于知识本体构建方法为指导，构建了一个实验性的都市农业知识本体，确立了都市农业资源知识组织核心要素和相互关系，建立了各类层级关系、分类编码原则方法。从目前的情况来看，人文资源的数字化保护、整合与共享成为时代的需要和趋势，但真正实现都市农业人文资源的本体语义知识组织仍有很大提升空间。

都市农业本体论中的概念和属性应该构成网状关系。本体论的开发应该是一个动态的、反复的过程，应随着时间的推移而发展，可随时升级和补充新的内容。

一是提高概念标注的准确度。根据前文中的类和属性的定义与构建，利用 Protégé 构建都市农业资源本体的主体，类与类之间一方面通过层级关系进行关联；另一方面通过对象属性及属性特性进行关联，这样就把两个类关联到一起，相关的内容也可以关联到一起，从而实现都市农业资源的聚合。因此，为了加强对都市农业资源的深度聚合，要尽可能地减少错标、漏标，保证概念标注的准确率。

二是扩大本体库的资源来源范围。都市农业类型多、范围广，本文仅以北京市为例完成探索，资源规模和地域范围较小。随着研究的逐步深入，逐步扩大研究的地域范围和知识与资源间的关联。通过建立关联，本体库中的每一知识点不仅能与所在数据库中的相关文献相链接，而且能与局域网及广域网中的相关文献相链接，即通过知识组织系统对局域网及广域网中的某一主题文献进行整合，便于读者从某一主题概念出发查询所有相关文献，提高文献检索效率，实现知识共享。在更大规模资源基础上，基于本体的自动标引模型将会取得更好的效果。

总之，多年来图书馆数字化建设成果，为数字人文的开展奠定了数据基础，数字人文方法和工具的不断成熟，为都市农业资源的开发利用提供了技术保障。在数字人文技术研究应用的过程中，图书馆在数字人文服务方面，积极探索都市农业资源保护开发和开放利用，运用本体语义关联技术，在都市农业资源保护和资源整合方面起到了探索性的尝试。重视资源之间的关联性和多学科融合合作，成为图书馆逐步提升服务和创新能力的智慧源泉和发展趋势。都市农业本体给都市农业领域提供了统一的术语和概念，使得都市农业知识高效可靠地获取、共享和服务成为可能。随着本体论研究在都市农业领域的渗透，本体在都市农业知识库构建、知识共享服务及智能检索等方面具有良好的应用前景。

（三）基于本体的都市农业智能信息服务系统设计

都市农业智能信息服务系统主要是面向用户并对其提供最终的应用服务。组成这一层的服务资源有农业农村相关信息、相关科研信息和涉农政府机构的政务信息等。都市农业信息服务资源将整个都市农业生产分为产前、产中、产后信息化三部分，其中又按照都市农业产业的类型分为休闲旅游业和养殖业信息化服务系统。针对种植业和养殖业两大产业，有相应的农产品市场与流通信息服务系统和农业生产的决策与预警信息服务系统。农村经济发展、文化宣传、管理和社会公共信息服务系统都属于农村信息服务范畴。农村最基层的用户和相关涉农企业使用相应的应用服务系统只需要租用即可。

1. 基于都市农业本体的推理

本系统的推理功能相对简单，借助 XMLDOM 和 XPath 技术来解析都市农业 OWL 文档，设计并实现了一个简单的推理接口，推理的范围主要集中在叙词的几种词间关系上，推理过程流程如图 5-13 所示。

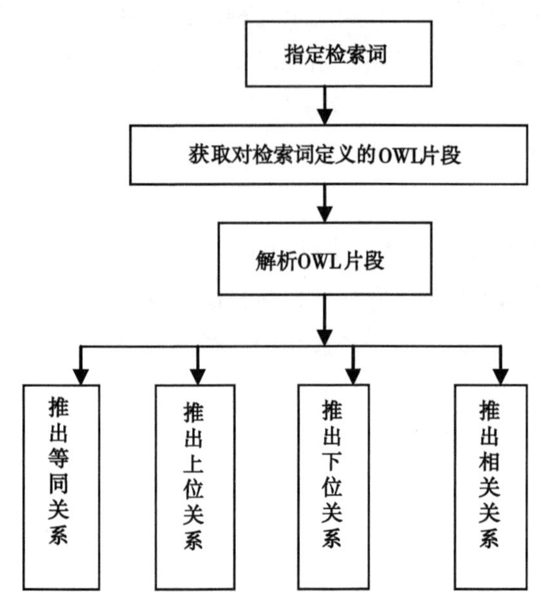

图 5-13　解析 OWL 片段进行推理的流程

2. 建立统一检索平台

都市农业本体建设成功后，为实现简单的智能搜索和智能导航，提高农业信息资源的检索效率，将构建都市农业特色资源统一检索平台。该平台是指利用云计算、智能分析、移动技术、跨库检索等先进技术，建立整合型知识服务平台，即将分散无序、相对独立的都市农业数字资源整合在一个平台上，为社会公众提供便捷的一站式知识服务：即对本市域数字资源进行有效的组合、整合、知识挖掘，从而实现元数据集中与统一检索，对象数据分布存储，依托互联网、移动通信网和广电网等，构建满足不同需求的都市农业资源服务体系。例如可以尝试利用上文转化生成的 OWL 文档来开发一个简单的基于农业本体智能检索原型系统，具体体现在智能导航、自动扩大检索范围和跨语言检索等方面，从而在一定程度上完善当前检索系统的功能。不过还需要在此基础上做大量的完善工作，才有实际应用价值。

因用户需求的差异化、多样化，农业智能信息服务系统需要建立在基于语义数据库的自动推理机制上，这样可以提供给用户更加个性化的服务信息。基于语义数据库的自动推理机制是将来源于多个涉农信息服务平台的大量、异构信息利用一定的语义技术整合起来，用本体语言来表示，利用农业本体库及语义数据库从一组相关的语义数据中推理得出结果。都市农业智能信息服务系统结构见图 5-14。

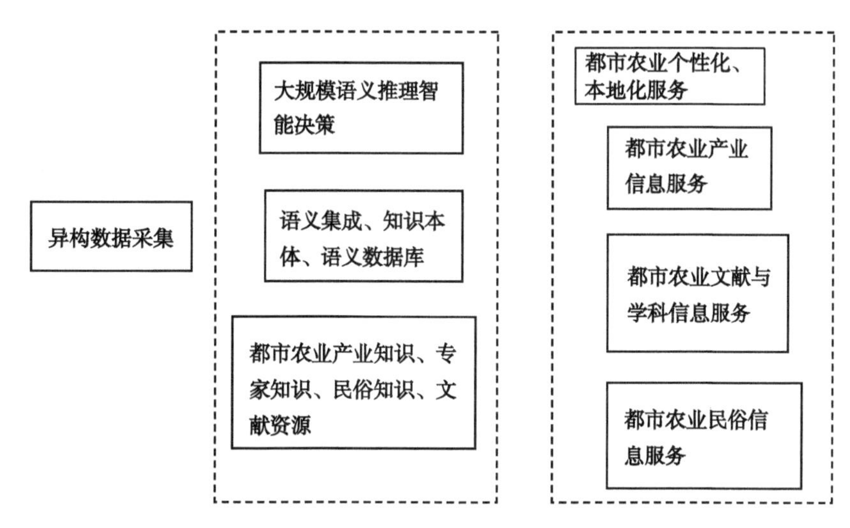

图 5-14　都市农业智能信息服务系统结构

3. 建立移动服务平台

用 Web 2.0 理念设计网页。都市农业网站的网页设计要注重互动性和交互性，利用 Web 2.0 技术和移动服务技术提供个性化服务，如设置“读者留言”“互动社区”“资源点评”等互动栏目，保持反馈渠道畅通，提高用户参与度。例如，上海数字文化网率先提出采用 Web 2.0 理念，推出了 RSS 内容订阅、用户动态评论、视频资源分类排行、手机图书馆等个性化服务内容。

开发手机等移动终端服务平台来加强图书馆与用户之间的沟通交流，手机用户可以在网站上浏览最新的都市农业文化新闻和文献作品，下载都市农业精品文化视频资源，实现随时、随地、方便、快捷、高效地获取个性化无线信息。

4. 建立都市农业特色资源导航系统

除网页设计应秉承以用户为中心的网站建设理念，用色彩鲜艳的图片突出重点和精品特色资源，体现当地特色文化外。同时，还要合理设计网站导航系统，对本市特色资源进行科学合理分类，提供站内检索和网站地图。在图书馆网站专设都市农业特色资源建设栏目，建立网上文化信息资源导航系统，基于内容按主题进行分类整合，整合全市各地的各类型数字文化信息资源，很多信息如都市农业产业服务信息、都市农业民俗信息、文献和科研信息、专家知识库服务信息等各种都市农业服务资源都被集成起来，集中展现本地的优秀特色数字资源。据悉，国家图书馆于 2012 年启动了公共图书馆自建资源登记项目，目标是建立全国公共图书馆自建数字资源联合目录，这为地方层面的特色资源导航系统设计提供了范例。

农业信息规范化服务平台以统一服务接口方式提供给各个用户，这样既降低了将各种服务集成在一起的难度，又使得用户可以通过统一的界面和操作方式来享受服务。

第六章　图书馆都市农业资源开发机制与对策

伴随中国加入世界城市、智慧城市建设进程，中国都市农业文化正迅速走向功能转型升级和结构一体化的新的发展态势，都市农业文化科学研究成果的理论指导和实践示范作用明显增强，新的都市农业文化研究范式正在形成。传统的、乡村型信息服务正被更加数字化、网络化、开放化、智慧化的知识服务所替代，更多地侧重于在复杂创新条件下，针对用户专业需求，以解决问题为目标，对都市农业文化科学研究成果资源组织、集成、融汇、发现，并提供对相关知识进行搜索、筛选、研究分析并支持应用的一种较为深层次的智力服务（徐恺英，2007）。都市农业文化的创新发展，使得图书情报机构从战略层面上提升信息资源建设的策略改革势在必行，探索促进都市农业发展的特色资源建设的新模式、新机制，正在成为都市农业文化发展和研究的新的驱动力和引擎。

一、图书馆都市农业知识资源开发的必要性

（一）现代都市农业及其信息服务发展的外在要求

1. 都市农业开放、协同发展的要求

现代农业最突出的特点就是“资本农业”，随着中国加入 WTO，中国农业市场的逐渐开放，农业对外开放格局已经形成。近年，国际资本和国内工商资本纷纷进入中国农业领域，为中国传统农业发展注入了现代生产要素，带来了

现代组织方式，成为中国都市农业文化发展一个强大的助推力。2017 年中央 1 号文件首次提出田园综合体概念和模式，作为休闲农业、乡村旅游的创新业态，是城乡一体化发展、农业综合开发、农村综合改革的一种新模式和新路径。以农民合作社为主要载体，让农民充分参与和受益，在都市田园综合体农业文化生态视角下，找到都市和农村地区人口结构与自然地理环境、经济环境、文化环境和社会制度环境之间的内在联系，拓展新的价值空间。

都市农业开放、协同发展，要求实现信息资源的共享，努力建立数据开放机制，部门间、行业间和单位间的信息协同不仅要内部通，也要上下通，更要横向通，才能全方位、立体化地满足新市民的信息需求，从而实现都市农业生产、加工、销售、展示为一体的复合功能。一方面，信息生产方式出现了改变，过去以劳动力、资本、土地为要素，由于信息、知识、大数据在都市农业信息系统中所占比重越来越大，信息资源由原来的附属品变为核心资产。另一方面，信息生产、采集模式有了新变化，传统封闭、分散的信息资源服务和建设模式逐渐被开放、协同、共享服务模式所代替。

因此，都市农业文化信息资源采集需要构建都市农业文化资源数据库共享平台，通过按部门间、行业间和单位间不同职能进行分类建设和制定相关的管理办法进行规范管理，实现都市农业信息数据的整合。这使得农业信息资源可以跨区域、跨领域、跨层级集成在数据库平台系统内，在不同技术架构和层级的系统平台间实现信息共享和信息交换。只有在“统一研发、集中共享”的原则下，建立各种基础性、公共性的信息化技术服务平台软件和共建共享的基础信息库，才能减少资源采集成本，促进“农业信息化”的发展（刘树，2011）。

2. 乡村农业信息服务到都市农业知识服务的战略提升

乡村农业是指进入工业化社会之前，以从事农业生产（自然经济和第一产业）为主的同城市相对应的区域，具有特定的自然景观和社会经济条件。进入工业化社会之后，乡村农业扩大至都市圈中的农地农业、市民农园，日本称为都市农业。随着经济、科技和城市化的发展，它的含义也在不断丰富。早期的都市农业，带有较为鲜明的自给自足经济色彩和实用主义倾向，因而对都市农业内居民的精神文化生活以及与文化生活相关的信息需求研究和供给基本为空白。

20世纪80年代以来，随着经济、科技和城市化的发展，都市农业逐渐传入国内。如何将都市农业专业化信息送到农业生产者手中，也在很长时期内成为我国社会主义市场经济体制逐渐完善关注的重点内容。

进入21世纪后，社会转型、体制转轨成为中国当代社会两大最深刻的变化，从以经济建设为中心到经济社会协调发展的战略转型，凝聚了社会自上而下的外在力量和自下而上的内在动力，以公益性、基本性、均等性、便利性为原则构建城乡一体的现代公共文化服务体系也带来了诸如信息公平与社会正义、基本文化权益与顶层制度设计、居民闲暇品质与闲暇结构（丁建军，2014）、农村居民和都市新市民精神文化需求等一系列新的命题。而对这些新命题的理论构建和实践探索表明，都市农业信息需求研究范式已经从传统的服务于农村居民经济生活转向服务于城市居民、城乡文化一体化。

此后，我国长江三角洲、珠江三角洲、环渤海湾地区的上海、深圳、天津等城市在借鉴国外都市农业经济、社会功能的基础上，进一步开发了都市农业的休闲、生态等人文内涵和功能。北京市于2005年首次提出“都市农业文化”，按照其定义，都市通过运用现代化手段，辐射乡村，而乡村按照都市的生态、休闲需求，建设融生产性、生活性、生态性于一体的现代化大农业系统。2007年的中央1号文件《中共中央国务院关于积极发展现代农业扎实推进社会主义新农村建设的若干意见》提出大力发展特色农业。自此，统筹城乡规划，发挥大中城市的核心辐射带动作用，将乡村的经济、生态、社会文化功能与城市完美融合已成为必然趋势。城乡之间互动、融合，联系日益密切，现代农业与文化创意产业引领乡村农业的发展方向，成为推动乡村农业到都市农业战略提升的重要力量，也成为乡村农业信息服务到都市农业知识服务战略转型的重要依托。都市农业院校图书馆要以“开展社会教育”“开发智力资源”这两大职能为立足点，利用自身的智力、人才和信息优势，为乡村农业转型升级、卓越农业创意人才培养提供有效的信息服务和切实的智力保障，以增强大学发展后劲。

从表6-1看出，我国乡村农业信息服务和都市农业知识服务的特征非常明显。虽然我国都市农业知识服务和乡村农业信息产生于不同背景，但在不同程度上反映出了都市农业知识服务和乡村农业信息服务的均质性和联系性。将都市农业知识服务与乡村农业信息服务加以区分，既充分体现都市农业知识服务知识宏观管理的现实，又在内涵上将不同技术形态、类型上的农业信息服务囊括其中。二者的区分并不是区位的原因，而是由于都市农业知识服务是以信息服务为基础的高级阶段的信息服务形态，根植于都市的信息技术创新环境并与其相互影响，具有面向知识内容、贯穿用户信息活动始终的集成化、增值化、创新化、学科化、个性化、社会化的服务特征。从乡村农业信息服务到都市农业知识服务战略提升的这些特征，是都市农业文化资源采集所依托的重要前提因素。

表 6-1　乡村农业信息服务与都市农业知识服务的对比分析

	乡村农业信息服务	都市农业知识服务
产生背景	工业社会	知识经济时代
服务内容	面向资源	面向用户
服务对象	本地农户、本馆用户	无地域限制的生产经营主体（法人、自然人）、市民、政府、本馆用户
服务模式	信息服务	个性化、学科化、集成式、用户参与式知识服务
服务功能	单一生产服务	服务于生态、生产、生活、生物技术应用的“四生”功能
服务过程	将固有的知识、信息简单地传递、提供	面向解决方案，贯穿知识活动的全过程，即收集、整理、筛选、重组、创造，帮助用户形成解决方案
服务效果	信息服务固化、静态化	融入了馆员的智力创造，达到知识增值与科研创新服务

（二）数字信息资源采集管理的规划性

现代农业（城市农业区农业）所涉及的动物、植物和人文意义的民风民俗等节事活动，都具有丰富的历史、经济、科学、精神、民俗、文学等内涵，不可避免地具有文化功能和特征，表现为多样性（具体表现为语言、食物、居住地、认知等）、区域性（主要体现在农业地理位置及生态环境，具体表现为温度、水源、生物的种类、土质等）、时限性（体现在认知、生活方式等方面随时间发生的改变）和流动性（主要体现在人际的活动、交流与由此产生的信息传播）。

社会记忆研究是在后现代和多元化思潮的推动下，由各种社会组织、政府部门等机构运用多种技术手段和工具，重新挖掘或整理包括档案、图书、实物在内的多媒体资源，是贯通过去、现在、未来的研究课题。都市城市文化（图书馆文化资源）不可能完全脱离农业传统文化，从某种程度来说，农业传统文化孕育了城市文化。

因此，现代农业特色资源是区域民众在生产、生活实践中共同创造的、适应并融入社会发展和变化、以服务社会为宗旨的产物，具有区域性、文化传承性、动态性的信息资源。都市农业文化资源采集、保护不仅是关系到都市农村地区开展社会教育、传播科学知识、开发智力资源、丰富群众文化生活的问题，也是一个关系到农村稳定、社会和谐的政治问题。必须充分考虑都市农业文化的地域性、民族性、多元性、脆弱性特征，不断强化具有保护和传承都市农村民间文化功能的馆藏建设，实现“三个结合、三个构建”：都市农业文化资源保护的文化目标与政治目标、经济目标相结合；都市农业文献保护与非物质文化遗产保护相结合；都市农业文献保护的组织保障、经费保障与人才保障相结合；构建都市农业文献责任保护制度、分级分类保护制度和保护的技术标准，为都市地区高校图书馆都市农业文化资源有效采集提供理论可行、制度合理、运行可靠的制度设计。同时依托城市文化“走出去”战略，采集都市记忆，丰富都市农业文化资源，联接过去、现在和未来，联接城市和乡村，实现都市和农业文化人文资源的开发、共享和走向世界，对于提高图书馆文化软实力，有很强的现实意义和示范功能。

（三）激发传统农耕文化传承发展的动力和活力

传统文化的传承与弘扬，需要兼收国际、国内其他文化的有益成分，实现与国际文化、国内主流文化接轨，并需要运用现代表现形式，融入现代观念与情感，与“创意”“科技”相结合，才能适应市场需求。如北京郊区的大兴巴园子满族文化民俗村、怀柔项栅子正蓝旗村、七道梁村；门头沟樱桃沟采摘篱园、山水人家（密云穆湖渔村）、乡村酒店（昌平国际观光园乡村酒店）、国际驿站（北京紫海香堤香草艺术庄园柳沟）、休闲农庄（大兴留民营生态农场、清泉农庄）、民族风苑（七道梁村）、养生山吧（付明星，2012）等多个乡村旅游特色业态；2013昌平世界草莓大会、密云世界板栗大会、北京种子大会、中国花卉博览会、北京大兴“春华秋实”系列节庆活动、北京平谷国际桃花节、顺义农博会暨旅游文化节，无不借鉴、吸收了北京的山水景观、民俗文化，才具有了旺盛的生命力，成为都市农业文化创意产业的亮点。都市农业文化创意产业作为传统文化实现其经济、文化价值的载体，就会自动地盘活传统文化资源，使其得到最有效的保护，可持续发展。

都市农业旅游是以某地区农业景观资源为基础，通过对农业形式及内容进行某种深加工后，从而形成以农业生产过程、农村风貌、农民劳动生活场景为主要吸引物的旅游活动。都市农业旅游是由农业和旅游组成的一个复杂系统，其是介于农业与旅游之间的一门边缘学科，它是以农业资源为依托，以农业生产经营为特色，利用农业景观和农村自然环境，结合农村文化生活、农业生产活动等内容，吸引游客前来观赏、品尝、购物、习作、体验、休闲、度假的一种新型旅游经营形态，它不仅拓展了旅游业的空间领域，还调整和优化了农业产业结构。

都市农业产业发展与文化事业繁荣是相辅相成的。文化产业发展是文化事业繁荣的基础，文化事业的繁荣反过来促进文化产业发展。都市农业文化创意、旅游文化产品作为文化产业的成果和积累，成为公益性文化事业的重要组成部分；而文化事业的发展与繁荣，可以极大地激发广大群众的创造性。就目前来看，我国农业旅游主要有农业娱乐型、农家乐型、高科技农业示范园、农场化型4种类型，其所具有的体验、参与及科学教育等功能有别于传统的观光旅游，拓展了都市农业旅游产品的内涵，并使旅游者充分体验到了当地原汁原味的乡土文化。现代人对于乡村文化的日趋热衷，以及农业旅游开展所带来的巨大经济效益，促使经营者们在保护当地文化的基础上，挖掘都市农业生产中不断涌现的文学艺术、人文社科、科学技术等原创作品资源，创建融入传统文化的都市农业特色旅游服务，这很大程度上使得农耕文化得到了更深层面的挖掘，并使其有了继续传承的动力。

（四）促进用户均等化地共享都市农业文化特色资源

农业院校图书馆馆藏资源服务涉及的对象广泛，不仅包括本校读者，还包括乡村农民、乡镇行政管理者、科研工作者、企业管理者以及城市市民。譬如，结合区域发展规划，“十二五”期间北京将淡化对区县、乡镇经济的指导，而强化其生态约束下的社会经济自组织过程（柴彦威，2009）。因此，各种涉农企业、合作组织、农民大户对农业信息需求更为急切。他们对图书馆需求绝不局限于文化艺术、生活休闲类信息，他们最需要的是各区县乡镇经济社会发展的最新的系统信息，以及聚集产业发展创意、高端要素的科技信息。

因此，在中国公共文化服务的区域差异、城乡差异巨大的背景下，图书馆都市农业特色资源共享均等化得以持续、有效推进，所有用户较为均等地享有都市农业特色资源的服务。但是，都市农业特色资源均等化服务体系构建仅仅依靠资源的控制和占有是远远不够的，必须在把握中国城镇化发展过程与阶段，根据城乡、不同区域用户的不同需求，各层级用户协同合作的基础上，研究促进和保障本地图书馆都市农业文化特色资源动态采集的机制、政策与措施，从而达到所有用户均等化地共享都市农业文化特色资源。

二、图书馆都市农业文化资源开发的可行性

（一）农业高校图书馆的都市农业资源建设的有益尝试

北京市都市农业的发展需要都市农业文化的辅助和支持，都市农业文化的发展又会反哺都市农业。

以北京农学院图书馆都市农业知识服务的做法为例。

第一，在都市型农业文献资源方面，北京农学院具有得天独厚的馆藏优势。本馆的文献资源经过多年的积累、网络化建设，已形成具有鲜明农业专业特色，并系统涵盖生物、工、经、管、法、文、理专业的藏书体系，具体包括纸质文献、中外文数据库和电子图书，可为北农读者群服务和北京市乃至全国农业提供品种齐全、质量高、历史承传性好的文献资源服务。

第二，北京农学院图书馆具有人力、物力、财力优势，首先是学科、专家优势。本校除拥有与农业理论、实践研究密切相关的生物、工、经、管、法、

文、理等学科外，还拥有北京市都市农业研究所和一批知识结构合理、素质较高的学术队伍及专家，承担了多个国家级、省部级科学研究项目，成果显著。如本领域知名专家，北京市高校果树重点学科带头人、北京沟域经济的组织团队好专家；位于昌平马池口镇的都市农业研究院示范园，融“都市农业教学科研基地、学生实习创业基地、科技成果转化示范基地、农民及村官研修培训基地”四项功能于一体，取得了具有社会效益和经济效益的研究成果。

第三，北京农学院图书馆注重融合图书馆员的智慧、知识，更好地服务“三农”（美丽乡村建设、农业产业结构调整、农民富裕），搭建具有国际先进水平的都市农业研究与交流平台，建立集约高效的都市农业灰色文献服务体系，打造集理论研究、产业转型设计、技术推广服务和人才培养策略研究为一体的知识服务平台，提升北京都市农业科技竞争力，为北京都市农业文化健康可持续发展提供科技、政策支撑。

依据图书馆学吴慰慈（2008）的观点，文摘根据其用途可划分为指示性文摘、报道性文摘、指示—报道性文摘。指示性文摘又称“简介”“概述性文摘”，它只对原始文献作简要叙述，通过简要的文字，指示用户了解原始文献论述什么内容，以帮助用户确定是否需要阅读原始文献，起到检索作用；报道性文摘又称“全貌式文摘”“信息性文摘”，它是原始文献的完整浓缩，概述了原始文献基本论点，对原始文献的主要内容进行浓缩，起到报道作用；指示—报道性文摘，将原始文献中信息价值高的部分写成报道性文摘，其余部分则写成指示性文摘，起到检索、报道作用。

因此，为主动适应北京社会经济发展和都市现代农业发展的需要，尤其是京津冀一体化背景下都市农业文化发展与产业结构调整的要求，围绕办学定位和办学特色，北京农学院图书馆生成了都市农业知识服务内容——以文摘为主的二次文献动态信息。这些动态信息以都市农业研究领域的专业角度为出发点，把与都市农业有密切联系的大量相关科研成果进行收集、分析、整理与再组织，形成具有较高针对性与专业性的、具有主题目录式的都市农业资源指示——报道型文摘，不仅仅具有检索作用，即将文献中具有检索意义的事项（作者、人名）按照产业业态、功能、学科等语义概念有序编排起来，可以供用户完成基于语义的检索；还具有概述国内外有关农业的重大政策法规，对科技信息、农业生产动态和农产品市场供求信息进行浓缩报道；并能为都市农业的研究型用户或对本领域具有一定研究兴趣的业余用户提供较为系统的、全面的服务。

（二）经费、政策、技术的配套服务

北农图书馆筹建的都市农业文化立体资源库属于特色数据库，是一项系统工程，从资源采集、筛选、分类、标引，到后期的数据库更新、维护，都需要政策和经费的支持。2017 年，笔者联合了计算机学院等多方人力资源组建项目组，以建设专题人文特色数据库的成果形式申请“北京市社科项目”，又以都市农业立体资源库专著的成果形式申请“北京市教委项目”，有效解决了都市农业文化资源采集的经费、政策、技术问题，保证数据库的新颖性、有效性和使用价值，同时实现数据采集、数据更新和后期维护的常态化，这样数据库的建设才能不停滞，不成为数据孤岛或死库，真正满足用户对信息的需求。

三、图书馆都市农业文化特色资源开发现状

（一）图书馆都市农业特色资源采集偏重数量，忽视用户的内在化需求

依据信息运动的“源-流-用”范式，只有关于图书馆都市农业文化特色资源配置（源）和空间布局的相关标准（流）达到城乡平衡，才能基本满足农村地区和农民读者的服务需求。以图书馆都市农业特色资源配置（源）来讲，都市农业特色资源的核心圈层包括都市农业文化科学知识，涉及农作物的栽培、施肥、病虫害的预防，新品种的培育、动植物的标本、水利灌溉、农产品加工与安全等农业知识和农业资源要素，属于农业专家与科研用户的首选；次级圈层包括与都市农业相关的学科资源，即政策法律、财经、建筑、医学、教育、心理、旅游等庞大学科资源群，颇受政府决策人员、农业科技用户青睐。而农民用户需要的信息依次是种植等农业科技信息、农产品市场供求信

息、农产品市场价格信息、气象与灾害预报防治信息、农业生产资料信息、职业技术培训信息、农业政策法规信息、外出务工信息等，处于都市农业特色资源的外围圈层，也较为稀缺。因此，图书馆都市农业文化特色资源配置与用户的信息需求不完全匹配，影响了其在都市农业文化中的有效应用。以图书馆都市农业文化特色资源空间布局来讲，村级的“农村书屋”“乡村图书室”等学习阅览设施作为图书馆联系农民用户的纽带，虽然其建设数量不断增加，但图书室有关农民培训、就业、市场信息等方面的资源建设与农民用户的实际需求也有很大差距。

（二）缺乏构建图书馆都市农业特色资源均等化服务体系的技术支撑

图书馆都市农业特色资源均等化服务是以文化为灵魂，以科学知识为纽带，以特色数据库为载体，实现资源和都市农业融合发展的创新路径，是凝炼都市农业文化特色、优化都市农业产业结构的有效路径。由于现代经济高速发展，固有的城乡形态正在解体，生活方式骤变，致使民间文化遗产全面濒危。图书馆缺乏文本技术、软件技术、网络技术等一系列相关技术的支撑，因而难以采集有较强文化底蕴的乡村传统文化资源及本地域创新的特色经济的数字化资源，从而形成面向城乡群体具有竞争力的都市农业资源共享范式，传播价值无比珍贵的民间文化资源。

（三）采集图书馆都市农业特色资源的财政投入后劲不足

图书馆都市农业文化特色资源采集策略是在中国新型城镇化发展过程与阶段的基础上，为消除中国公共文化服务的区域差异、城乡差异，图书馆通过探索研究资源均衡配置与布局，保障基本公共服务在城乡地域之间的基本平衡、保护弱势群体的信息平等权益的规范化策略与措施。但目前图书馆上下还没有全局概念，没有制定出都市农业特色资源共享均等化的政策，缺乏促进和保障本地图书馆都市农业文化特色资源采集的成本投入机制与措施。以北京地区市属高校图书馆为例，北京地区市属高校图书馆由于得到北京市财政专项经费的支持，在资源共享软硬件建设方面得到较好发展，但资金投入主体较单一，有的学校除了有限的校内图书经费外，基本无法从另外的渠道获得资源共建共享的资金支持（缪小燕，2013）。

（四）对正式文献资源的收集很有成绩，对农村乡土文化灰色资源则相对重视不够

都市农业文化资源的信息是宽泛的概念，是指对于都市农业经济和社会发展有利用价值的数字化和网络化信息。都市农业文化资源的采集不应只注重永久性的信息资源，忽略短暂性的信息资源。其实除了一些学术的、行业的或者统计性的数字资源数据库之外，网站、论坛等里面也有大量的信息资源，这些信息资源虽短暂、易逝，这些短暂性信息资源属于有利用价值的灰色文献，应包括在都市农业文化资源中。

北京是有3000多年建城史、800多年建都史的历史文化名城，是国家的首都和文化中心，文化遗产可谓汗牛充栋、黄金遍地，有的已被联合国教科文组织列入“世界文化和自然遗产”；同时孕育了富有特色的乡土，如大兴巴园子满族文化民俗村、怀柔项栅子正蓝旗村、七道梁村；培育了多个乡村旅游特色业态，如门头沟樱桃沟采摘篱园、山水人家（密云穆湖渔村）、乡村酒店（昌平国际观光园乡村酒店）、国际驿站（北京紫海香堤香草艺术庄园柳沟）、休闲农庄（大兴留民营生态农场、清泉农庄）、民族风苑（七道梁村）、养生山吧；北京兴农天力农机服务专业合作社等多家农机合作社为全国农机合作社示范社、示范基地（表6-1）；节庆、会展活动丰富多彩，如2013年昌平世界草莓大会、密云世界板栗大会、北京种子大会、中国花卉博览会、北京大兴“春华秋实”系列节庆活动、北京平谷国际桃花节、顺义农博会暨旅游文化节。因此，农村地区特色资源就存在于乡村历史中、农民的活动中、农业的经营中，此类资源的收集、整理为城乡一体化规划的编制和实施提供了更为翔实的现状基础资料。同时，围绕节庆、会展活动，图书馆征集各节庆、会展活动的图片、视频等，完整记录节庆、会展发展脉络，形成北京都市农业文化活动特色专题（表6-2）。通过图书馆的特色资源建设工作，乡村特色资源的保护利用才得以落实，真正实现“美丽乡村”的中国梦。

表 6-2 北京都市农业特色资源

资源类型	特征	收集整理内容
物质文化资源	名胜古迹、传统建筑、人工或自然山水、旅游景点	图片、评价、规划
非物质文化资源	以非物质形态存在的精神领域的创造活动及其结晶；口头传说和表述，包括作为非物质文化遗产媒介的语言；表演艺术；社会风俗、礼仪、节庆；有关自然界和宇宙的知识和实践；传统的手工艺技能	文献、影像资料
特色业态	具有农村地域性或独特性的乡村旅游、种植业、养殖业、农产品加工业	生产、经营、开发的研究文献与影像资料
会展活动	展示产品、技术，推销商品	策划方案、现场记录、宣传报道、影像资料

（五）都市农业信息采集与需求脱节

一方面，有技术、有人才的科研院所不知道哪些企业、农民需要他们的研究成果，农民不知道怎样表达自己的信息需求，也不知道去哪儿找到自己所需要的市场、科技信息，这就造成了农民信息匮乏问题。农业高科技信息的供给与需求双方信息的不对称，农业信息有需无供、供不对需，甚至供需脱节等现象屡见不鲜。员立亭（2015）提出了陕西农业信息供给问题是供需失衡，主要表现为 4 个方面：有需求，无供给；有供给，无获取；有获取，无利用；有利用，无反馈。蒋紫艳（2014）通过实地调查分析，总结出宁夏地区农民信息需求的特点主要是：需求信息种类多样化，需求信息渠道多元化，信息需求的层次深入化。

另一方面，随着经济社会的发展和农民视野的开阔，农民信息需求越来越广泛，尤其是农产品购销、生产资料、病虫害预报、疫情、农业气象、农业新技术、新品种等农业生产的实用信息，科学文化、教育、医疗卫生、农村政策法规、休闲娱乐等与农民自身发展针对性的信息，法律纠纷、日常用品、家具、家电等生活的信息。另外，农民信息需求具有双重性，不仅需要原始信息、单项信息和静态信息，而且更需要分析预测信息、综合信息和动态信息。而都市市民“闲暇”增多，收入提高，人们开始注重工作时间以外的休闲活动，不仅要吃得饱，还要吃得好、吃得新鲜安全；不仅事业旺，还要求有赏心悦目的环境，享受生活乐趣，而乡村成为满足城市居民日益增长的放松减压、文化娱乐、健康保健等精神文化需要的去处，因此，都市市民信息需要具有物质性和精神性的显著特点。

四、图书馆都市农业文化特色资源开发的原则

（一）都市农业文化特色资源采集的多元化统一原则

图书馆根据不同用户的不同需求，提高都市农业特色资源的内涵表征，为不同用户提供个性化特色服务。北京农业高校、科研院所的农业专家、研究人才集中，北京十个远郊区县的农业文化资源分布和功能结构也有自身的特点。都市农业文化数据资源，既包括“创意”文化资源、旅游文化资源、科技文化资源、物质文化资源等原生都市农业资源，以及延伸的城市先进农业文化——可以运用到农村的生产与建设中去的农业高新技术和文史哲的教育科研成果；也包括遗留在农村的传统文化，如以非物质文化形态存在的精神领域的创造活动及其结晶的口头传说、表演艺术、社会风俗、礼仪节庆、传统的手工艺技艺等，以及传统理念如“人之初，性本善”的善良，“百善孝为先”的孝道，它们是我国传统文化的瑰宝，是都市农业持续发展的灵魂。

一是图书馆借鉴其他图书馆的先进经验与做法，对分布广泛、异构异质的信息资源进行摸家底式的收集和系统整理，使各种潜在信息外在化、显性化，为不同诉求的用户提供科学而具体的信息支撑。海宁市图书馆以构建城乡一体化服务体系为契机，构建“文化遗产专题—特色产业专题—村报专题—活动专题”等专题收集制度，拓展乡镇当代地方文献的收集领域；组织“地方文献建设与乡土文化阅读”研讨会、举办“保护文化遗产、传承人类文明”的文化遗产图片展、开展“蚕话江南”——海宁市蚕桑文化推广活动、组织“阅读皮影”系列巡回演出，通过此类活动，有效地提高了地方文献的使用价值和社会效益。

二是由专职馆员负责，成立课题组，向区县的宣传、文化、文物、旅游、地名、规划、建设等部门索取和购买，包括在政府部门（农业部、旅游局）以及会议、展会上未出版的灰色文献中，对科技含量较高，同时涉及一些最新的农民需求、研究动态等信息。

三是设立乡村图书馆信息员。图书馆都市农业文化资源的服务对象不仅包括本校读者，还包括乡村农民、乡镇行政管理者、科研工作者、企业管理者以及城市市民，乡村信息员收集乡土民俗文化、山水文化、建筑文化等灰色文献资源，满足他们对图书馆文化艺术、生活休闲类信息的需求，以及各区县乡镇经济社会发展的最新的系统信息，产业发展创意、高端要素的科技信息的需求。通过他们的宣传，对其他村民起到带动和示范作用，能开阔村民的视野，提高村民自觉保护民俗文化的自觉性。

（二）都市农业文化特色资源采集配置的均衡性原则

信息公平是指在一定的历史时期和社会环境中，人们对信息资源的获取和分配过程中所体现的平衡与对等状态。信息资源不公平、不合理的配置会引起信息的不对称。我国数字信息资源不公平、不对称配置不仅体现在政府与公众之间，还体现在“数字富有者”与“数字贫困者”之间的数字鸿沟的出现和加大。

都市农业信息资源也和其他类型的产业信息一样，存在着信息不对称现象。一方面有技术、有人才的科研院所不知道哪些企业、农民需要他们的研究成果；另一方面，农民不知道怎样表达自己的信息需求，也不知道去哪儿找到自己所需要的市场、科技信息，这就造成了专家、高科技信息的供给与需求双方信息的不对称。另外，随着经济社会的发展，首都市民“闲暇”的增多，收入提高，人们开始有工作时间以外的精神享受、休闲活动的隐性需求，不仅要吃得饱，还要吃得好、吃得新鲜安全；不仅事业旺，还要求有赏心悦目的环境，享受生活乐趣，乡村成为满足城市居民日益增长的放松减压、文化娱乐、健康保健等精神文化需要的去处，这就造成了潜在需求信息的不对称。

图书馆有必要从宏观上对数字信息资源建设进行制度设计，以此缩小“数字信息资源的贫富差距”，消除政府与公众之间的信息不对称，消除信息主体之间的信息不公平，并从制度上保护读者的信息权利和规范社会的信息行为。

五、图书馆都市农业文化特色资源开发对策

随着现代经济高速发展，固有的城乡形态正在解体，生活方式骤变，致使民间文化遗产全面濒危。图书馆通过文本技术、软件技术、网络技术等一系列相关技术的支撑，以都市农业文化为灵魂，以都市农业特色资源为核心，以特色数据库为载体，以用户需求为目标，建构有丰富乡村传统文化底蕴及本地特色的都市农业资源的数字化体系，形成面向城乡群体具有竞争力的都市型现代农业资源共享范式，对于民间文化遗产的传播共享，凝炼都市农业文化特色资源、优化都市农业产业结构，以及提高图书馆都市农业知识服务的水平和能力具有十分重要的作用。

因此，关于图书馆都市农业文化特色资源如何进行保存与开发，从而体现特色资源的“特”字，体现图书馆馆藏“人无我有，人有我优，人优我特”的特点，学者们对都市农业文化资源开发的原则、层次和范围进行了大量卓有成效的相关研究。

孙业红（2010）提出，作为一种旅游资源，农业文化遗产具有数字明显、分布范围广、脆弱性和敏感性高、可参与性强和复合性强的特征，这些特征是农业文化遗产目的地旅游资源开发和管理需要考虑的重要因素。

齐骥（2013）认为，新型城镇化不仅仅是线性的“破旧立新”的发展过程，更是多元的“文化创新”的发展过程，是文化基因的传承、文化记忆的存留和文化历史的延续。

李刚（2006）认为，由于经济和社会的快速发展，导致传统农业文化逐渐萎缩，必须通过加强立法的手段加以保护；明确政府的义务和职权，建立相应的保护制度，明确传统农业文化遗产的认定标准，建立登录制度，通过立法规范传统农业文化遗产的开发与利用。

崔峰（2013）通过实证研究，提出农业文化遗产的保护应关注社区居民的感知与利益诉求，并通过建立科学、合理的社区参与机制来协调农业文化遗产

保护与经济社会发展的关系。

孙白露（2010）从物质实体文化、非物质文化和在农业生产方式基础上产生的观念体系3个方面，论述了农业文化的内容，以及农业文化的生态价值、经济价值和社会价值；探讨了农业文化保护和传承的途径，认为在中国发展社区农业，是实现农业文化保护和传承的有效途径。

闵庆文（2009）提出农业文化遗产具有复合性、活态性和战略性的特点，在保护上应当遵循动态保护、适应性管理和可持续发展的要求。

综上，图书馆都市农业文化多元化保存与开发即在国家统一规划的框架下，围绕体现馆藏特色、突出地域文化特色以及以用户需求为中心等几个方面，合理规划馆藏都市农业文化特色资源的类型与载体，具体制定本地域范围内都市农业文化多元化保存总体规划，建立都市农业用户信息优先采集机制；在资源采集方面，由侧重生产信息内容到市场、政策、就业培训等多元化信息内容转变；提高资源采集的标准化和投入水平，由用户被动接受信息服务向交互式（如博客、论坛等应用）甚至是自助式信息服务转变，从而形成体系，发挥整体优势，打造特色精品。

（一）建立都市农业用户信息优先采集机制

图书馆在采集都市农业文化特色资源时，应优先考虑和了解农户、企业、政府不同的信息需求主体的信息需求，并通过设立乡村信息员、实地走访调研，有针对性地广泛收集都市农业方针政策、农业先进技术、农业科技知识、农民致富信息、节庆会展活动信息，展示都市农业的新举措、新模式、新典型、新经验，并按信息类别分层次加工、整理，为都市农业文化经营者和企业提供生产决策、产品供销渠道等信息参考，为相关单位开展农业专家培训、实施技术示范推广、基层人员培养以及远郊区县的专业大户、家庭农场、农民专业合作社、“一村一品”产业村、农业龙头企业开展基地高产高效建设提供匹配信息（图6-1）数字图书馆在信息资源建设方面要恪守城市与农村的文化资源双向吸收的原则，实现共享，优势互补（熊军洁，2013）；海宁市图书馆（王丽霞，2013）从资源的社会效益的视角，开展专题收集制度，拓展乡镇当代地方文献的收集领域，提高资源的应用价值。

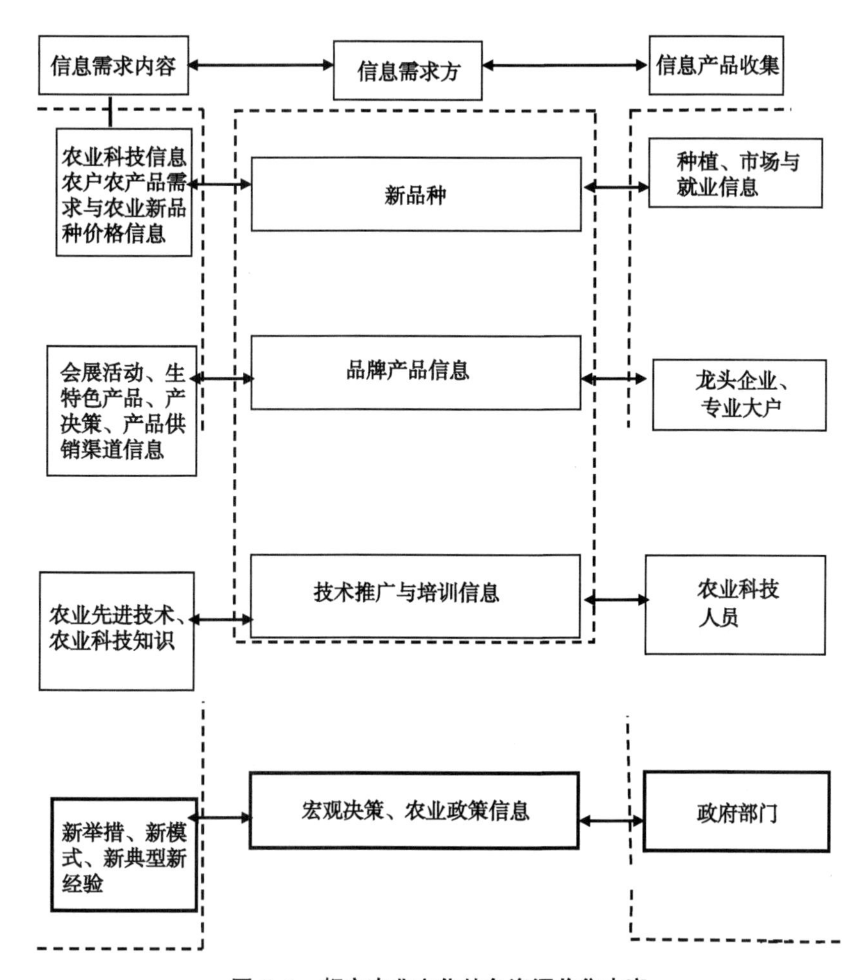

图 6-1　都市农业文化特色资源收集内容

（二）建立图书馆都市农业文化特色资源采集机制

北京的名胜古迹、传统建筑、人工或自然山水、旅游景点等物质文化资源，以及以非物质形态存在的精神领域的创造活动及其结晶，如口头传说和表述、表演艺术、社会风俗、礼仪、节庆、传统的手工艺技能等十分丰富。在此基础上开发运营的民俗文化村、节庆会展、龙头企业基地等农业经济活动，积累了海量资源素材，图书馆把它们收集齐全，并与都市型农业的特色资源融合在一起，将会使都市农业文化特色资源大大丰富（表6-3）。

表6-3 北京都市农业文化特色资源

资源类型	特征	收集整理内容
物质文化资源	名胜古迹、传统建筑、人工或自然山水、旅游景点	图片、评价、规划
非物质文化资源	以非物质形态存在的精神领域的创造活动及其结晶：口头传说和表述，包括作为非物质文化遗产媒介的语言；表演艺术；社会风俗、礼仪、节庆；有关自然界和宇宙的知识和实践；传统的手工艺技能	文献、影像资料
特色业态	具有农村地域性或独特性的乡村旅游、种植业、养殖业、农产品加工业	生产、经营、开发的研究文献与影像资料
会展活动	展示产品、技术，推销商品	策划方案、现场记录、宣传报道、影像资料

1. 制定都市农业文化特色资源数据采集的规范格式

都市农业文化特色资源载体类型也是多元化的，既有正式文献（图书、期刊、报纸），也有灰色文献（会议会展论文、学位论文、研究报告、政府出版物、图片、音频、视频）；载体类型既有纸质的，也有数字、图片、音频、视频。

面对内容丰富、类型多元的都市农业特色资源，图书馆进行信息的采集、组织的有效方式就是利用数据规范格式对信息进行规范化处理，利用关系代数理论进行数据查询的优化，从而大大提高了数据操作的灵活性，因而成为广泛的网络信息资源组织方式。

图书馆通过采用TIF、PDF、TXT3种数据格式，文字差错率低于万分之一，形成都市农业文化特色资源采集的元数据规范格式。以TXT格式为例，TXT格式的文本是现在最流行的，可以用在传统的PC机上，也可以在手机、PSP、MP3、MP4等设备上阅读，方便所有用户随时随地获取所需信息。它对用户提出了较高的要求，要求用户掌握一定的检索技巧，包括关键词及其组配方法的选择等，同时，对于数据库技术，对于如何进行数据库的自动扩充、如何提供良好的人机交互，也提出了较高的要求。

2. 采用都市农业文化特色资源数据采集的关联数据技术

在一定的标准下，关联数据成为目前较好的发布、共享、连接 Web 中各类资源的方法和规则。关联数据通过 URI、HTTP、RDF 等成熟的语义网技术即可实现互联网上存储资源、通信资源、软件资源、知识资源等的链接和连通，为图书馆的信息组织模式变革提供信息交流和共享平台。基于关联数据的底层逻辑（本体、语义），由概念关系（下位、上位、同位）形成一个广泛而规范的概念网络（董慧，2009），有可能真正地打破知识在逻辑上的分割和独立，更精确地采集和组织知识，更规范地揭示知识，更好地在广泛、动态和完整的基础上完成知识的发现和创新。譬如选择学科专家内容主题，以专家的工作单位、所属学科、发表文献情况、被引用、被下载情况，帮助用户全面了解学科专家，帮助用户在专业层次上更好地了解学科专家的相互联系，消除数据资源获取与进行科研创新之间的离散状态（陈悦，2005）。

（三）建立图书馆都市农业文化特色资源采集的公平环境

随着用户需求的变化和技术的进步，进行都市农业文化特色资源采集，需要挖掘都市农业文化特色资源的信息，甚至进行二次或三次开发；图书馆的信息资源采集由手工收集向由开源软件支持的自动采集转化。如 Lilina 是一款采用 PHP 语言编写的开放源码的 RSS 新闻聚合软件，它不仅汇集了博客、文摘的诸多信息源，还提供文摘站点链接，或多学科的信息聚合。这样，信息聚合软件的应用不仅可以大幅度缩减图书馆重新组织和分类并提供给用户的工作量，而且即使用户位于远离图书馆的偏僻之隅，也能定期收取并阅读最新的市场信息，有利于农民增收致富。追踪优秀开源软件开发的最新进展，开发应用优秀的适合本地图书馆的开源软件包，需要懂技术的人才，否则，开源软件在数字图书馆建设中发挥作用就成为空中楼阁。因此，图书馆需要培育一个健壮的、有吸引力的工作环境与氛围，如工资激励、考核激励制度，使优秀的软件人才能进得来、留得住、用得上。

（四）建立都市农业文化特色资源采集的区域协同机制

对于作为一个非营利性机构的图书馆，其资源采集经费受限于上级主管部门拨款，购买大多数商业公司的开源软件是不可行的。基于此，资源采集必须寻求一种低成本高效益的模式——形成区域数字图书馆联盟。例如，中国科学院国家科学图书馆机构知识库开发团队对 DSpace 开源数字知识库软件进行了改进、扩展和应用，DSpace 开源数字软件除能快速高效地完成数据导入、SRU 检索服务接口、访问统计等功能外，还将在多种元数据模式的支持、IR 与相关系统的深度关联和集成、元数据自动提取和续补、IR 服务的封装和支持 Mashup 应用集成、知识资产审计和机构知识地图的绘制等方面有优秀表现（祝忠明，2009）。在北京地区的高校图书馆即可联合起来，追踪优秀的 DSpace 开发的最新进展，共同维护 DSpace 在数字图书馆资源采集中的应用开发，由此可以形成资金集中、技术合作的优势，虽然对技术人员的要求相对较高，但所用软件博客、维基等大都是免费的开源软件，对资金要求不高，而且容易操作，工作人员无须计算机专业背景，一般的学科馆员都能胜任，既节省资源采集经费，又解决单个图书馆信息技术匮乏难题（奉国和，2008）。

（五）构建图书馆都市农业文化学科知识服务平台

通过直接在商业数据库如 CNKI 中嵌入后台管理功能，把高校图书馆内所有图书馆都市农业文化的学科资源集成，搭建起图书馆都市农业文化学科知识服务平台，如把本地馆藏中的自建数据库、学科导航等资源，按照 CNKI 统一元数据要求组织、制作和加工，形成都市农业文化学科知识服务平台中的可跨库检索馆藏资源，实现一站式文献检索；把自有学科资源集成到学科知识服务平台内，通过录入自有学科资源的名称及其对应的网址，提供链接给都市农业文化学科知识服务平台，形成单库检索馆藏资源，这些资源可以在都市农业文化学科知识服务平台首页中集中揭示，用户使用时可以方便地链接到自有资源的原系统中使用（陈恩满，2009）。

（六）加强都市农业资源选题论证

都市农业资源选题既要以用户文化需求为导向构建用户参与的反馈评价机制，以都市农业文化信息内容为基础；又要关注都市农业文化信息类型的多元化，以及数据收集来源、资源组织方式、资金保障、技术应用能力和持续维护能力等要素；还要坚持“小选题、大系列”的原则确定选题方向，合理控制数量，避免零散化，推出精品。例如，将都市农业文化特色资源确定为都市农业非物质文化篇、都市农业物质文化篇、都市农业历史名人篇、都市农业历史文化篇等。

1. 以都市农业信息资源体系为方向

信息资源的概念作为信息时代的基本概念，已经为人们所熟知，它的开发和利用是整个知识服务的核心内容。信息资源对推动改革之初的中国信息化建设、推动中国由信息经济时代转向知识经济时代、推动国内图书馆由信息服务转向知识服务起到了重要作用。

控制论的创始人维纳认为：信息就是信息，不是物质也不是能量。同时，信息与物质、能量之间也存在着密切的关系。物质、能量、信息是构成现实世界的三大要素。

只要事物之间的相互联系和相互作用存在，就有信息的发生。人类社会的一切活动都离不开信息，信息早就存在于客观世界，只不过人们首先认识了物质，然后认识了能量，最后才认识了信息。

信息是一种具有使用价值、独立的资源，能够满足人们的特殊需要，可以用来为社会服务。美国哈佛大学的研究小组给出了著名的资源三角形（图 6-2）。他们指出：没有物质，什么都不存在；没有能量，什么都不会发生；没有信息，任何事物都没有意义。

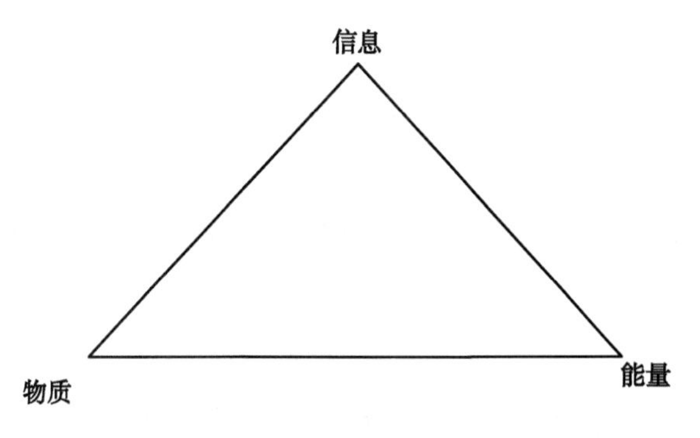

图 6-2　资源三角形

作为资源，物质为人们提供了各种各样的材料，能量提供各种各样的动力，信息则提供了各种各样的知识。以口头语言，如交谈、聊天、授课、讨论等方式获得的信息资源，属于零次信息，是没有记录下来的仅靠口口相传的信息，其特点是传递迅速、互动性强，但稍纵即逝。代代相传的口碑、传说、口述回忆等，虽然许多信息并不十分准确与可靠，但是包含着极有价值的信息。以手势、表情、姿势，如舞蹈、体育比赛、杂技等方式可以传递信息，比如，中国人翘大拇指表示称赞，点头表示同意；美国人耸肩表示无可奈何，手指做成“V”形，表示“必胜”；暗送秋波、喜上眉梢都是指以眼、眉传达信息的例子，此类信息的容量有限，但这类信息直观性强、生动丰富、印象深刻、极富感染力，往往起到“此时无声胜有声”之效。

从信息资源的要素和分布而言，信息资源是指人类社会信息活动中积累起来的以信息为核心的各类信息活动要素（信息技术、设备、设施、信息生产者等）的集合。信息资源一词最早出现于沃罗尔科的《加拿大的信息资源》。信息资源是社会生产及管理过程中所涉及的一切文件、资料、图表和数据等信息的总称。它涉及生产和经营活动过程中所产生、获取、处理、存储、传输和使用的一切信息资源，贯穿于生产、管理的全过程，并广泛存在于经济、社会各个领域和部门，是各种事物形态、内在规律和其他事物联系等各种条件、关系的反映。随着社会的不断发展，信息资源对国家和民族的发展，对人们工作、生活至关重要，同能源、材料一起，成为国民经济和社会发展的重要战略资源。

都市农业信息归纳起来由都市农业信息生产者、都市农业信息、都市农业信息技术三大要素组成。都市农业知识可分为三部分：农业劳动对象、农业劳动资料和农业生产过程，其中劳动对象又可以进一步分为作物、经济动物、土壤等，劳动资料可以分为农业工程、生产技术、农业生态环境和营养与保护等，生产过程可以分为作物生产过程和动物生产过程。都市农业知识结合信息资源的思想构成了都市农业信息资源体系。

2. 关注都市农业资源信息类型多元化

作为信息资源的主要传承机构的图书馆，按照不同的标准，可以将图书馆都市农业信息资源划分成不同的类型：既包括声音、文本、影像、动画、图像等载体类型，也包括文献信息资源、网络信息资源和多媒体信息资源等来源类型。

（1）都市农业研究文献

文献是记录知识的一切载体。文献信息资源，指以文字、图形、符号、声频、视频等方式记录在各种载体上的知识和信息资源。一般来讲，图书馆文献信息资源包括图书、连续出版物（期刊、报纸等）、学位论文、专利、标准、会议文献、政府出版物等。

文献信息资源记录着无数有用的事实、数据、理论、方法、假说、经验和教训，是人类进行跨时空交流、认识和改造世界的基本工具。这类信息经过加工、整理，较为系统、准确、可靠，便于保存与利用，但也存在着信息相对滞后、部分信息尚待证实的情况。文献信息是当前数量最大、利用率最高的信息资源。按照各种标准，可以划分出文献的各种类型。按加工层次划分，可分为一次文献、二次文献和三次文献。正式出版发行的、由作者以自己的研究成果为基础创造或撰写的、未经过加工的原始文献，包括期刊论文、研究报告、专利说明书、会议论文、科技报告、科技档案、技术标准以及学位论文，都称为一次文献；二次文献是指文献工作者将大量分散的、无序的原始文献加以筛选，留下有价值的文献，再经过加工、整理、提炼、浓缩、简化，编辑成系统的工具文献，所记录的信息称为二次信息，包括各种目录、题录、文摘、索引等具有检索功能的文献；三次文献是对运用科学方法和专业知识检索出的一次文献和二次文献进行筛选、分析、加工后撰写的文献，如词典、手册、年鉴、百科全书、专著、教科书、论文集、述评、文献指南以及书目等。除以上三级文献以外，还有所谓零次文献或半文献或灰色文献，是指由非正式出版物或非正式渠道传播、交流的文献，未公开于社会，只为个人或某一团体使用。例如，实验记录、设计草图、论文草稿、谈话记录、信件、未经发表的名人手迹等。

都市农业历史源远流长，源头可追溯到20世纪二三十年代的德国。在都市农业的发展中，形成了诸多的都市农业史料、研究文献，但这些史料比较分散，国内也有众多专家、学者从事这一领域的研究，撰写了大量研究性著作和文章。深度挖掘都市农业文化资源、系统收集都市农业的文化史料以及研究文献等并将其数字化，是都市农业文化建设的资源主体。

根据文献出版类型不同，信息资源可以划分为图书——以章节成册的公开出版物。它一般是利用已经发展的科学研究成果和知识，经过作者重新组织的二次文献或三次文献。类型主要包括：教材、百科全书、字典、词典、手册、专著、论文集、会议录、丛书、年鉴等。科技期刊：主要是报道资源环境科学领域新理论、新技术的一种周期性出版物，它刊载大量原始一次文献。刊载的论文数量大、速度快、内容新颖并且以固定期刊名，定期或不定期连续出版。特种文献：指书、刊以外的非书刊资料，类型包括：技术报告、政府出版物、会议文献、标准资料、学位论文、专利文献及产品样品。

（2）多媒体信息资源

多媒体信息资源，指将电信、电视、计算机三网相互融合，集图、文、声于一体的信息资源。它包括网上广播电视、专题论坛、网上广告等。多媒体信息打破了报刊、图书、广播、电视单项媒体的界限，形成交互式媒体信息。图书馆多媒体信息资源主要包括音频、视频、图片等。

都市农业文化图片资源：在都市农业的发展历程中有大量的资源，留下了许许多多的永恒瞬间，尤其是有关都市农业产业、园区的图谱、图片资源，对记录都市农业的发展历程和展示都市农业文化内涵，具有重要价值。这些图片经过扫描、处理后，再进行数字化处理，转换成计算机能够识别的数字信息，经过分类、整理，成为数字数据库中的数字资源。

都市农业文化音、视频资源：视频资源（videoresource）是指用于存储活动或静止图像的媒体，所记录的视频需用特定的回放设备（如视频播放器、DVD播放机等）播放，包括用数字信号和模拟信号存储的视频资源，但不包括静态图像资源。音、视频资源可用于充实本校图书馆内的数字资源，极大丰富都市农业文化立体资源库，成为学校进行精品课程建设、核心专业建设等必不可少的重要内容。

（3）文本资源

根据存储载体不同，信息资源可以划分为印刷型（文本）信息资源、电子信息资源、数字信息资源和多媒体信息资源等。

（4）网络资源

是指以电子资源数据的形式将文字、图像、声音、动画等多种形式的信息存放在光、磁等非印刷质的介质中，并通过网络通信、计算机终端等方式再现出来的信息资源的总和。

根据不同的标准，可将网络信息资源划分成各种类型。按照所采用的网络传输协议划分，可分成 WWW 信息资源、FTP 信息资源、Telnet 信息资源、用户服务组信息资源、Gopher 信息资源；按照信息资源的有偿性划分，可分成收费类信息资源和免费类信息资源；按照信息资源的内容划分，可分成学术研究类信息资源、教育类信息资源、政府信息资源、商业经济类信息资源、生活娱乐类信息资源和广告信息资源。

3. 以用户需求为导向

互联网信息资源与传统的信息资源相比，具有其特殊性，主要表现为：

全球性的分布式结构，以电子和数字信息为其主要管理对象。网络上的信息资源存储遍布于世界 100 多个国家的数十万个服务器上，分布式存储成为网络环境中信息资源存在的主要形式，形成跨国界数据传递和流动以及多媒体、多语种、多类型信息混合。信息资源呈现持续性动态快速增长，信息链接处于经常变动中。

信息分布和构成的无结构和无序化。信息的发布具有很大的自由性和任意性，信息的隐私与公共化缺乏明显界限，缺乏必要的质量过滤、质量控制和管理环节，造成学术信息、商务信息、个人信息甚至有害信息混为一体。

对象多样化：超文本结构将不同类型的信息源连为一体，包括数据库、文档、声音、图像、文本、图书馆资源、音乐等，使信息资源管理的对象多样化。

信息交流与传递方式的多层次化，在网络上，用户既是信息的发布者，也是信息的传播和使用者。

因此，以用户需求为导向的图书馆都市农业文化资源多元化保存，除了收集、保存纸质文献资源外，还要把网上的资源加以整合、提供链接供图书馆用户使用，或者建立相应的本地镜像站，提供中心站检索服务，通过收集、整理网络资源，让用户免费使用这些网络资源（表 6-4）。如都市农业文化资源信息导航库（中国都市农业网网址 www. dsnyw. com）、北京都市农业文化史图文库、都市农业数字期刊库（题录）、都市农业数字数据库（全文）、都市农业数字文摘数据库（文摘）、都市农业专家信息数据库（全文）、都市农业会议论文数据库（全文）。集成都市农业生态涵养、旅游观光、民俗欣赏、高新技艺、文化创意、科普教育等数字资源内容，建成生产、加工、市场销售一体化的信息资源，利用图书馆的智能化系统，对数字资源及时进行发布、更新、维护，并将向农村地区逐步扩展，形成农民、市民用户全覆盖，使农民、市民朋友通过手机客户终端，足不出户得到所需要的资源和服务。

表 6-4　都市农业文化网络资源内容

资源是否数字化	资源内容
纸质资源（非数字化）	正式文献（图书、期刊、报纸）；灰色文献（会议会展论文、学位论文、研究报告、政府出版物）
网络资源（数字化）	都市农业文化资源信息导航库、都市农业专家信息数据库（全文）、都市农业数字期刊库（题录）、都市农业数字文摘数据库（文摘）、都市农业会议论文数据库（全文）

（七）体现都市农业文化特色馆藏

20 世纪 90 年代中后期，随着计算机技术、网络技术的不断发展成熟，我国图书馆的数字化建设迅速发展，建设了一大批不同类型的数字数据库。据统计，我国高校图书馆和部分省市级公共图书馆共有数字数据库 795 种，大体可分为地方数字数据库、学科数字数据库、专题数据库、商情数据库四大类；高校图书馆以学科数字数据库建设为主，公共图书馆以地方数字数据库建设为主。我国图书馆的数字数据库数量可观、内容丰富、形式多样，为科研工作者和广大读者提供了丰富的数字资源的同时，也为数字数据库的建设提供了经验和借鉴。因此，随着大数据分析、云服务、VR 等互联网新技术突飞猛进的发展，图书馆都市农业数字资源库的信息资源除数量庞大外，类型、形态也应逐渐多样化，不只包括传统的纸质资源，还包括图书馆已收集引进的图片资源、视听资源、网络资源、虚拟可视化资源等，能满足读者学习、科研所需，同时也能满足人们放松心情的精神需求。

1. 合理规划馆藏都市农业文化特色资源的类型与载体

资源的表现形式有文本、图片、动画、音频、视频等，都市农业特色资源建设要根据图书馆都市农业数字资源类型，如文本资源、图片资源、视听和多媒体资源、网络资源，重点建设多媒体特色资源数据库，大力发展老百姓喜闻乐见的特色资源数据库。

2. 馆藏都市农业文化数字资源的特点

馆藏都市农业文化数字资源内容特点包括以下三部分。

首先，都市农业科学知识，涉及农作物的栽培、施肥、病虫害的预防，新品种的培育、动植物的标本、水利灌溉、农产品加工与安全等农业知识和农业资源要素。都市农业数字资源库中的许多农业科学知识是读者没有接触过的东西，又是他们较感兴趣的，辅之以文字揭示、描述、解说，发展寓教于乐的环境，引导用户去认识、思考、理解、获取更多相关知识。都市农业数字资源不仅包括能引发读者思考的农业方面的科技知识，还包括许多色彩瑰丽的精美图片，将农村优美的田园风光、淳朴的乡风民俗、传统的节日文化、独特的建筑风格等乡土文化尽可能地呈现在读者眼前，能给读者带来美的享受。

其载体主要包括本校教师的著作、论文、精品教材，是北京农学院都市现代农业资源学术性与社会性的结合；以教学参考资料、优秀硕士论文和学校教学科研成果为主要内容、体现都市型农业发展前沿和发展趋势的灰色文献；科技报告、会议、会展资料（课题立项报告、结题报告、科研成果汇编、成果鉴定以及专利申请文件）和论文等，是研究课题进展情况的实际记录与研究成果的系统总结，多属尖端学科的重大课题，内容专深具体，资料准确可靠，情报价值极高；调研报告、内部资料，能颇具时效性地反映都市现代农业的动态进展和发展态势，对教学科研人员具有重要参考价值（图 6-3）。

其次，与都市农业相关的学科资源，包括政策法律、财经、建筑、医学、教育、心理、旅游等与都市农业相关的庞大学科资源群。以旅游资源开发利用为例，北京都市农业旅游资源的收集、整理，既能推动现代农业生态旅游元素开发，增强北京都市农业旅游资源的文化创新活力，促进都市农业旅游尽量走低碳、循环、节能、环保建设之路；又能通过资源增值效益，促进保留村庄原始风貌资源、山水脉络等独特风光规划的制定与实施，提高乡村人文景观的文化吸引力、关注度和保护度，实现北京城乡一体化的目标。

最后，乡村传统文化及其他资源。北京郊区经过多年新农村建设，既有文

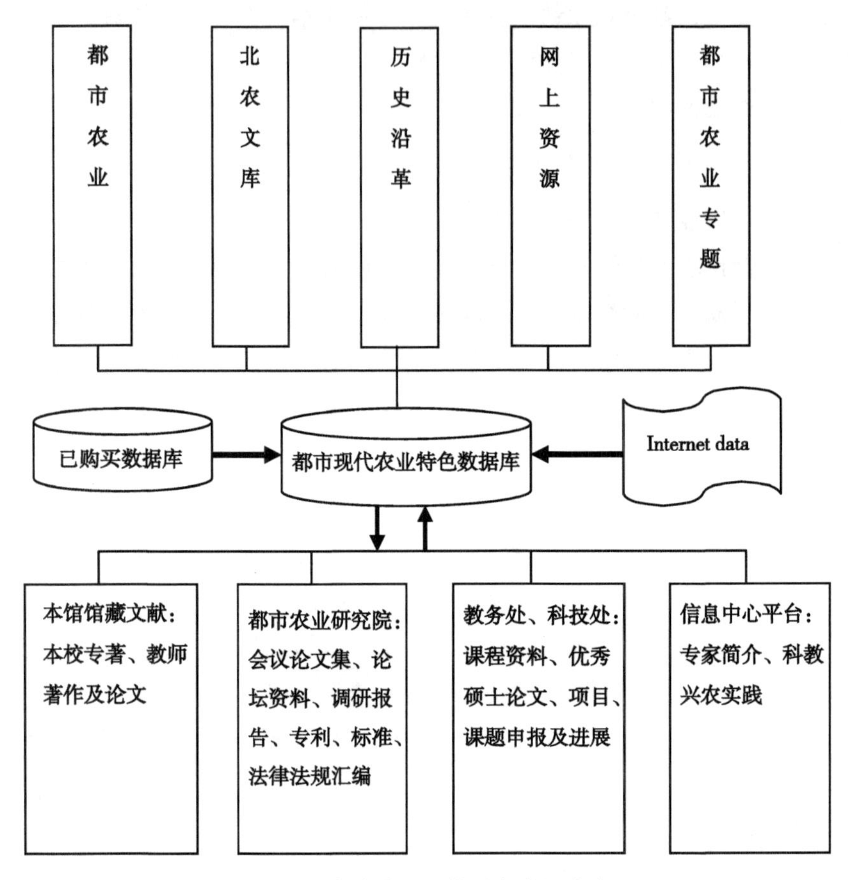

图 6–3　都市农业文化特色资源内容

化底蕴的较强的乡土文化，又有本地独创的数字文化。此类资源既能满足用户对乡村文化的猎奇心理，又能引导用户进行创新认知。

(八) 突出地域性的都市农业文化特色信息资源

文化地域性是指文化在某一特定地区所具有的，与当地风土人情密不可分的联系。在我国，地域文化一般是指特定区域源远流长、独具特色，传承至今仍发挥作用的文化传统，是特定区域的生态、民俗、传统、习惯等文明表现。它在一定的地域范围内与环境相融合，因而打上了地域的烙印，具有独特性。曾芳芳（2012）评述了农耕文化的内涵，在认识农业多功能的基础上重新审视农业的教育、文化、休闲等功能，分析了农耕文化作为休闲农业开发理念核心的原因，提出基于农耕景观、农耕器具、传统制作手艺等有形农耕文化和岁时节日、农事诗谚等无形农耕文化开发的休闲农业项目设计思路，并指出在以体验理念勾画休闲农业之圆时应注重在重感官的初级体验、强调参与的高级体验和浑然融合的终极体验等层次上产品设计方面的差异性，最终形成以农耕文化为圆的核心、以休闲农业项目设计为圆的延伸半径、以体验理念勾画休闲农业之圆的模型，成为一种解读休闲农业开发的文化新视角；赵艳粉（2012）在界定休闲农业文化内涵的基础上，将北京休闲农业文化资源分为饮食文化、乡土文化、农耕文化、作物文化、民俗文化和农事节庆文化六大类型。

古老的北京有悠久的历史、众多的文物古迹、风景名胜、掌故传说，积淀了丰厚的文化内涵。如果只靠传统的文本记载、口耳相传等方法，很难实现城市文化走出去的目标。都市农业是城市文化的一个重要方向，其宝贵的人文资料价值还没有发掘出来。因此，本研究就是针对都市农业的快速发展，尝试构建农业高校图书馆“都市农业文化”立体资源库共享平台，连接过去、现在和未来，连接城市和乡村，实现北京都市农业文化资源的广泛共享和走向世界。

（九）加大基于手机微信、视频、网站等多媒体服务平台建设

都市农业数字资源保存与建设肩负满足社会公众文化信息需求的职责，还承担着历史传承、文化传播、改革教育等光荣使命，服务职能推动了都市农业资源整合的必要性；同时，它的服务对象可以分为 5 个层面，即服务于都市农业产业发展、行政决策、社会经济发展、学术研究、公众（图 6-4），并且由于相对应的服务目标也不相同，因此具备了整合的可能性。

因此，针对都市农业文化资源分布在不同的地区，甚至是不同的国家，数据存储的格式也不同，都市农业文化资源具有分散性、异构性的特点，基于手机微信、视频、网站等多媒体服务平台建设，达到对都市农业领域大数据资源的标准化采集和形式化表达，使分布在全国乃至全世界的都市农业资源集聚在同一个技术平台上，实现都市农业各主题资源的关联、共享与沟通，满足用户学习、科研的需求，以及发挥图书馆的学科服务的“耳目、尖兵和参谋”的作用，提升图书馆知识服务能力。

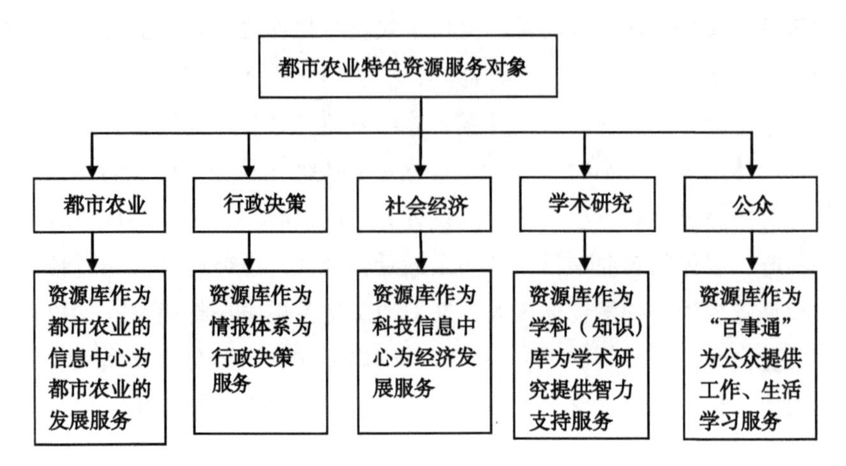

图 6-4　都市农业数字资源库服务对象及服务目标

第七章 “互联网+”图书馆都市农业资源建设的多元模式

21世纪信息化的时代，数据资源不只是简单的数字，而是具有战略意义的资源。海量数据的不断生产，这就意味着数据的管理者——图书馆，不能秉持传统观念认为图书馆应该尽可能地拥有更多的图书和期刊，因为发展趋势是，海量的文献信息资源已经可以在网络上自由获取得到。因此，不仅迫切需要图书馆进行技术上的革新，更需要思维和理念上的革新，在遵守知识产权法律，提升数据知识产权保护意识的基础上，管理、运用数据，进行图书馆数字资源的建设和研发，为研究者、读者提供第一手的最新、最全的资料。

中国国家图书馆于1998年7月提出并实施的“中国数字图书馆工程项目”以来，我国数字图书馆建设项目取得了较大进展，上海图书馆、清华大学图书馆、北京大学图书馆、中科院文献信息中心等，先后进行数字图书馆工程的研发。因此，对于图书馆来说，资源挖掘对象已经从印本拓展到社交媒体等新兴载体，如何以更加互动性的方式为读者提供文献和数据资源是值得图书馆人思考的现实问题（KAMADAH，2010）。在未来，图书馆将运用互联网思维，将在线资源嵌入更为广泛的数字馆藏体系中，通过数字图书馆的资源采集、开发的多元化模式来整合内外部资源，不断创新都市农业资源建设内涵发展模式，提高资源供给效率，使图书馆真正成为一个“生长着的有机体”。

一、“互联网+”图书馆都市农业资源建设的逻辑线索

读者需求和信息技术是图书馆服务变革的两大引擎，如果说读者需求是图

书馆服务变革的内在动力，那么信息技术就是图书馆服务变革的外在拉力。随着互联网+与智能机器的发展，智慧图书馆时代的到来，读者的需求的重要性日益凸显，由传统的“资源服务决定需求”转为“需求决定资源服务”。正如情报学家戴维斯所揭示的：不管使用的设备和技术多么复杂，其目的都是相同的，那就是助人。图书馆的发展需要正视面临的现实问题，图书馆的服务深度需要由粗放型向精细化转变，服务手段从人工到人工智能，诸如怎样变被动服务为主动服务、如何将大众服务转变为提供真正的个性化服务、如何由人工服务变成读者自助的智能服务等，需要解决如何尽可能准确地把握读者需求、如何为自己的服务与产品进行定位、如何搭建有效的服务平台等，这些都需要我们在“互联网+”环境下，重新定义图书馆都市农业信息资源建设的模式的内涵与外延。

（一）图书馆对新信息技术的应用与发展

自从人类进入文明社会以后，每次信息技术的变革，图书馆都会记录和体现技术的影响。图书馆与科学技术总是结伴而行、互助互利，往往最先尝试应用新技术，并成为社会发展的助推器。

追溯图书馆的起源，我们可以发现，其萌芽伊始正是伴随着新一轮科技革命的产生而出现并逐步发展的。在农业文明时期，人类使用甲骨、竹简、纸等记录信息的材料，则产生了古代的藏书楼；工业革命以后，由于印刷技术的发展，使得以纸质为材料的文献资料数量大量发行，产生了传统的以藏书和借阅为主要公益服务的图书馆，在记录材料上甚至扩展到磁带、缩微胶卷等物理材料；从20世纪90年代，随着互联网的普及，信息技术和通信技术的发展，人类对信息的存储、传播方式，又发生了革命性的变革，形成了数字图书馆的雏形，昭示着图书馆又将发生一次新的飞跃。

工业4.0时代，即指当前开始的智能制造时代。1950年英国计算机科学家图灵进行了著名的人工智能测试——图灵测试，1956年申农等人首先提出了“人工智能”概念。经过几十年发展，目前各种智能化技术基本成熟，实用的智能机器人、智能设计、智能预测、智能博弈系统等都已在应用中。

2010年以来，随着新一代信息技术在中国图书馆界的研究，图书馆的资源建设技术也获得了持续发展与关注。

1. 代表着一种新的经济形态的“互联网+”

“互联网+”指的是依托互联网信息技术实现互联网与传统产业的联合，以优化生产要素、更新业务体系、重构商业模式等途径来完成经济转型和升级。“互联网+”计划的目的在于充分发挥互联网的优势，将互联网与传统产业深入融合，以产业升级提升经济生产力，最后实现社会财富的增加。

“互联网+”概念的中心词是互联网，它是“互联网+”计划的出发点。“互联网+”计划具体可分为两个层次的内容来表述。一方面，可以将“互联网+”概念中的文字“互联网”与符号“+”分开理解。符号“+”意为加号，即代表着添加与联合。这表明了“互联网+”计划的应用范围为互联网与其他传统产业，它是针对不同产业间发展的一项新计划，应用手段则是通过互联网与传统产业进行联合和深入融合的方式进行；另一方面，“互联网+”作为一个整体概念，其深层意义是通过传统产业的互联网化完成产业升级。互联网通过将开放、平等、互动等网络特性在传统产业的运用，通过大数据的分析与整合，试图厘清供求关系，通过改造传统产业的生产方式、产业结构等内容，来增强经济发展动力，提升效益，从而促进国民经济健康有序发展。

2. 数据库技术的发展应用

数据库技术是通过研究数据库的结构、存储、设计、管理以及应用的基本理论和实现方法，利用这些理论来实现对数据库中的数据进行处理、分析和理解的技术。即数据库技术是研究、管理和应用数据库的一门软件科学。

数据库技术研究和管理的对象是数据，所以数据库技术所涉及的具体内容主要包括：通过对数据的统一组织和管理，按照指定的结构建立相应的数据库和数据仓库；利用数据库管理系统和数据挖掘系统设计出能够实现对数据库中的数据进行添加、修改、删除、处理、分析、理解、报表和打印等多种功能的数据管理和数据挖掘应用系统；利用应用管理系统最终实现对数据的处理、分析和理解。

数据库技术是信息系统的一个核心技术，是一种计算机辅助管理数据的方法，它研究如何组织和存储数据，如何高效地获取和处理数据；是通过研究数据库的结构、存储、设计、管理以及应用的基本理论和实现方法，并利用这些理论来实现对数据库中的数据进行处理、分析和理解的技术。即数据库技术就是研究、管理和应用数据库的一门软件科学。

数据库技术是现代信息科学与技术的重要组成部分，是计算机数据处理与信息管理系统的核心。数据库技术研究和解决了计算机信息处理过程中大量数据有效地组织和存储的问题，在数据库系统中减少数据存储冗余、实现数据共享、保障数据安全以及高效地检索数据和处理数据。

3. 人工智能

人工智能的定义可以分为两部分，即“人工”和“智能”。“人工”比较好理解，争议性也不大。有时我们会要考虑什么是人力所能及制造的，或者人自身的智能程度有没有高到可以创造人工智能的地步，等等。但总的来说，“人工系统”就是通常意义下的人工系统。

关于什么是“智能”，涉及诸如意识、自我、思维（包括无意识的思维）等问题。人唯一了解的智能是人本身的智能，这是普遍认同的观点。但是我们对我们自身智能的理解都非常有限，对构成人的智能的必要元素的了解也有限，所以就很难定义什么是“人工”制造的“智能”了。因此，人工智能的研究往往涉及对人的智能本身的研究。其他关于动物或其他人造系统的智能也普遍被认为是人工智能相关的研究课题。

人工智能是计算机学科的一个分支，20 世纪 70 年代以来被称为世界三大尖端技术之一（空间技术、能源技术、人工智能），也被认为是 21 世纪三大尖端技术（基因工程、纳米科学、人工智能）之一。这是因为近三十年来人工智能获得了迅速的发展，在很多学科领域都获得了广泛应用，取得了丰硕的成果，并已逐步成为一个独立的分支，无论在理论和实践上都已自成一个系统。

人工智能是研究使计算机来模拟人的某些思维过程和智能行为（如学习、推理、思考、规划等）的学科，主要包括计算机实现智能的原理、制造类似于人脑智能的计算机，使计算机能实现更高层次的应用。人工智能将涉及计算机科学、心理学、哲学和语言学等学科。可以说几乎是自然科学和社会科学的所有学科，其范围已远远超出了计算机科学的范畴。人工智能与思维科学的关系是实践和理论的关系，人工智能是处于思维科学的技术应用层次，是它的一个应用分支。从思维观点看，人工智能不仅限于逻辑思维，还要考虑形象思维、灵感思维才能促进人工智能的突破性的发展。

智能技术发展日新月异，随着2016年智能时代的开启：移动互联网、物联网、3D打印、可穿戴设备等新技术不断涌现；高效能计算机、人工非线性晶体、纳米材料和印制、智能机器人、中文信息处理、量子通信、3G/4G技术及标准等方面相继获得重要突破。

例如，通过虚拟现实技术在图书馆的实现，如全息投影、3D建模、三维投影技术，产生一个三维空间的虚拟世界，提供使用者关于视觉、听觉、触觉等感官的模拟，让使用者身临其境一般及时、没有限制地观察三度空间内的事物，可以给读者以真实体验，使读者享受全方位的交互服务。

4. 物联网技术

物联网指的是将无处不在的末端设备和设施，包括具备“内在智能”的传感器、移动终端、工业系统、数控系统、家庭智能设施、视频监控系统等，和“外在使能”的，如贴上RFID的各种资产、携带无线终端的个人与车辆等“智能化物件或动物”或“智能尘埃”，通过各种无线和/或有线的长距离和/或短距离通信网络实现互联互通、应用大集成，以及基于云计算的SaaS营运等模式，在内网专网和/或互联网环境下，采用适当的信息安全保障机制，提供安全可控乃至个性化的实时在线监测、定位追溯、报警联动、调度指挥、预案管理、远程控制、安全防范、远程维保、在线升级、统计报表、决策支持、领导桌面等管理和服务功能，实现对“万物”的“高效、节能、安全、环保”的“管、控、营”一体化。

2008年11月，IBM总裁彭明盛正式提出以互联网技术为技术引擎的“智慧地球”概念和构想，认为未来的地球应该构建于感知、互联、智能的新一代信息技术的基础上。在智慧地球的基础上，智慧国家、智慧城市、智慧校园等概念应运而生。图书馆学领域专家在吸取智慧地球概念的核心内涵后，提出了智慧图书馆（图7-1）的概念。这一概念的产生，可谓与时俱进，使得以感知、互联、智能为核心的新技术有可能融入图书馆的工作中，可以为图书馆事业所用，使得图书馆的升级换代成为可能。智慧图书馆包括3层感知层：通过感知技术识别和记录读者的行为。RFID的使用有利于将高层次工作人员从简单劳动岗位上解放出来，深入院系去开展学科服务工作。计算层：对海量用户行为特征进行分析，如建立私有云。交互层：用交互技术打造快捷通道，连接信息、感知层、计算层和读者，使读者快速得到信息；采用多种终端使读者不论何时何地都能快捷获取信息；用交互技术有选择地推送特定信息给特定读者，实现信息主动化定制化推送，如微信服务和移动图书馆。

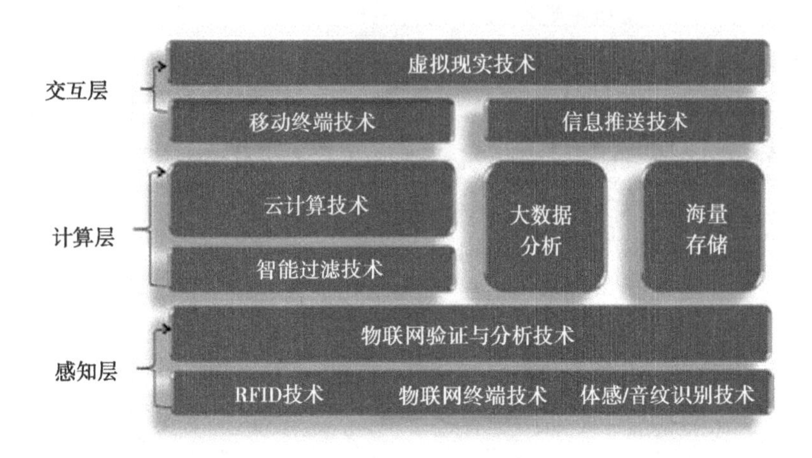

图 7-1　高校智慧图书馆技术实现模型

（二）读者的需求和心理成为图书馆都市农业信息资源建设的内生动力

图书馆都市农业资源建设是一切内外矛盾综合起作用的结果。读者的需求和心理成为图书馆信息资源建设的内生动力，方兴未艾的大数据、云计算技术是图书馆信息资源建设的外在推动力，滞后的资源加工、检索、揭示技术与读者需求的差距是图书馆信息资源建设的直接动力。

读者参与的高校图书馆都市农业文化特色资源建设模式是由以传统的知识信息、文献信息采集的专家模式向以增强读者的获取能力以及融入读者中、“一站式”地提供特定读者需要资源的现代精准模式转变。读者参与，实质上就是从数字信息使用者（读者）的角度谋求数字信息资源的采集、管理，从而确保数字信息资源真正为读者服务，并且可以在数字信息资源建设过程中将复杂的专家问题转化为面向大众的通俗的问题。尽管专家们对数字信息资源学术方面的知识更在行，但对于数字信息资源的真正作用和潜在作用，作为一般性读者也许了解的会更多，读者的参与将直接有利于文献和数字信息资源作用的识别和分析。

1. 数字信息资源的价值

互联网打开的新世界，瞬息万变，身处其中的我们，每个人都要面对各种纷繁复杂的信息。人们逐渐认识到，信息是和物质、能源同等重要的资源，对社会经济的发展起到至关重要的作用。信息这一理性工具具有无限能量，对其善加利用，我们便所向披靡；反之，我们轻则失策，重则国家和民族前途堪忧。在对信息的这种无以复加的礼赞中，透露出了关于信息的工具化认识：一旦拥有了信息，既然工具性的技术（如网络技术、通信技术等）是信息科学发展的主要驱动力，掌握信息技术的专家遂成为建设数字信息资源的主体。相应地，不具备专门知识的一般民众作为信息科学的“门外汉”则被顺理成章地排除在了建设的过程之外。

然而，信息不仅是一种工具，还是一个与社会、经济、政治、心理等非技术论域有关的价值范畴。数字信息资源的建设既涉及技术事实，也关乎价值判断，其最终要解决的不是信息技术本身，而是数字信息资源对全社会的各种作用和影响。虽然专家模式意味着科学、理性和高效，但专家基于自然科学方法的决策只能针对“事实”而无法针对“价值”。读者参与的过程有利于图书馆专家在与读者的对话中，超越信息技术的工具理性层面，迈向价值理性层面，数字信息资源的建设也会因充分考虑到读者的价值因素而趋于合理。过分凸显技术层面的专家模式，忽略了人们对于信息价值这一更为本质问题的关注，暗藏着“物支配人”的潜在危机，并最终导致人们逐渐丧失应对有关信息本质问题的能力。

在价值理性范畴下，图书馆专家型馆员不再是资源建设的权威提供者，而是读者内隐知识的发掘者。图书馆特色资源建设不是单向一次完成的，而是通过电子邮件、论坛、博客、即时通讯、RSS 等网络工具建立与读者双向互动、共同参与的关系，将现实、狭隘的人际交往变成了互联网上馆员与读者跨越时空的知识和信息的发布、交流、传播和共享，从而被“捆绑”成为一个共同体（陈琦，2011），拓宽了图书馆都市农业文化特色馆藏收集的范围和解决问题的思路。在这个共同体中，作为“接包方”的读者对问题快速联想，尽可能多地寻找任务包的不同答案，通过不断的"试误"，这些不同角度的答案再被"发包方"汇集、评价、修改、合并，就会产生一个创造性的答案，解决问题的范围和准确率被大大地提高，使图书馆可以不依赖自身的收藏，而依赖读者合作来搜集并获取文献，完成都市农业文化特色资源的采集、交换或传递。读者作为数字信息资源的受用者，直接体现出数字信息资源"如何为我所用"的价值愿望。他们眼中的数字信息资源建设无疑也会活跃起来，利用自己的知识或才华对资源在价值层面进行判断、评价和取舍，使得馆员不再是资源提供的权威者和中心。

2. 以多元化需求的读者为中心

21 世纪的今天，数字信息所带来的效应已经"飞入寻常百姓家"，最为真切地体现着普通民众的希冀、关切和焦虑。但数字信息资源的建设，仍过多依赖于专家。图书馆笃于对专家们自身专业水平的信任，一般很少倾听普通读者(包括非信息领域的其他学科学者）的建议，形成认知上"片面的深刻"，因而图书馆都市农业文化资源建设有必要和普通读者加强沟通和互动，让普通读者参与信息资源建设，从而引导数字信息资源的真正合理化开发和有效配置。

读者作为需求多元化存在的价值主体，他们的知识、经验、背景各异，对于数字信息资源的需求和期待也大相径庭。面对数字信息资源在收集、整理和利用等环节上的困境，读者却是图书馆资源建设中宝贵的资源，通过读者之间的交流合作，提出问题和解决问题，从而有利于对问题有丰富、多角度的理解。应该超越信息资源本身的专业层面，从更为广泛的价值群体和利益群体的角度出发，加强图书馆专家与读者的对话与沟通。广大的读者基于数字信息资源开发利用的实践能够提供鲜活的经验，激发原创性观点。

提出问题一方表现出更强的自信、更强的学习动机，而回答问题一方在自我确信和承担责任的意愿方面有所增强。在读者参与的图书馆都市农业文化资源建设中，馆员对资源不再具有绝对控制性，而是建设机制的组织者和实施者，读者在知识共享和交流中实现自我管理、自我完善和自助服务。同时，也能够为数字信息资源建设提供更坚实的思想基础。清华大学图书馆就采用了教师、学科馆员参与的学科化服务模式，以各学科读者选择优秀的学科资源为核心，以最有效的方式组织、揭示、宣传、推广学科特色资源，并不断提高读者获取信息和利用信息的能力，使之达到可以按照读者个人多元化需要自行满足其需求的目标。

在读者参与的图书馆都市农业文化资源建设中，馆员与读者需要彼此做出一些建设性的回应，展开充分的协商和沟通，共同改进图书馆工作。“馆读”互动过程并不是由馆员预先设定好的、以馆员为中心的，而是具有开放性和自然展开性；读者成员不是图书馆工作格局中的旁观者、边缘参与者，而应积极参与其中。通过直接参与都市农业文化资源建设和参考咨询，读者甚至可以由“合法的边缘参与者”经过多次练习变成图书馆都市农业文化资源建设方面的专家（陈琦，2011），从而形成了图书馆人力资源、文献资源储备库，增强图书馆都市农业文化资源的建设能力，满足其多样化的需求。

专家模式下，一般认为当前得到最广泛支持的观点就是最优化的选择。但从长远来看，那个堪称“最优”的都市农业文化资源建设规划和管理方案也许是虚构的。

我们采取广泛读者参与的模式，不仅意味着不同读者群体的多元化价值取向得到了尊重和认同，还有助于在对话交流的基础上澄清不同的偏好和价值选择，使得都市农业文化资源建设规划和管理方案向最优逼近。而如果基于专家模式的一元性价值观凌驾于多元化价值观之上，则不仅使得差异性和个别化的数字信息需求难以得到满足，也意味着我们又堵塞了一条向资源提供最优化逼近的通道。

二、都市农业文化资源建设模式的现状

（一）读者的资源价值未受到重视

在图书馆学界，“读者资源”与“读者资源的开发与建设”等学术命题是进入 21 世纪逐步形成的。虽然在实践中，图书馆对读者资源开发的案例已经越来越多，如近年图书馆界利用微博、微信来进行读者资源的开发与建设，但目前学术界对这方面的理论研究还没有给予足够的关注以及进行深度探讨，相

关论文仅有三十余篇，故有论者言：“说明到现在为止，在图书馆学术界主流观念中，读者仍只是图书馆服务对象和资源消费者，读者的资源价值并未受到重视，间或偶有论述，也只是对馆藏资源论述的旁及和补充。读者依旧徘徊在‘图书馆资源’藩篱之外。”

1. 读者的需求未受到重视

实际上，读者的真实需求远不止馆员所认为或所提供的服务内容那么简单，从某种程度上说，对读者来说潜在需求比显性需求甚至更多、更复杂、更重要。读者除了需要安静地学习和思考的环境外，更需要通过合作、相互帮助、相互启发等交流形式来探求和获得知识，使积聚在读者头脑中的潜在需求外化而被知晓。而温格的实践共同体理论是完成这一转化的最佳途径。温格认为一个实践共同体是围绕特定的实践活动而形成的，学习者参与某种社会性活动，成为其中的一员，从而用该共同体的思维来解决问题和交流。如果将图书馆的资源建设作为一个实践共同体，那么读者通过参与图书馆都市农业文化特色资源建设，还处于缄默的状态的读者潜在需求，经过多次的互动、交流、分享，便会逐渐外显出来，馆员提供分享读者的经历和经验，从而理解读者思想、感情和需求。因此，通过网络建立馆员与读者交流的社区和平台，馆员与读者成员之间交流的障碍被消除，建立了双向互动、共同参与的关系，电子邮件、论坛、博客、即时通讯、RSS 等网络工具供读者交流资源使用心得、探讨资源内容等，将现实、狭隘的人际交往变成了互联网上跨越时空的知识和信息的发布、交流、传播和共享。因此，都市农业文化资源建设不一定要在专家基于技术人士的规范性框架内达成共识，甚至都市农业文化资源建设质量的好坏也可以弃用技术这个唯一的标准。

2. 读者的参与动机不强

内隐知识是指有机体在于环境的接触过程中通过多次的练习不知不觉地获得的一些人们通常很难言传的经验，如果馆员不了解这点，没有形成“读者中心”的意识和理念，不善于建立读者内隐知识和潜能发挥的情景和平台，存在于读者间大量的原创思想就会被淹没，读者很少能获得专业成长和学业进步。另外，有些大学生读者因为痴迷网络游戏而厌学，有些读者因害怕失败而不敢主动尝试问题解决办法。根据心理学家塞利格曼的研究认为，如果个体在经历某种无助的学习后，会形成一种自我无能的学习策略，出现懒散、怠慢或只完成不费力气的任务以避免失败。这类读者为被动机械式学习，还没有形成与图书馆之间的有意义学习倾向和通过网络主动探索学习的策略。

（二）模式单一，缺乏多元化资源建设模式创新

农业高校图书馆的资源建设的传统模式，主要依靠学校支持和拨款，但随着纸质图书、数据库价格的不断上涨，在量和质的方面满足读者日益增长的需求方面，显得力不从心。

景晶（2018）通过研究 2011—2015 年我国 38 所 211 高校图书馆的文献资源经费总体情况和 98 所 211 高校图书馆文献资源经费差异情况，得出以下结论。

第一，近五年高校图书馆文献资源经费投入呈平稳增长趋势。

第二，总体而言，高校生均文献投入也有一定程度的增长，但各高校间差距巨大，且这种差距不断扩大。

第三，从 2013 年起，电子资源投入超过纸质资源投入，目前所占比重大约为 55：45，电子资源投入的增速超过纸质资源。

第四，电子期刊投入占整体电子资源投入比重较大，但电子图书投入增速超过了电子期刊。

第五，纸质图书投入占总文献资源投入比例呈下降趋势，但所占比重依然较大，超过总投入的 1/4。

第六，985 高校图书馆文献经费投入显著高于非 985 高校。

第七，不同地区高校图书馆文献经费投入不存在显著差异。

第八，不同类型高校图书馆文献经费投入存在显著差异。

高校图书馆应围绕读者参与采取各种积极的措施，合理配置馆藏资源，为读者不断提供高质量的信息资源与信息服务，来满足读者的需要。

（三）缺乏与读者参与机制相配套的评价与激励体系

针对读者参与的资源建设模式，需要制定详细、具体和可操作的规章制度，做到岗位职责法规化和工作程序规范化，包括模式实施应具备的条件、工

作人员在实施过程中的职责、工作人员与读者联系制度、读者参与实施规范和工作人员绩效考核管理办法等。

传统的资源荐购是图书馆资源建设的最初形式，但仅面向部分教师、学生，不能得到读者广泛迅速的响应。馆员长时间处于单调的工作状态中，都会不可避免地产生惰性，不愿意接受先进的技术和理念，或者即使接受工作任务，也不好好完成，而产生依赖思想，将原本能够完成的工作任务推给学生工或外包人员，从而出现工作积极性低、工作效率不高和缺乏活力等问题。由于没有制定一套划分馆员责任、义务和权限的管理办法和奖惩制度，工作人员没有对资源建设的工作任务进行跟踪和反馈的积极性，都市农业特色文献资源仍旧分散，被淹没在海量的信息之中无人问津，各种各样的信息混杂共处，往往良莠不齐、真假难辨，导致都市农业文化资源建设质量低下。

（四）缺乏读者参与的资源广泛搜集与深度揭示

读者荐购作为读者参与的资源建设模式，在扩大资源提供与需求的无缝链接、满足读者需求方面有促进作用，但由于其时间较为固定、读者选择范围较窄，而流于表面化；与书目数据丰富的网上书店相比，后者有封面图片、目录、图书试读、顾客评论等，甚至还提供作者访谈等，让读者通过这些信息可以更多地了解资源，并参考他人的评论和推荐来进行选择。相对而言，图书馆对资源揭示深度不够，也缺乏其他读者的推荐意见、评价信息等，当检索结果众多时，系统不能在读者对资源进行判断、辨识上提供帮助，导致读者不知如何取舍，阻碍了读者对资源的获取和利用。

三、“互联网+”图书馆都市农业文化资源多元化建设模式对策

“互联网+图书馆”的资源结构，将随着广泛应用的移动互联网、云计算、大数据等技术被重新锻造。传统的馆藏资源被数字化，资源结构也从单一到多样、从平面到立体、从静态到动态地通过连接线上线下读者的移动信息平台，

随时随地让读者获取服务。总之，稳步推进的“都市农业文化资源”建设的多种模式，将促成海量的都市农业数字文化的应用与推广。图书馆都市农业文化资源通过文化功能再造、人文氛围的重塑，进行资源挖掘、采集、整合，满足人们诗意栖居的精神家园和文化创新的需求。

（一）读者参与的都市农业文化资源建设模式

读者参与的高校图书馆都市农业文化资源建设模式是指 1 个沟通机制、4 个参与主体以及 4 个基本环节的模型框架，其中 4 个参与主体分别为图书馆读者、图书馆馆员、都市农业文化资源建设部门、都市农业文化资源平台；4 个基本环节是指采集评价信息、反馈评价结果、运用评价结果以及回应评价结果等环节（图 7-2）。读者参与都市农业文化资源平台建设的实施，需要各方主体在积极参与的过程中，有效地保障读者参与都市农业文化立体资源平台建设的可行性。

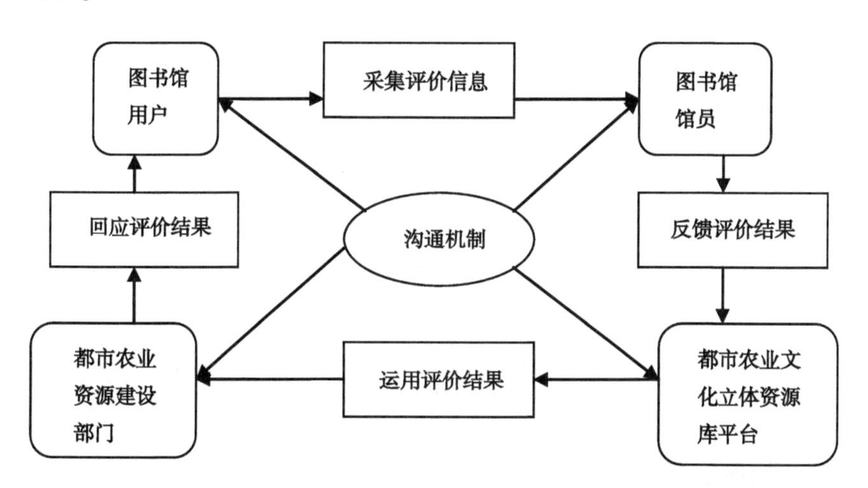

图 7-2 读者参与的高校图书馆都市农业文化资源平台建设模式

读者参与的高校图书馆都市农业文化资源建设是一个不断动态优化的过程，读者参与的都市农业文化资源建设模式是在建立有效沟通机制的基础上，将参与都市农业文化资源建设整个过程中各个主体的职、权、责通过 4 个基本环节进行有效地整合与梳理，通过整合多方面的利益需求，充分发挥读者在都市农业文化资源建设过程中的积极作用，实现对都市农业文化资源建设读者评价结果的有效应用，并在此基础上构建操作性强、实效性高、针对性强的都市农业文化资源建设模式。

就图书馆都市农业文化资源建设而言，在读者参与的共同活动中，每个读者对于很多基本问题都有不同理解，馆员通过不断地将读者各自的理解合成，得出关于其活动的新理解、新方法和创意，其中包括有关的知识、方法，以及读者在较长时间的活动中形成的共享性特色资源文档等。因此，读者参与资源建设是把信息需求发布和提供、问题提出与解决看成一种过程、一种活动，具有问题提出、评价与推荐、评价反馈与回应的双向互动性。

1. 读者参与都市农业文化资源建设的规划与管理

(1) 信息收集的客观性与公正性

高校图书馆都市农业文化资源建设是不断改进与沟通并行的过程，一方面，要确保图书馆各部门及时将信息反馈给读者，让读者及时了解高校图书馆都市农业文化资源建设的过程中所暴露出来的问题；另一方面，图书馆部门要确保其提供的信息真实、可信，并在回应的过程中不断加强与读者的沟通，把握读者需求，保障提供信息的有效性，进而为改进高校图书馆都市农业文化资源建设提供必要的实践依据。

在收集信息的过程中，要切实解决这一问题需要：一是在参与主体的选择上，对参与的主体——读者进行客观、公正的筛选，确保采集信息的有效性；二是加强都市农业文化资源建设的科学规划，结合都市农业文化资源建设部门的现状，合理规划部门职责，明确责权义务，推进读者参与模式的有效落实；三是在采集内容的选择上，确保能够提高都市农业文化资源的合理性、科学性和思想性。

(2) 反馈评价结果的效益性与可操作性

要充分发挥都市农业文化资源建设读者参与的作用，实现读者参与的价值。馆员在搜集、反馈读者对都市农业文化资源建设评价结果的过程中，一是在量上要注重对读者评价信息全面、详尽地搜集，尽可能体现所有读者的利益诉求，并在此基础上形成具有针对性、可操作性的评议报告；二要在质上注重对收集信息进行筛选与加工，做到“广覆盖、高层次”，有目的地对读者评价信息进行选择与使用，提高读者评价信息的使用效益；三是要对所收集到的有效信息进行系统地整合与提炼，形成政策评议报告，将其反馈给图书馆及都市农业文化资源建设中心。通过有效地将读者评价结果运用于高校图书馆都市农业文化资源建设的过程中，构建基于读者参与的高校图书馆都市农业文化资源建设的科学模式，充分把握读者参与的基本信息，对于开辟读者参与的新途径，提高高校图书馆都市农业文化资源建设模式的操作性、针对性以及实效性具有重要的意义。

（3）回应评价结果的及时有效性

图书馆通过有效地实施都市农业文化资源建设的读者参与，并进一步将都市农业文化资源建设的采集结果及时回应给读者，以便为下一步的都市农业文化资源建设提供有效的信息。都市农业文化资源建设部门的公共信息采集结果对读者的回应，实际上是一个都市农业文化资源建设方案不断改进与沟通并行的过程。一方面要确保都市农业文化资源建设部门及时将信息反馈给读者，让读者及时了解都市农业文化资源建设现状以及建设过程中所暴露出来的问题；另一方面，都市农业文化资源建设部门在回应的过程中要不断加强与公众的沟通，把握公众需求，并确保其提供的信息真实、可信，提高都市农业文化资源建设有效性。

（4）建立读者参与的都市农业文化资源建设模式质量评估体系

史特金定律指出，社区所有的作品90%以上都是“垃圾”，社区中只有1%的人在贡献，10%的人参与评价，而90%的大多数是沉默者。如何让这90%的大多数读者释放自己的潜能，为他们提供表达需求、展现自己的舞台，建立一个好的质量评估体系是读者参与都市农业文化资源建设的关键。质量评估主要包括两方面的内容：解答质量和解答过程。解答质量包括及时性、准确性、明确性和指导性，解答过程包括方便性、可靠性、交互性和保护个人隐私。一方面图书馆广泛地发放“解答质量和解答过程的读者调查问卷”，对调查结果进行统计分析，获取读者信息，让读者主动表达他们对都市农业文化资源的明确的信息需求和对图书馆各项工作的及时、准确地反馈信息；另一方面读者在使用这些功能的过程中，系统还能跟踪读者的使用倾向，自动挖掘读者的兴趣爱好，然后将这些读者特征存储起来，创建并管理这些读者信息，并不断提供方便、可靠的应用服务。一是要充分把握、了解读者参与图书馆资源建设的动机及其原因，要加强对读者参与图书馆资源建设的宣传力度，科学引导读者从维护读者利益的角度出发，积极参与图书馆资源建设调研、评价，提升图书馆资源建设的吸引力。二是对读者参与图书馆资源建设的组织形式给予科学的规划，开辟读者参与图书馆资源建设的新途径，保障读者在图书馆资源建设过程中的话语权。三是对读者的层次进行有效地划分，要明确认识到读者对图书馆的评价结果受到其生活环境、教育程度、社会地位等因素的影响，为确保读者评价的客观性与真实性，有必要对读者评价主体进行有效地甄别与选择，有效组织读者参与都市农业文化资源建设。

2. 积极促进读者参与方式的多元化发展

读者参与都市农业文化资源建设的基本方式如表 7-1 所示。

表 7-1　读者参与都市农业文化资源建设的基本方式

项目	基本特点	优势	劣势
第三方参与（众包）模式	是指读者通过推荐、座谈等方式实现其对特色资源的评价和需求满足	真实、准确	覆盖面窄，信息的收集与反馈缺乏及时性，成本大
图书馆与地方政府联合共建模式	根据需要，由相关几个读者单位或部门合作共建，建设成果由合作各方共享	资源丰富，有多个主体参与建设，实用性强、可靠性较高、成本低，获取信息途径广	可操作性不强
网络评价	读者借助网络技术平台，通过微博、论坛、博客等发表自己对都市农业文化资源及建设的评价与看法	覆盖领域广，不受时空的限制；参与评价成本较低；沟通便捷，反应及时	信息可信度低，容易受网络舆情消极影响；公众对个人利益的不当追求，导致难以形成客观、公正的评价结果
教师、学科馆员参与的学科化服务模式	以最有效的方式组织、揭示、宣传、推广学科资源，为各学科读者选择优秀的学科资源	可以按照个人需要自行满足信息需求	教师一般没有固定、统一的时间

双向互动机制：图书馆馆员之间、馆员和读者之间的信息渠道不畅通，使得存储在馆员和读者头脑中的隐性知识缺乏有效地沟通和共享。图书馆员可以及时发布与农业政策、研究成果、生产技术相关的最新信息、资源与服务，并且可以在第一时间取得读者的使用反馈、相关评价、建议，馆员能更好地跟踪

农业生产的前沿动态，读者也能得到即时的反馈与农业动向信息。

多元化机制：现代农业信息是随机性的、网络性的、海量的，国际数据公司（IDC）估算知识工作者要花费15%~35%的时间去搜寻信息，同时发现公司90%以上的可利用信息仅仅使用一次。为满足多种类型读者多样化的需求，加快信息检索的速度，提高信息利用率，图书馆通过都市农业知识服务平台，发布农业网站链接信息（如著名的农业综合信息网站“中国搜农”）、农业行情趋势和研究动态等最新信息，包括各种农产品、设施农业、休闲农业、农业废弃物艺术利用、农业动漫游戏、新农村或园区规划等学科专业信息，以及各种新品种、新技术的使用方法，与农业生产、生活相关的咨询服务、决策参考及涉及农村发展各个领域的信息内容。专家型读者可以从中解读新型农业产业的科技内涵、附加值、品位及高盈利性；“教、学、研”读者可以根据自己的需求查找到最新的产业动态、前沿热点信息，通过点评、建议等互动反馈信息，获取直接或间接的与各种都市农业学科有关的信息资源；实用型读者可以根据自己的休闲需求查找到满意的旅游休闲和服务信息。在读者参与方式的选择上，应充分把握各种读者参与方式的优缺点，积极促进读者参与方式的多元化发展。

都市农业知识库对都市农业研究新成果的整理、加工、报道，是对都市农业研究成果创造者的智力劳动予以认可与保护，促使读者的问题和知识更方便地被其他读者所知晓和利用，促进读者间及时广泛地交流和共享知识。图书馆建立和发展各种管理手段和机制来鼓励读者共享知识和进行知识创新，以引导都市农业研究读者的持续高效付出，吸引读者参与到图书馆的资源建设中来。

（二）提高都市农业文化资源建设的科学性

馆员连接着读者与图书馆各个部门，对图书馆对策制定起着重要的纽带作用，一方面馆员要做到对读者关于图书馆评价信息的保质保量的收集，另一方面要负责为图书馆资源建设提供尽可能多的政策决议。因此，在实践过程中，要注重提高馆员收集信息的科学性与有效性，不断提升其对读者评价信息的系统筛选与加工的能力。一是要进一步完善与疏通信息搜集渠道，图书馆通过搭建读者评价网络平台，畅通读者评价渠道，充分利用网络等媒介，密切关注读者对图书馆问题的舆论动向，积极对图书馆都市农业文化资源建设问题做出回应，实现对图书馆问题评价信息的有效收集。同时加强与读者的有效沟通，在都市农业文化资源建设过程中切实把握读者的利益诉求，充分考虑读者利益，可以允许读者推荐图书馆尚未收藏的资源，一旦读者在图书馆经过检索未找到既定资源，读者即可链接到一个“推荐”的页面，由读者输入该资源出版信息，然后提交到读者推荐资源库里，作为图书馆采访人员选购资源的参考来源之一。二是建立图书馆资源管理信息系统，进一步加强都市农业特色信息分析的能力建设，不断提高信息分析水平，加强对特色信息系统加工能力的建设。三要加强与各种非营利性的社会组织的合作，参考借鉴学校图书馆工作委员会等第三方组织对都市农业特色信息进行搜集、加工与整理所形成的决议内容，形成较为客观、公正的资源评议，提升都市农业文化资源搜集的科学性。

（三）完善都市农业文化资源建设“众包”机制

“众包”的思想和模式其实在图书馆已具备广泛的基础。强化对都市农业特色文献的网络系统控制、培养都市农业资源使用者的书目情报意识、提高管理者和馆员的素质，就能对都市农业特色文献建设“众包”及信息快速有效地开发利用带来新契机。

1. 提高从事“众包”工作馆员的责任和主动意识

馆员从外部提出问题，读者会比较被动，为此馆员要减少限制，鼓励读者主动质疑、尝试各种不同的解决方法，形成一种自由探究的气氛。放松、愉快的环境有助于读者对问题的创造性解决，在这样的融洽的环境中，读者能够感受得到他们的观点将被采纳，同时似乎更不怕犯错误，也不怕因为失败而受到嘲笑。“众包”所引进的外部力量（读者）会引发馆员们的危机意识，从而刺激和带动馆员奋发向上，调动他们的工作积极性，重新激发出他们的活力和创新精神。馆员必须透彻了解读者的问题解答意愿与隐藏在读者显性需求背后的隐性需要、情绪以及信念等各种动机因素的关系，然后采取针对性措施，激发读者参与问题解答的动机，促成问题解答、提交。

2. 分解任务，提供难度适中的“众包”问题

“众包”馆员给读者提出的问题前，要了解读者的知识水平、分析和解决

问题的能力，提出的问题要难度适中。首先，“众包”馆员鼓励读者从不同的角度去看问题，读者有时习惯于按一种逻辑进行思考，“众包”馆员要帮助他们突破原来的事实和原则的限制。其次，“众包”馆员善于采用启发式策略，正确地表征问题，将目标分解成子目标，诸如都市农业文化资源的最佳搜集渠道有哪些？等等。通过将此类问题划分成许多子问题，缩小问题查找范围，通过寻求解决每一个子问题（渠道）的答案（杰夫·豪，2009），增加读者对图书馆都市农业文化资源建设的参与意愿。

3. 馆员应具备一定的信息综合创新能力

实施图书馆都市农业文化资源建设众包，对馆员的信息情报能力有了更高的要求。馆员除了需要有信息获取、编辑的基本能力以外，馆员信息的分析综合能力的高低也直接影响着网上信息的控制、开发、研究成果的质量。只有通过对大量的、繁杂的读者信息进行分析和综合加工，才能产生出新的、精炼的、针对性强的再生信息；另外，都市农业文化资源信息的时效性很强，以及从信息的研究加工到形成再生信息产品则需一定的时间积累，要求馆员具备超前的思维和对读者信息需求的预测能力，慧眼识珠地快速挑选出社会和读者所需要的准确信息，避免重复和遗漏。

4. 加强都市农业文化资源“众包”相关制度建设

制定图书馆都市农业文化资源建设“众包”管理条例，确定“众包”资源的收藏原则和管理细则，设立统一的、协调的“众包”机构，订立共同的协议，规定馆员的权利、责任和义务和管理办法，以提高收藏质量，使面向“众包”的都市农业特色文献的搜集常态化、制度化；完善高校图书馆都市农业文化资源建设“众包”考核评价体系，以读者满意度作为评价考核高校图书馆特色资源建设“众包”工作的出发点和关键尺度，以高校图书馆都市农业文化资源建设总体水平的提高作为衡量高校图书馆都市农业文化资源建设“众包”工作的客观标准。将主要评价考核指标纳入对图书馆馆员工作绩效考核和部门领导的考核，强化部门和馆员责任的落实。

5. 加大图书馆对资源的控制力度，做好后续的收藏入库和馆藏揭示工作

如果读者面对浩如烟海的信息无所适从，那就谈不上都市农业文化资源的

“众包”合作机制建设。要增强图书馆对都市农业文化资源的控制力度，必须加强与馆内外的读者合作，培养读者的情报意识，与读者建立稳定的特色文献交换转让关系，一是举办各种网络数据库知识的培训，让读者掌握一定的数据库的检索和查找技巧，会有利于都市农业特色文献的有效利用；二是鼓励读者积极关注、参与国内外学术会议、产品展览、书展等活动，获取相关的都市农业会展资料等；三是争取捐赠和转让，鼓励读者个人或单位把纸质灰色文献和网上灰色文献捐献、提交出来（江佳惠，2011）。为了使搜集的都市农业特色文献在更大程度上共知共享，图书馆要做好后续的收藏入库和馆藏揭示工作。可先按形式或载体分类排架，再根据内容依学科按《中图法》分类、排序，以文献篇名、责任者、收藏单位或收藏个人为基础，按《中图文献编目规则》进行著录和标引，编制出馆藏特色文献目录，化无序为有序，以便管理和利用。同时，可有重点地对文献内容进行揭示，二次加工，例如编制索引、文摘、简讯、内容提要、综述等。在网络环境下，图书馆不只是文献收藏地，也是图书情报中心和知识创新的基地。图书馆不仅要为读者提供原始都市农业文献资源的服务，还要对都市农业特色文献按照创新思维和方法进行选择、搜集、加工处理通过不同的载体媒介向广大读者传播，为读者获取、利用都市农业特色文献开辟新的途径。总之，只要有利于解决读者提出的问题和需要，就值得图书馆去开发提供。

（四）提升都市农业文化资源建设部门馆员的创新能力

都市农业文化资源建设部门是实现图书馆特色资源社会效益、满足读者需求的重要载体，因此，要在实践过程中进一步提升馆员的创新能力。

第一，构建专门的都市农业文化资源建设部门，通过实施绩效管理等方式，统筹都市农业文化资源建设部门馆员的职责，明确职权规划，改变当前馆员职责混淆的现状，实现都市农业文化资源建设部门各环节与各职能部门的有效衔接。

第二，以读者利益与需求为主导，改变传统的都市农业文化资源建设过程中以馆员为主导的局面，充分发挥读者评价的重要作用，同时，要注意对都市农业文化资源建设的宣报道进行有效监督，积极纠正与回应读者对都市农业文化资源建设问题的不同呼声。

第三，是要有效引导馆员树立社会责任意识与创新意识，增强馆员的自主性与责任感。

第四，应该主动向读者传递都市农业文化资源建设的信息。读者缺乏主动查询都市农业文化资源建设信息的意愿，因此，都市农业文化资源信息平台系统不应该建设成等待读者查询的信息库，而应该在图书馆采用显示屏滚动播报的方式传递都市农业文化资源建设信息，主动把都市农业文化资源建设信息传递到读者手中。

第五，在推广都市农业文化资源建设信息系统的同时，应加大都市农业文化资源建设知识普及工作的力度，丰富读者的都市农业文化资源知识，鼓励读者了解都市农业文化资源建设信息系统的特点，提高读者对都市农业文化资源信息的分析能力，刺激读者的信息需求，为都市农业文化资源建设模式的推广创造良好环境。

农业高校图书馆资源建设的核心价值在于为读者选择优质、特色资源，以最有效的方式组织、揭示、宣传、推广资源，并不断提高读者获取信息和利用信息的能力，使之达到可以按照个人需要自行满足信息需求的目标。第三方参与（众包）模式、图书馆与地方联合共建模式、网络评荐、教师、学科馆员参与的学科化服务模式、与地方政府联合共建模式以各自的优劣势和特点，成为读者参与都市农业文化资源建设的基本模式，其中“众包”模式是最有代表性的模式。例如，与地方政府联合共建特色资源信息中心是一种有多个建设主体、有经费保障的读者参与建设模式，建设成果可由合作各方共享，目前全国开展较好的是广州大学图书馆（黄文忠，2012）。

（五）智慧化资源建设模式

正如英国诗人 T. S. Eliot 所说：“智慧在哪里？我们在知识中湮没。”如何将读者头脑中的知识转化成为可用的智慧，是图书馆资源建设和知识服务的关键所在。依托图书馆馆藏文献资源，针对特定读者的信息需求，大力开发乡村文化资源，挖掘乡村农业网络资源，广泛搜集该研究领域其他专业人员的研究成果、研究进展和前沿，并在其中发现新的知识点及知识间的联系，将其组织到按照一定知识体系组织的数据库——都市农业知识库（肖蔚，2012）中，通过虚拟资源和实体资源并存的方式满足读者的专业和个性化需求。都市农业知识库是都市农业知识工程中结构化、易操作、易利用、全面有组织的知识集群，是针对都市农业领域问题求解的需要，采用文摘、综述、科研发展动态报告、科学预测报告等二三次文献等知识表示方式，在计算机存储器中存储、组织、管理和使用的互相联系的知识片集合。通过将先进的生产方法、试验条件、研发成果等优质资源传播到广大读者手边桌面，实现资源共享和传播，在图书馆和都市农业专家、研究者之间建立一个畅通、机动、灵活的交流互动平台（图 7–3）。

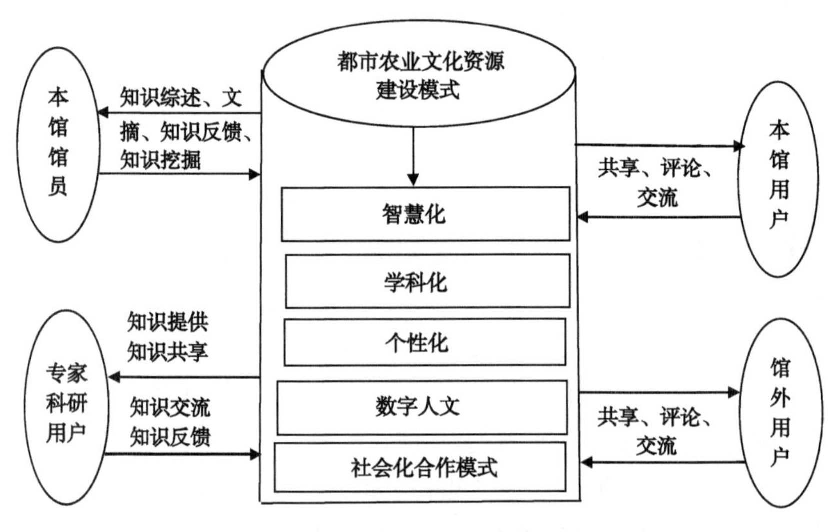

图 7–3　都市农业文化资源建设智慧平台

（六）社会化合作资源建设模式

农业院校图书馆的服务社会化是基于“信息资源共享”的理念，根据自身所具备的功能、能力和资源，在保证满足学校的教育教学和科研服务需求的同时，采取有偿或无偿的服务方式接纳社会公众，开放图书馆收藏的信息资源，开发出适应都市农业发展需要的不同层次的信息产品和多种模式的信息服务，成为郊区农业信息服务的中介机构，成为各级政府的智囊团和企业的参谋，以此促进都市农业经济的发展。都市农业的不断发展，要求馆员学科知识不断更新，不断提高自身能力，才能更好地服务于企业和社会（王忠红，2009）。馆员挖掘、追溯与整理中国传统农耕文化中各种创意因素（杨蔚琪，2012），如保留遗存的农耕方式、农耕工具、节庆农事、古老农作物的悠久历史、淳朴的乡土民风，以及都市农业人才培养的规格、口径等创新举措，并将其上传至知识库，为农民、政府和企业读者注入新的理念、新的知识、新的人才观念，新知识、新人才在企业生产实践的应用也推动了都市农业学科知识的向前发展和都市农业人才培养质量的提高。

农业高校图书馆以社会化合作资源建设模式进行都市农业文化资源的建设，这样既可以对数字资源进行统一的管理、监控，在技术发生变化的情况下进行集中统一的更新或者迁移，实现操作上的标准化、统一化，又可以避免都市农业文化数字资源建设出现“信息孤岛”，各主体各自为政、无法互相操作，也能够为后期的元数据收割和资源统一揭示做好铺垫。

在当今网络环境下，伴随信息技术的发展，农业高校图书馆应树立现代知识服务观念，建立智慧化、学科化、个性化、读者参与与社会化的图书馆都市农业文化资源建设模式，重视图书馆馆员创新能力的提高，使图书馆服务更加高效与便捷。

第八章 “互联网+”背景下的图书馆都市农业文化服务

图书馆创建的19世纪中期，正是人文主义勃兴和大工业发展的时期，而这时的平等和自由导向的人文思潮亦成为图书馆人文精神的重要思想来源。图书馆学从产生伊始就是一门“人学”，人是图书馆的核心，服务是图书馆的根本，图书馆服务是充满人文精神的知识服务，为需要的人提供需要的服务是图书馆的发展目标。随着互联网+技术的升级转型，读者的心理需求、阅读偏好和行为都发生了很大的变化，图书馆单一型的数字资源或纸质资源难以满足特定读者深层次信息需求，读者对图书馆数字人文服务的需求日益显现。都市农业就其研究范围来说，是一门交叉学科，包含历史、文学、农学、农业经济、环境学或生态学等学科。大数据时代的来临，信息呈指数级爆炸式增长，不同的数据采集、处理和存储方式使得都市农业资源具有来源复杂、结构异构的特点，难以共享和互操作，仅依靠人工采集数据的传统方式已经不能适应用户获取、使用都市农业信息的需求。图书馆紧密围绕都市农业用户的需求，挖掘都市农业中鲜为人知的历史、哲学、文学、宗教学或社会学等学科的知识，将多来源、多维度都市农业资料和信息进行全面的关联，进而提供面向知识发现的数字人文服务，并满足用户从海量异源异构数据中快速有效地获取有价值的信息的需求；利用新的信息技术，借鉴数字人文的实践经验，建立都市农业人文资源及其相关的文化产品开发的信息平台和数据库，进行资源专业化、智能化、可视化的管理和建设，满足读者学习和研究过程中的多样化的知识人文和共享需求。

一、图书馆都市农业文化服务的背景

（一）图书馆数字人文服务方兴未艾

数字人文，有时也被称为人文计算，它是针对计算与人文学科之间的交叉领域进行学习、研究、发明以及创新的一门学科。数字人文最早产生于20世纪40年代末的人文计算研究与实践，是由意大利词典编纂学家Roberto Busa将电子技术应用于人文科学研究而开启的（Susan Hokey，2004）。大多数人将数字人文简单地定义为利用数字技术开展人文研究与实践，或在计算机科学领域进行人文实验。但实际上，数字人文不仅仅是人文科学与数字技术的简单融合，而是利用数字技术的方式、方法来观察人和处理人文科学即个人的、社会的、文化的问题。尤其都市农业涵盖面广，包含社会民俗、农林经济、文化建筑等诸多方面，在都市农业发展带来庞大的信息量的新信息环境下，使得处理和理解信息的难度增大，传统的文本分析技术难以满足读者现阶段都市农业信息浏览及筛选的需要。因此，借鉴数字人文的前沿实践，比如通过可视化技术，将都市农业中复杂的或难以表达的内容以视觉符号的形式表达出来，可以为读者提供一种理解都市农业海量复杂信息内容、结构和内在规律的有效手段（关美宝，2010），并为研究者挖掘都市农业研究中的新空间和新的增长点。

1. 图书馆人文观照的价值取向

文化是“社会遗传密码”，实施着传递社会经验从而维持社会历史连续性的功能。人类社会优越于动物界的根本之点，在于实现了由生物遗传机制向社会遗传机制的飞跃。动物也有信息交流，蜜蜂可以用舞蹈的姿势和速度向其他蜜蜂指明方向和食物所在，鸟儿会用歌唱招呼同伴，海豚会发出吹笛一样的声波传送情况和命令，鲸每年都会改变自己唱歌的格调。但是，它们的信息交流都由生物遗传所决定，仅仅局限在第一信号系统的范围内。人则与动物不同，具有文化的武装，能够通过社会遗传而进化，因为文化具有人们社会约定的符号系统的功能，能起到固定、表达、储存、传递和加工社会信息的作用。文化不仅充当社会历史经验的记事本和储藏室，而且可以对它们进行复制和交流，使社会信息的传递突破时间和空间的限制，越出个人直接经验的范围，把社会的过去、现在和将来，把直接的经验和间接的经验都联结在一起，使社会经验一代又一代地传递，从而使社会历史的发展呈现出连续性的特点，把社会历史和人本身按一定的方式不断地创造出来。

图书馆文化这一概念是在20世纪80年代由美国图书馆学者作为一种新兴管理哲学率先提出的，并得到国际社会的高度评价；美国图书馆学家巴特勒（2011）指出，图书馆作为一个专业和其他任何一个专业一样，有技术、科学、人文学3个层面的内容，以往的图书馆学过分强调了技术层面，而忽视了科学和人文学的层面，今后应强调科学和人文学层面。

国内的“图书馆文化”研究开始于1990年并于此后迅速发展兴起，20多年来图书馆界出现了对图书馆文化的定义、特征、功能和内涵表述较为繁多，其中较具有代表性的观点主要有以下两类。

一类是从理论建构上讨论图书馆的物质文化、制度文化和精神文化现象：如柯平、闫慧的《关于图书馆文化的理论研究》；冀颖（2014）分析了图书馆学文化哲学表现、图书馆学文化哲学品质、图书馆学理论创新着力点等问题，阐述文化哲学与图书馆学在人学阐述上具有一致性，明确了图书馆学理论研究发展的文化哲学前景。

另一类是从文化解读、社会背景、例证分析角度阐述图书馆文化建设的作用意义及其构筑思路：

李晓兰（2018）介绍了我国图书馆与多元文化融合的缺失，主要体现在特色馆语种覆盖较少、多元文化书籍覆盖种类较少、文献获取渠道困难以及文化类活动缺乏互动性等方面。为此，提出了我国还需进一步完善图书馆多元文化服务相关的政策与法律法规，建立与完善图书馆多元文化服务运行机制。图书馆则应承担培训社会大众的责任，主动传播多元文化，在文化交流中应不卑不亢，起到整合作用而非平台作用等具体实践途径。

戴龙基（2008）从文化概念的起源、文化概念的内涵入手，以北大文化、企业文化为例，透过美国的实力政策新论中的“软实力”视角，分析了文化的潜移默化的巨大作用，指出图书馆文化对图书馆可持续发展的影响力，提出了在新时期如何构筑我们自己的图书馆文化，提升图书馆的软实力。

王苏义（2001）强调知识经济时代的图书馆必须实现从资料库到思想库，从知识收集到知识创新，从资料中心向信息中心，从专业化服务到社会化服务等方面的功能转换。

周久凤（2008）以文化为视点，阐述藏书文化是图书馆文化的逻辑起点，文化传承是图书馆的核心功能，人文观照是图书馆的价值取向，“书人合一”是图书馆的理想境界。

黄毕惠（2012）强调图书馆文化自觉性的丧失会导致漠视图书馆的文化本质，抛弃图书馆的人文精神，不愿在实践中开拓创新。因此，用文化自觉理论指导和反思图书馆的文化传承与创新工作，是图书馆事业可持续发展的必经之路。

任玉梅（2012）认为，图书馆文化主要包括物质、制度和精神 3 个层次，建设图书馆文化，必须从物质层面上处理好与藏书楼文化、特色馆藏文化和绿色文化的关系，制度层面上处理好与制度文化、高校图书馆文化和大众文化的关系，精神层面上处理好与传统文化、阅读文化和校园文化的关系。

刘崇学（2012）提出，图书馆文化包括物质文化、制度文化、行为文化和精神文化 4 个层面，优秀的图书馆文化具有情感认同作用、凝心聚智作用、规范导向作用、激励引领作用、熏陶濡染作用、带动辐射作用和平衡调节作用等。建设优秀的图书馆文化要坚持历史传承和时代创新相结合，科学精神与人文精神相融合，共性文化与特色文化相协调原则。

2. 数字人文理论研究与实践

从研究态势来看，国外发文量呈现渐进式的发展轨迹，从 2013 年至今基本保持较为平稳的走势，国内发文量则呈现跨越式增长势头，说明我国图书情报领域学者已经在密切关注并积极推动相关研究。从研究内容考察，国外学者逐渐将研究焦点转向服务创新支持和最佳案例探索：

以美国康奈尔大学图书馆和 Amazon、谷歌图书（Google Book）的合作为代表的共建数据库服务。

以社交型科研联盟网 VIVO 为代表的图书馆参与数字出版方向。

2004 年美国人文基金会与马里兰大学合作启动了人文社会科学信息基础设

施建设项目，即国际数字人文中心网络。

2008年，美国人文基金会推出了数字人文行动计划，资助美国学者和研究机构开展数字人文项目。

伊利诺伊大学香槟分校（UIUC）图书馆提供了数字人文成果出版支持服务，UIUC图书馆还与博客平台、网络出版平台等开展合作，旨在为数字人文学者构建一个免费、灵活的开放式数字出版服务体系。

佐治亚大学图书馆以研究计算中心为平台，借助虚拟机器为项目提供便捷、高效的网络服务环境，开辟特藏空间存储纸质档，提供元数据管理方案，并利用开放协议与数字工具为数字人文项目资源提供长期有效的存储、管理与获取保障。

美国人文基金会的数字人文行动计划使数字人文理念得以在美国和世界各国广泛传播，众多在人文计算领域具有长期积累的研究机构纷纷涉足数字人文研究领域，一些高校为此专门成立数字人文中心，来推动各种类型数字人文项目的规划和实施。

国内图书馆界在数字人文研究与实践方面起步较晚，目前我国学者正在从引介走向深化研究。

国内学者杨滋荣（2016）认识到图书馆与数字人文的本质联系，也认识到作为文理协同平台的数字人文中心对图书馆资源与服务创新的巨大推动力，例如，虽然很难将图书馆与数字人文的信息活动场域做出明确划分，但是两者的差异还是存在的。大部分数字人文工作都处于信息链的两端（如创造和利用信息），而大部分的图书情报工作落于信息链的中间部分（如组织、检索和管理），尽管如此，图书馆与数字人文仍具有某些天然的关联性和相似性：两者都（至少部分）源于学术服务功能，都关注文献的开发与再利用，都对某些特定主题（如数字归档、资源描述、开放获取、关联数据）感兴趣；图书情报教育项目使用数字人文材料不断增多，数字人文课程也包含部分图书情报相关材料。

朱成（2012）的《三维图书馆可视化馆藏文献信息查询系统的应用》认为，基于三维图书馆可视化馆藏文献信息查询管理和服务是图书馆的发展趋势。

夏翠娟（2016）在《关联数据在家谱数字人文服务中的应用》中，详细展示了关联数据在数字人文研究中的作用和用法。

在数字人文资源出版版权管理方面，邵琰（2015）在《数字出版著作权保护策略研究》，提出版权保护从始至终都贯穿到数字出版的整个过程，即创作期、出版阶段和流通阶段。

罗丽苹（2017）的《数字出版中跨媒体内容的通用性研究》，探讨了内容资源跨媒体应用办法。

冯宏声（2017）认为，多数出版产品的 ISBN 标识符并无法对该产品跳转链接的音、视频文件进行管理，从而导致具有很大的出版产品质量安全、意识形态安全、文化安全的隐患。

在实践方面，图书馆当前的数字人文建设实践主要借鉴参考国外数字人文的建设思路：上海图书馆 2016 年利用关联数据成功地推出了家谱知识服务平台。

2011 年，国家图书馆开始启动“中国记忆”项目，其中就包括采用新媒体手段对蚕丝织绣、中国年画等非物质文化遗产的再现与传播。

但国内外研究都缺乏整体性的分析框架和研究支持方案，尤其是缺乏整体性理论分析和指导性实践方案。本书的核心内容是在文献调研的基础上，重点挖掘既有文献的内容信息并融合国外案例的成功经验，揭示数字人文资源创新发展的运行机理和表现，探讨数字人文背景下都市农业产业格局、都市农业文化资源建设创新范式，构建适应都市农业文化资源现实的数字人文创新发展的建设框架，形成一套具有宏观性指导意义和可操作性的实践方案。

3. 读者对数字人文资源的新需求

随着信息技术的不断发展，知识传播的数字人文时代正在到来。数字人文最早产生于 20 世纪 40 年代末的人文计算研究与实践，是由意大利词典编纂学家 Roberto Busa 将电子技术应用于人文科学研究而开启的（Susan Hokey，2004）。大多数人将数字人文简单地定义为利用数字技术开展人文研究与实践，或在计算机科学领域进行人文实验。但实际上，数字人文不仅仅是人文科学与数字技术的简单融合，而是利用数字技术的方式、方法来观察人和处理人文科学即个人的、社会的、文化的问题。由于信息生产与传播技术高度发达，信息过载、信息爆炸已成为普遍现象。当代都市农业的发展，海量、繁杂的都市农业大数据出现的爆发式增长，与读者信息检索过程中的精确化需求却不一致，尤其都市农业涵盖面广，包含社会、农林经济、文化、民俗旅游等诸多方面。都市农业数据资源，既包括“创意”文化资源、旅游文化资源、科技文化资源、物质文化资源等原生都市农业资源，以及延伸的城市先进农业文化——可以运用到农村的生产与建设中去的农业高新技术和文史哲的教育科研成果；也包括遗留在农村的传统文化，如以非物质文化形态存在的精神领域的创造活动及其结晶的口头传说、表演艺术、社会风俗、礼仪节庆、传统的手工艺技艺等，以及传统理念如“人之初，性本善”的善良，“百善孝为先”的孝道，它们是我国传统文化的瑰宝，是都市农业持续发展的灵魂。

面对都市农业发展带来庞大的信息量的新信息环境，处理和理解信息的难度增大，传统的文本分析技术难以满足读者现阶段都市农业信息浏览及筛选的需要，图书馆需要将重心从初级信息推送转向具有更高知识需求的用户服务，这为优质信息推送与先进数字人文科技的深度融合带来重要机遇。尤其对不同专业的都市农业读者而言，其需求也不太相同。如农林学科的科研人员比较注重文献的新颖性或时效性，比较注重外文文献；而与农业相关的文史哲专业人员可能比较注重中文文献或第一手文献。因此，搜集、保存都市农业特色资源，建设都市农业文化立体资源库，利用可视化、虚拟现实等信息技术，深层次挖掘都市农业资源中的前沿、人文信息，为科研型读者访问学术资源提供便利；又通过传承传统农业文化资源，发挥中华优秀传统文化对一般性读者的教化育人作用。这种可视化技术，将都市农业中复杂的或难以表达的内容以视觉符号的形式表达出来，可以为读者提供一种理解都市农业海量复杂信息内容、结构和内在规律的有效手段（关美宝，2010），把读者从烦琐的文献查找中解放出来，确保服务的精准性、有效性和时效性，并为研究者挖掘都市农业研究中的新空间和新的增长点。

（二）第三代图书馆——智慧图书馆伴随工业 4.0 时代应运而生

工业 4.0 时代的到来，第三代图书馆——智慧图书馆应运而生。2008 年 11 月，IBM 首次提出“智慧地球”的概念后，近年得到了图书馆界的积极响应。

借助这一理念，数字化、网络化和智能化迅速渗透到高校图书馆，业界随即提出了智慧图书馆的概念，以期摆脱图书馆生存危机，重塑图书馆形象和实现图书馆馆员价值。

人们通常习惯于按原有的知识和经验去认识世界，认为世界是单一的、固定的。伴随着社交网络、移动计算和传感器等新技术的不断产生，要求我们用与原有实体世界不同的多维的、即时的方式来认识和管理它们；超过85%的数据属于非结构化数据，这就需要以更加优化的方式存储和分析数据。互联网打破了原有的秩序，使一切都成了碎片。建立物物、人物关联智慧社会，是新时代给予每一个人公平的机会。有的人抓住了，他们在混沌的环境中找到了新的秩序，于是他们成为新的赢家，比如百度、腾讯、阿里巴巴等就是今天的赢家。融合互联网技术、数据库技术、人工智能的都市农业文化资源智慧服务，是馆馆相联、网网相联、库库相联、人物相联、融合共享的智慧图书馆信息服务的提升形式。

智慧图书馆概念的提出，突出了以感知、互联、智能为核心的新信息技术在信息服务中的作用与地位，在智慧图书馆背景下，图书馆在提升传统图书馆服务读者、信息存储、知识挖掘方面的能力和水平的同时，也在深入思考如何将传统的人文精神融合进馆员的智慧中，形成馆员特有的人文智慧。《易传》有言：“人文，人理之伦序，观人文以教化天下，天下成其礼俗，乃圣人用贲之道也。”现代图书馆所遵循的读者至上、以人为本的人文精神，与传统文化的人文伦理一脉相承。那么，在智慧图书馆的新理念和和新实践的转型期，馆员素质应达到什么样的标准？如何才能实现馆员的价值？正如广告大师大卫·奥格威认为：“最终决定品牌市场地位的是品牌总体上的性格，而不是产品间微不足道的差异。”因此，在智慧图书馆的内部，馆员的智慧型人格水平，不仅决定了馆员自身价值的实现程度，也影响着智慧图书馆的地位和发展。

（三）读者对都市农业文化的新需求

中共十八届五中全会通过的《中共中央关于制定国民经济和社会发展第十三个五年规划的建议》中明确提出：构建中华优秀传统文化传承体系，加强国际传播能力建设，创新对外传播、文化交流、文化贸易方式，推动中华文化“走出去”。在文化创新已经蔚然成风的新时期，图书馆也迎来了一个新的发展时代。2007年党的“中央一号文件”提出：“农业不仅具有食品保障功能，而且具有原料供给、就业增收、生态保护、观光旅游、文化传承功能。”以科学发展观为统领，按照建设人文北京、科技北京、绿色北京、宜居北京的发展目标，充分认识都市型农业的生态、景观、文化、生活、休闲、教育、展示等多种功能。其中，文化是一个地域最具旅游价值的资源。过去限于经济、社会发展水平低下，农业文化的功能呈隐型功能，没有被认知。随着工业化程度的提高，人们生活水平不断提高，人们不再满足单纯的物质消费，对农业文化消费的需求越来越强烈。城市生活的人们更加向往农村的清新空气、优美风光、安宁环境、淳朴民风、绿色食品和有益身心的体力劳动。农业文化消费成为人们追求的一种健康的生活方式。随着我国经济的发展与和谐社会的构建，这种显型的都市农业文化功能和需求将越来越强大。2017年10月18日，习近平总书记在十九大报告中指出，深化供给结构性改革，这为图书馆都市农业文化服务明确了服务的对象，以及对象的需求，提高了都市农业资源供给结构的适应性和灵活性，提高了资源供给率，使图书馆资源供给体系更好适应读者需求结构的变化，是适应时代发展和都市农业文化走出去要求的重要举措。

二、图书馆都市农业文化服务的意义

北京作为全国农业现代化的领跑者，首都农业高校图书馆要发挥都市农业文化服务的前瞻性和超前意识，这对于大力培育都市农业文化的多元功能，丰富城市居民的物质文化生活内容，扩展居民消费领域，传承北京多样化的农业自然资源和悠久的文化，缩小城乡差距，意义重大。

（一）传承都市农业文化

中国地大物博，从北到南、从东到西的地理环境、气候条件大不相同，从而形成了各具特色的物质文化资源，如山水景观，村落形态，农业景观、人文景观等。对于都市农业文化的信息来源来说，传统文化是一种“丰富”而又“价廉”的物质文化资源和非物质文化资源。在乡村中，传统文化是人们知识、信仰、道德、艺术、风俗等的反映，影响着人们的生产与生活方式。在中华文明的历史进程中，农业文化背景下形成的“礼治”是维系社会秩序的重要力量。费孝通曾指出，乡土社会实质上是“礼治”的社会。礼是从长辈教化中养成个人的敬畏之感，并不靠外在的权力来推行。礼治社会的基础是长幼原则，即孝道伦理。从“礼治”文化衍生出的孝文化是中华传统文化的重要组成部分。在以孝文化为核心的传统伦理道德和礼教习俗的教化下，演变成尊老传统，实现老有所养、老有所依、老有所乐，也是今天构建社会主义和谐社会的内在要求之一。在城市中，文化是一座城市的灵魂。城市文化，是一种独特的精神气质，代表着城市的独特竞争力，决定着整个城市在全国乃至世界城市体系中的地位。在新时期，城市建设从追求 GDP 到追求绿色 GDP，从打造“经济名片”到打造“文化名片”，把突出城市的文化个性和特色作为重要任务。

以北京为例，其曾为辽、金、元、明、清五朝帝都，有 3000 多年的建城史，形成特有的文化特征。因此，建立都市农业服务体系，确立都市农业文化品牌，对都市农业文化资源进行综合设计，进一步挖掘都市农业地区地域文化的独有内涵，维护好历史传承，留住城市的“文化命脉”，是一种必然选择。

（二）都市农业文化服务的教育功能

都市农业文化是坚持中国先进文化前进方向的都市农业文化，是使社会主义社会和谐的都市农业文化，是以社会主义核心价值体系为根本的都市农业文化。都市农业文化是一个都市的根、一个城市的魂，其力量深深熔铸在都市人的生命力、创造力和凝聚力之中，影响着都市人的发展道路和前进方向。都市农业文化坚持马克思列宁主义、毛泽东思想、邓小平理论和“三个代表”重要思想在意识形态领域的指导地位，坚持以科学发展观为统领，坚持为人民服务、为社会主义服务的方向，能够从思想上保证都市农业文化建设沿着社会主义的方向前进。我们如果不重视都市农业文化建设，不加强对落后文化的改造和对腐朽文化的抵制，听任封建主义残余思想侵蚀，听任资本主义腐朽思想泛滥，人们就有可能陷入思想混乱和精神危机之中，都市农业也就不可能沿着中国特色社会主义的道路健康发展。当前我国正处在一个“黄金发展期”和“矛盾凸显期”相互交织的关键阶段，迫切需要以主导价值观统一思想、明确方向。在这样的背景下，必须用社会主义核心价值体系引领和整合多样化的思想意识和社会思潮，使先进文化得到发展，健康文化得到支持，落后文化得到改造，腐朽文化得到抵制，实现都市农业文化自身的和谐发展。在化解诸多社会矛盾的过程中，要通过建设社会主义核心价值体系凝聚人心、激发活力；要充分发挥优秀精神产品对人们思想的引领和启迪作用，对人们精神的抚慰和激励作用，对社会矛盾的疏导和缓解作用。都市农业文化通过知识体系、行为方式等规范人的行为，使人有效地适应社会环境和人际关系，成为社会的人。都市农业文化如水，是柔性的力量，滋润万物而又悄然无声，在潜移默化中发挥着不可替代的重要作用。

都市农业文化发展培育造就每一代人，使每一代人继承着人类历史的一切成果。以都市农业文化信息为主要内容的服务在继承历史文化的基础上，又以自己的实践和认识创造、丰富着都市农业文化信息服务的新的形式，正因为这样，都市农业服务成为社会和人的发展程度的重要标准和推动力量，推动着人类社会和人本身由低级向高级、由片面向全面发展。

（三）推动图书馆都市农业文化服务转型

1. 推动图书馆都市农业文化服务升级

都市农业服务模式使得人创造出改造外部世界的手段，并通过对外部世界的改造来满足自己的需要。例如，以“由文明创造的生产工具”和“现代高科技”为中介，形成了不同的活动模式和都市农业发展的高低程度。在都市农业历史发展中，都市农业文化活动模式的每一次重大更新或优化，都在改变都市人满足需要的手段的同时，带来新的更高级的需要；这种新的更高级的需要，又促使人们创造新的满足需要的手段。都市农业文化信息服务就是从基本需要（初级需要）——都市农业信息服务到新的高级需要——新的都市农业服务。没有都市农业文化及其信息服务，就不可能产生都市人的高级需要，也不可能有新的更高级的都市人与自然的中介形式以及新的服务模式的产生，不会有立足于高科学发展基础上的都市农业文化产业和都市农业文化创意产业的产生，就失去了人类社会进化和发展的动力。

2. 提供面向知识发现的都市农业数字人文服务

随着图书馆技术的更新迭代，从在线咨询到数字资源，从参与数字出版到数字人文研究，VR 眼镜、APP 应用、移动阅读器等纷至沓来，读者的信息需求与信息行为也随之发生了变化，对新的阅读内容，新的可视化、可听化、可触化的阅读体验又有新的期待。数字人文，有时也被称为人文计算，它是针对计算与人文学科之间的交叉领域进行学习、研究、发明以及创新的一门学科。图书馆服务范畴也延伸到对人文数据的发现、利用、分析、整合，并为读者提供数字人文服务。通过紧密围绕都市农业用户的需求，挖掘都市农业中不为人知的历史、哲学、文学、宗教学或社会学等学科的知识，将多来源、多维度都市农业资料和信息进行全面关联，进而提供面向知识发现的数字人文服务，并满足用户从海量异源异构数据中快速有效地获取有价值的信息的需求，实现更为高效、合理的文化服务供给，是构建现代图书馆转型发展的重要路径。

以都市农业特色资源的建设为例，都市农业特色资源及其相关的文化产品的开发，只有进行整体化、智能化、数字化的资源管理和建设，才能适应读者的心理需求、阅读偏好和行为的变化。以"数字人文"为例，面对技术知识和人文知识都有较高要求的横跨多种学科的"数字人文"，馆员不仅要掌握数据分析和服务的技术智慧，还需要具备了解读者的行为特点、信息需求和心理特征的人文智慧和道德素质。

3. 为学校的学科建设提供数据支撑

都市农业资源汇聚了都市农业文化与创意的特色资源，除了"都市农业特色资源共享数据库""馆藏文献数据库"，其中还包括"研究项目数据库"，旨在为学校的学科建设提供数据支撑，其中的科研绩效模块是一个以学科为导向，提供面向涉农高校和科研机构的多维度科研竞争力分析数据，并自动生成分析报告的模块，报告基于 WOS 同期数据，对本校已进入排名的学科以及优势潜力学科发文，进行深度分析，为学校的学科建设提供数据支撑。

三、图书馆都市农业文化服务的现状和问题

（一）都市农业服务的文化品质在不断消解

与科学、艺术、哲学一样，图书馆是人类为了获得知识和安宁，而造出来的一个安定的世界，实际上是读者主观营造的一种状态，它是一个人造的安定世界。读者在具体使用图书馆时也会产生新的不安。图书馆作为文化资源的采集、保存、传承、传播服务的主体是供给侧改革中服务供给侧改革涉及的重要行业。要使图书馆全面发挥其文化服务神圣的职责和功能，必须要实现从文化本位上关注供给侧改革。但就目前来看，图书馆文化服务就是一个异化的过程、商品化的过程、去神圣化的过程、从文化常态中剥离的过程。比如，现代图书馆在提供了高端大气的学习空间、设计布局的同时也会给一些读者带来无所适从的感觉，先进的自助服务设备在提供便捷的同时也让一些人担心出错不敢使用，不断改进的检索方式让不少读者都有过不知所措的经历……以都市农业为例，都市创意农业和民俗旅游，有着浓厚的文以化人的传承作用，表达了先辈在劳动、生活中产生的对忧乐、生死、婚配、祖先、自然、天地的敬畏与态度，是满足人的自然需求、社会需求和精神需求的创意文化。但现实保护中，我们对都市农业的文化品质在不断消解，功利性目的越来越突出。

（二）都市农业文化数字人文资源开发利用的深度不够

许鑫（2012）认为，相较于科技进步，传统人文学科研究在全世界范围内全面弱化了。

1. 都市农业文化资源展示度较低

随着数据科学时代到来，GIS、数据挖掘、知识可视化等技术的发展，产生了新的数据密集型科学研究范式——数字人文研究，主要针对人文社会科学研究对象知识本体的数字化，目前虽已涵盖了历史学、文献学、考古学、人类学和艺术学等人文学科的信息化、数字化，但数字人文在图书馆界尚属起步阶段，比

如，对都市农业文化资源的利用与开发研究基本上还是采用传统的研究方法与模式，缺乏新的数字人文研究范式及方法，都市农业文化资源开发利用方式还处于比较原始的纸质替代状态，且只有时间的序列性展示，缺少空间的序列性展示（许鑫，2012）。在一个信息知识极度开放和充裕的时代，如果图书馆资源建设的核心价值仍停留于广义上的内容供给，而没有在读者认知效果层面进行聚焦，即便是功能强大的数字产品，同样面临发展瓶颈，同样会导致当前都市农业文化资源庞大的规模与都市农业文化资源较低的利用率之间的矛盾更加突出。

2. 读者获得满意的情感和认知体验度低

国外的福布斯网、彭博社、纽约时报等媒体，很早就已经采用机器人写稿，主要涉及体育赛事、财报、天气预报等；2017 年 3 月，上海对外发布的中国自主研发的商用化外骨骼机器人 Fourier X1 通过 19 个不同的传感器，11 个分布式 CPU 模块，能够“感知”患者在步行中的变化，“思考”患者的意图。图书馆的信息服务，如果不能利用大数据形成模板，并能快速而高效地进行数据批量处理，就难以贴近读者、面向世界，读者并不能获得满意的情感和认知体验。

3. 都市农业文化资源检索率低

北京都市农业兼容北京古都文化意蕴，包孕华夏大地的文化色彩，有京津冀三大文化圈共存共荣的生态环境，可以说，其具有丰富的历史内涵和深邃的人文精神。近十多年以来，已有多位学者对都市农业的内涵、形态、特征、载体、题材、产业发展等诸多方面展开了研究，且已形成错综复杂的知识网。这些载体形式各异的研究数量众多，内容之间缺乏有效的知识关联。传统方式是依靠人工添加数据的集成方式，形成没有意义的单一数据，不能对都市农业资源在时间上和范围上进行全覆盖，从而提供信息资源完整的逻辑链条，推导出隐性的知识，为普通读者、科研学者、各学科专家等提供更合理高效的信息服务。比如，在某期刊库主题检索条件下输入“休闲农业”一词（检索休闲农业经济、休闲农业旅游、休闲农业模式等），检出 10 366 条结果；而在全文检索条件下，检出 238 938 条不重复结果。检索几乎是几秒钟就完成，但检索结果之大反而令读者不知所措。

以全文检索为例，这是数字图书馆必不可少的功能，但是简单过滤式检索方式会产生弥散过滥的结果。以著名药学家、诺贝尔医学奖获得者屠呦呦的研究对象“青蒿”为例，选择某古籍数字化库，在全文检索条件下输入，检出条目 1716 条（聂英，2017），逐条查看，可以找到启发屠呦呦低温萃取青蒿的晋代葛洪的“肘后方”。如果对该库采用标引主题检索则检索不到该条目。

（三）馆员数字人文素质亟待提高

随着都市农业的发展以及原生都市农业数据的增加，都市农业及学科正在向计算化方向发展。在此过程中，图书馆都市农业文化立体资源库建设，将从文本挖掘、GIS 技术、文本可视化等几个方面进行都市农业特色资源数字化开发和馆藏补给。因此，都市农业特色资源数字化开发将是一个典型的文理交叉领域，面向数字人文的图书馆都市农业文化立体资源库建设团队常常既包括传统人文领域（哲学、历史学、文学、语言学、艺术学、图书馆学等）的研究者，还包括精通计算机技术和多媒体技术的专家学者。只有在这两类人才的共同协作下，诸如数字仓储、文本挖掘、数字图书馆、信息可视化、虚拟现实、地理信息系统等多种信息技术才能在都市农业数字化保存领域得到深入应用。

《易传》有言：“人文，人理之伦序，观人文以教化天下，天下成其礼俗，乃圣人用贲之道也。”现代图书馆所遵循的读者至上、以人为本的人文精神，与传统文化的人文伦理一脉相承。工业 4.0 时代的到来，第三代图书馆——智慧图书馆应运而生。智慧图书馆概念的提出，突出了以感知、互联、智能为核心的新信息技术在信息服务中的作用与地位，智慧图书馆在当代人的认知意象中关联着知识、文化精神传承，映射了文化底蕴深厚、读者潜在的精神文明家园等人文道德要素。在智慧图书馆背景下，图书馆的重心似乎从图书资料的保存者转移到新技术的应用者。

新的信息技术，在提升传统图书馆服务读者、信息存储、知识挖掘方面的能力和水平的同时，其应用也带来了馆员责任失范、约束缺位等诸多人文道德问题。人文道德是图书馆的根基和象征，如果馆员人文道德坍塌，这个图书馆就永远不会在世界上找到立足之地。

（四）读者中心性偏差导致数字人文服务依存度较低

现代图书馆的作用已经远远超出了它传统的以保存为主的功能，图书馆的所有业务都要围绕着促进教育、信息和文化传播来展开。因此，在智慧图书馆建设模式下，图书馆参与数字出版，进行数字人文资源知识开发、服务与研究，是对传统图书馆服务模式的颠覆，在为图书馆发展带来了图书馆与读者的互动、资源传播与获取的便捷互通等诸多发展契机的同时，也是对馆员主体性的挑战。

首先，从读者信息服务的角度来看，在读者信息服务的过程中，过分强调馆员与读者的互动，从而在一定程度上使读者丧失了其主体性。比如在虚拟信息咨询的过程中，受到新媒体虚拟、隐藏、匿名特征的影响，习惯使用适合自身的表达风格和偏好、偏爱使用个人遵循的行文架构等与读者交流，甚至放弃了应有的服务规范和严谨性，反而使信息咨询的水准大大降低。

其次，从数字人文资源建设的角度来看，在数字人文资源建设的过程中，首要环节是其资源内容的采集，而采集过程在一定程度上则是意味着馆员主体的价值选择，在一定程度上决定了数字资源的伦理人文内涵。在资源采集、组织、加工的过程中，馆员主体伦理选择的模糊不确定性，或者主观偏激地刻意强调馆员的主观能动性而忽视资源建设中读者的需求，会导致主体功能的迷失、责任心的缺失和工作效率的低下。例如，都市农业是指地处都市及其延伸地带，紧密依托城市的科技、人才、资金、市场优势，进行集约化农业生产，为国内外市场提供名、特、优、新农副产品和为城市居民提供良好的生态环境，并具有休闲娱乐、旅游观光、教育和创新功能的现代农业。因此，构建面向数字人文的图书馆都市农业文化立体资源库，保持和继承农业和农村的文化与传统，促进城乡一体化，特别是发挥文化的教育功能，在这一点上，与都市农业的功能是一致的。农业院校图书馆馆藏资源的服务对象不仅包括学校内读者，还包括乡村农民、乡镇行政管理者、科研工作者、企业管理者以及社区居民；不仅采集文化艺术、生活休闲类的大众信息，也采集各区县乡镇经济社会发展的最新的系统信息，以及聚集产业发展创意、高端要素的科技信息等小众化信息，否则，就不能满足不同读者个性化需要的信息，读者的参与度就会逐渐降低。

最后，图书馆及员工日渐位于知识供应链上的边缘端。图书馆的供给职能在互联网普及之后一直面临着巨大的竞争。2010 年 4 月，美国 Ithaka 研究所发布《图书馆调查 2010》显示，大学教职工对图书馆作为信息门户的认同逐步下降，对图书馆作为存储或保存机构的认同基本维持不变，对图书馆作为“采购者”的认同逐步增加。这种状况，当然是对图书馆作为机构知识资源采集者的一种肯定，但是，如果图书馆仅仅作为一个“采购者”，这将严重限制图书馆作为文化传承和传播主体的地位和作用。例如，书目查询被搜索引擎“边缘化”、图书馆期刊馆藏被电子期刊数据库“取代”，参考咨询服务受到网络百科类和咨询类服务的“挑战”，等等。目前的情况就是新馆舍修建的越来越漂亮，可读者对图书馆的需求却是越来越少！尤其是随着新一代信息技术，例如机器人技术、可穿戴设备技术的引入，为图书馆带来更高的服务管理质量、更具魅力的公共文化环境和更大的信息共享空间，也给读者带来了对图书馆的情感体验和认知，甚至有人提出图书馆员越来越被边缘化了。

美国著名经济学家舒尔茨说过：“任何制度都是对实际生活中已经存在的需求的响应。”如今扩大中华文化影响力已经成为全面建成小康社会决胜阶段的重要任务和保障，树立创新、协调、绿色、开放、共享的发展理念更加深入人心。中共十八届五中全会通过的《中共中央关于制定国民经济和社会发展第十三个五年规划的建议》中明确提出：构建中华优秀传统文化传承体系，加强国际传播能力建设，创新对外传播、文化交流、文化贸易方式，推动中华文化“走出去”。在文化创新已经蔚然成风的新时期，图书馆也迎来了一个新的发展时代。2017 年 10 月 18 日，习近平总书记在党的十九大报告中指出，要深化供给结构性改革。因此，图书馆供给侧结构性改革就是提高供给结构适应性和灵活性，提高资源供给率，使图书馆资源供给体系更好适应读者需求结构变化。同时，就现状来看，当前一些图书馆资源服务还处于粗放、粗粒度的供给模式。这与图书馆作为重要的文化基站、理应发挥更多元的服务功能相悖。相对于经济领域而言，图书馆读者文化供给侧改革显得更为迫切。

四、图书馆都市农业文化服务的方向与策略

（一）提升馆员的人文智慧

1. 配备专职的数据馆员

随着都市农业在线学术资源的迅猛增长和需求的日趋多元化，图书馆应该

在都市农业大数据的采集、再利用和组织方面发挥重要作用，图书馆已经不能简单地定义为读者获取文献资源的场所，其功能定位应当从书库重新配置为“实验室”和“共享空间”。实现这一目标的关键在于图书馆馆员与研究人员或部门进行协同合作能力的提升，为此，馆员不要等着读者表达需求，而是主动走出图文信息大楼，融入数字人文社区，深入了解他们都在从事什么样的研究与实践活动，为都市农业研究者或部门提供深入的数据分析支持。

这一服务逻辑需要图书馆配备专职的数据馆员。数据馆员的主要职责是开展科研数据管理服务：

一是提供都市农业文化资源分类组织管理的样例和工具。如普林斯顿大学和耶鲁大学图书馆通过提炼用户需求和进行资源整合形成了多个导航，通过这些导航提升大学生读者利用图书馆资源的能力，这些导航大致分为以下 5 类：搜索工具类的导航，引文管理导航，研究方法和策略导航，论文出版和发布导航，图书馆资源利用技能类导航。

二是为都市农业文化资源数据的长期存取提供解决方案。根据人文特色数据库的内容构成、揭示方式、利用情况等调研结果，农业院校图书馆馆员结合本馆实际制定科学的都市农业特色数字资源发展策略，一个重要原则是实现内容与功能的集成，使都市农业数字馆藏的发现与获取成为可能，构建一个面向特定学科群体（数字人文科研团队）的数字内容存储与利用的交互机制，为数字人文用户提供跨专业（领域）的分布式的数字资源支持与服务，以提高用户信息发现、知识挖掘与再利用水平。同时，通过建立都市农业立体资源库，图书馆借鉴其他馆的经验，例如，中国人民大学图书馆使用了由北京大学数据分析研究中心研发的“《全唐诗》《全家诗》分析系统”，所提供的数据分析利于中国古代文学、古代汉语、古文献学的现代研究（付明星，2012）；武汉大学信息资源研究中心董慧教授主持开发的《中华基本史籍分析系统》提供了历史领域深层次的知识组织揭示和本体库的构建及应用（赖永忠，2016），利用关联数据技术将有价值的外部数据资源链接到本地资源库，便于用户更大范围地获取、维护和分发学术作品、科研成果，以指南、导航等形式帮助用户精准定位所需资源。以上这些服务，都需要馆员具有发现、关联、转换、重组不同领域的多形态的知识的能力，借助多种数字化技术，开展支持基于本体的知识发现、检索、浏览、分析、重用、可视化等面向人文研究的展示呈现等数据服务，实现跨学科、跨事件和跨地域数据的使用，进一步提升信息服务由数值型向智能型发展。

三是提供和借鉴都市农业文化数据管理最佳实践指南等。

以学术出版与传播功能为例，学术传播的功能在于确保科研成果的可持续再利用，提高研究产出的利用效率和学术影响力，科研成果出版模式主要分为两种：以学术期刊为载体的传统模式，和以机构知识库（IR）及学术社交网络为平台的开放存取模式。因此，为了支持和促进都市农业数字人文科研成果的传播和知识共享，图书馆都市农业文化立体资源库的功能不能简单定义为保存数字资源的场所，而是自由、连通、开放的新型学术交流体系，为数字人文项目提供专门的学术传播与出版服务。一是科研成果的存储和共享支持，保存对象除了论文、文献外，还包括过程性材料、手稿、图片、影像、音频等；二是科研成果存储指导，相关工作包括发布存储指南以帮助师生和科研人员了解数据库特色及被收录情况等，帮助师生和科研人员选择合适的存储途径以及寻找被存储的潜在机会等；三是开放存取（OA）出版服务，随着OA运动的深入发展和学术出版的转型升级，图书馆应以都市农业文化立体资源库为OA内容托管平台，鼓励师生和科研人员的科研成果在线开放共享。

而对于嵌入数字人文研究过程的都市农业学科化的数据馆员来说，为了提高共享空间支持学科服务的效率和效果，馆员的策略选择应当包括以下方面（Micah Vandegrift，2013）：一是参加由数字人文中心主持的研讨活动和论坛，及时了解项目所需；二是参与数字人文的社交网络媒体以便于即时交流与互动；三是与数字人文研究中心的学术委员会对接，这是图书馆员更好地理解甚至影响人文学者使用图书馆方式的潜在途径。

2. 强化图书馆馆员主体的道德性构建

图书馆为社会教育、繁荣文化服务，要求馆员主体具有明确的职业精神：《中国图书馆员职业道德准则》中把馆员的职业精神概括为“敬业精神、诚信精神、专业精神、平等精神、团队精神、合作精神、创新精神”。同时，图书馆工作要求，图书馆要保护用户的个人隐私，核心内容是保护用户在图书馆的阅读记录不为他人所知，不能将用户个人信息与借阅信息用于商业目的和政治目的。因此，作为馆员，除了要秉承上述职业精神之外，还要遵循图书馆价值伦理准则和行为规范：必须具有严谨的质量意识和规范意识，必须具有抢占新媒体学术领域的战略眼光和行动能力，等等。

一是科研道德教育（Micah Vandegrift，2013）。图书馆可以通过介绍科研道德概念、解读本校的科研奖惩规定、介绍剽窃行为的辨识方法等方式提供科研道德教育服务，目的在于馆员参与防止科研活动中的不端和不当行为，自觉遵守和共同维护以诚信、公开、公正为核心原则的科研规范。

二是增强馆员知识产权及版权保护意识。数字化时代，科研项目成果产出形式多样，除了公开发表学术论文外，以数据密集型的信息检索库为结题形式也较为常见，如特色资源数据库、文学作品语料库、历史与社会记忆数据库、空间历史数据集、家谱知识库等。增强馆员知识产权及版权保护意识，需要从强化馆员版权知识着手，并设立版权管理专门岗位，专人专职的设置可促使馆员不断探索、研究版权知识，并且以点带面推进至全馆。

三是以馆员为主体的自我调节机制的建立。图书馆员职业本身的性质会给馆员带来压力、不适、倦怠等心理问题，因此，如果馆员没有形成一套心理的自我调节机制，没有内在丰富的情感和坚定的信念，那么，其仍然不会感受到这个“图书馆员最好和最自信的时代”所带给馆员的道德自信、职业幸福感和快乐。因此，建立馆员心理的自我调节机制，在工作中展现自信的笑容，转化负面情绪，就会增加职业自信、幸福和道德自觉。

3. 强化读者需求为中心的思维

互联网+时代，网络技术飞速发展，因而，读者的心理需求、阅读偏好和行为都在悄然发生变化，他们期待获得最全、最新、最精的资源。因此，图书馆针对并感知读者心理需求和行为变化，通过展现对读者的人文关怀，接受读者不安和需求的牵引，利用特色资源和智能技术不断完善和丰富这个人造体系，不断满足读者的情感和认知体验，以便让这个体系成为读者的头脑，推进读者的智慧化服务体系整体认识，丰富读者的心灵，改善读者的心智，容纳读者更大更多的不安，从而使读者对图书馆产生兴趣、信心甚至喜欢的情绪。

采用云计算、大数据方法，尝试创新传统“即查即得”、简单的全文检索方式是图书馆智慧化服务的中心任务：在未来的智慧图书馆，系统智能化将最大限度利用网络通信技术无缝衔接，使系统即刻无法完成的较难任务延至读者离馆后完成，满足不同读者对都市农业数字文献信息资源的碎片化需求、习惯；到馆实时现场服务将与网上预定服务同时推进，实现三方（读者、智能图书馆系统、馆员）间互动连接，满足人文读者对都市农业历史文献信息资源的求全求真心理；智能化作业推进（董曦京，2016），进程跟踪报告，到期自动下载结果，满足科研读者对都市农业科技文献信息资源的追新求快心理；智能全文阅读式查找可以做出对所检条目符合程度的评估，从查找结果可过滤掉不符合检索目的的内容，满足专业读者对都市农业相关文献的求精易得的心理。

（二）构建都市农业大数据智慧采集平台

都市农业文化资源是都市区域内重点传承保护的都市农业生产、经营和科研的重要资源，彰显地域特色，对于都市农业发展具有重要的意义。它既蕴含着世代相传的传统文化，承载着民族的集体记忆，比如传统农居、家具，传统作坊、器具，民间演艺、游戏，民间楹联、匾牌，民间歌赋、传说，名人胜地、古迹，农家土菜、饮品，农耕谚语、农具等，都是都市农业可以开发利用的重要民间文化和农耕文化资源；也包含生态环境保护、文化创意元素、“互联网+都市农业”等人文智慧、科研成果，形成了都市农业发展模式的多样性。

同时，北京作为五朝古都，在漫长的历史发展过程中，多元文化的相互交融碰撞，在一定空间范围内，形成了都市农业特有的文化“基因”，以及活态文化资源，保持各种特性长期共存，各种文化“基因”不断融合发展，形成都市农业发展的合力。从文献类型看，都市农业资源既包括文本型信息，又包括图片型和视频型信息。

因此，都市农业大数据智慧采集平台是一个大数据获取、存储、组织、分析、共享、交易和协作的平台（图 8-1）。都市农业大数据智慧采集平台的体系架构主要包括数据源层、大数据智能感知层、基础支撑层、处理工具层、服务层、智慧应用层和网络传输层。智能感知层中的大数据智能识别、传感与适配技术，如 RFID 标签和读写器、二维码标签和识读器、摄像头、GPS、传感器、传感器网关等；数据源层记录了大数据的信息来源，如生物、环境、射频、视频图像、语义网、知识图谱等；处理工具层包括数据采集工具、数据分析工具集、决策工具集、知识服务聚合与分类工具集、数据综合处理工具等，构建过程中涉及的主要关键技术包括大数据分析的主流工具，如 Spark 和 tableau；服务层在感知读者行为、挖掘读者需求基础上，对读者开展智能推荐、智能检索、智能化作业推进、进程跟踪与作业定制等个性化服务；智慧应用层支持多元化、可视化大数据知识服务终端交互技术，如 PC 终端、移动终端、三维展示、智能眼镜等物联感知终端等；网络传输层中数据经由因特网、电信网、专有网、物联网进行传输。

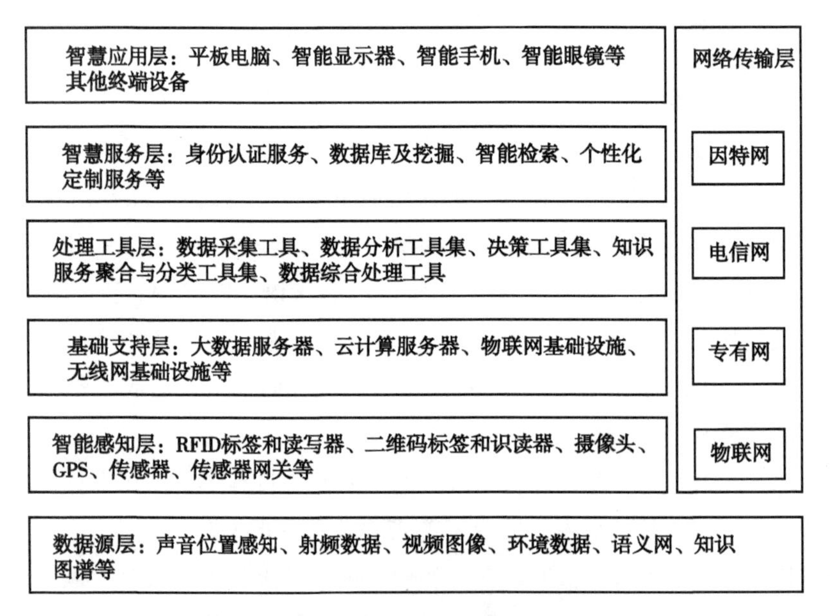

图 8-1　都市农业大数据智慧采集平台架构

（三）完善都市农业资源加工自动化，构建都市农业本体知识体系

都市农业本体构建借鉴国内外比较成熟的本体方案，根据都市农业资源的特点确定包括都市农业项目及人物、机构、事件、文献、事物等核心概念类组成，实例之间关联关系通过类属性来揭示（表 8-1）。

表 8-1 都市农业资源概念属性及核心元素

都市农业知识概念	核心元素
人物	人物名称、人物基本信息、人物描述、人物类型
机构	机构名称、机构责任者、机构描述、机构类型、机构关系
事物（实物、项目）	名称、责任者、主题、现状描述（星级、服务）、形式描述（模式）、保存历史、日期、时空范围
事件（数字化的文本、音视频、图像）	参见《中国数字图书馆标准规范专门数字化对象描述元数据规范》
文献	

（四）基于本体模式的都市农业文化数据库建设

在都市农业数据库建设中引入本体理念，对领域内的每一概念进行定义，并建立主题概念之间的语义关系，按照层次关系限定词汇连接相关文献，在相同主题的不同类型文献之间建立相互关联，将馆藏数字文献、纸质文献和网络文献融合在一起，形成知识组织系统，全面揭示都市农业知识资源。在基于本体模式的数据库知识体系建设中，最基础、最关键的问题就是概念的确定和规范，概念之间的关系以及不同关系类型之间的关系成为核心内容。构建领域本体包括两个环节：抽取概念词汇和关联概念词汇。词汇来自文献，抽取概念词汇的过程就是对资源进行预标引，所以建立都市农业知识组织系统的重点在于对预标引产生的关键词进行规范处理，建立概念间的关联，形成都市农业领域本体概念集。具体的操作方法是：将都市农业文献中的关键词逐条提取，分别按人物、事件、机构、文献等归类，在主题概念间建立起词间关系。在确定了领域概念及概念间关系的基础上，可构建领域本体，都市农业数据库本体构建（图 8-2）。

（五）积极参与“非物质文化遗产”保护计划

在进入互联网时代，随着各种传感器、人工智能的发展，人类对各种数据的收集有了质的飞跃，使通过计算机算法模拟物质世界的本质成为可能。许多研究者针对非遗多媒体资源多样性问题，如何超越现有的资源组织框架，将非

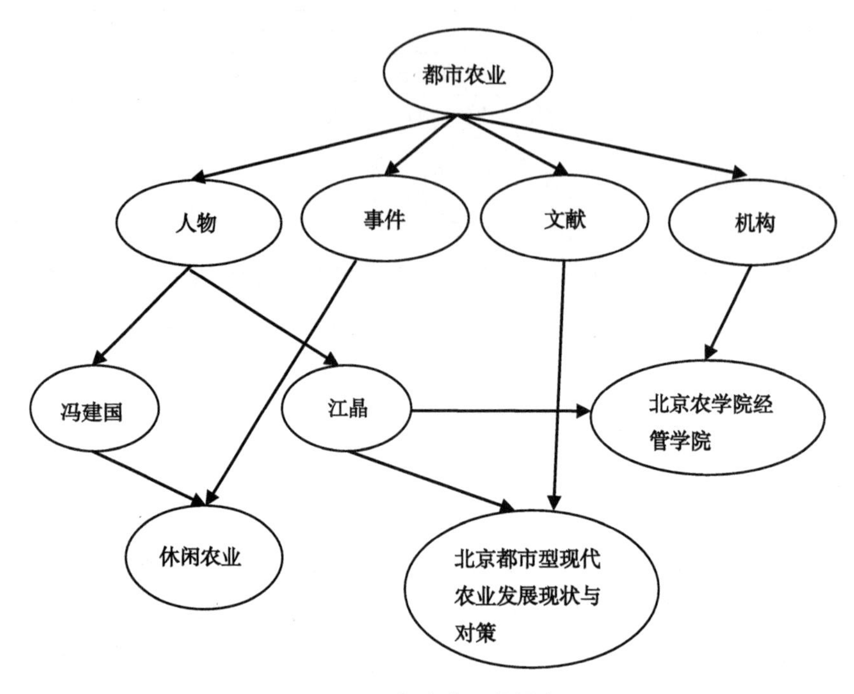

图 8–2　都市农业数据库

遗多媒体资源作为彼此具有关联性的集合体理解，创建更有利于数字资源存储和检索的非物质文化遗产信息资源组织体系，开展了卓有成效的研究。比如滕春娥《非物质文化遗产资源知识组织本体构建研究》，以黑龙江地区赫哲族为例，基于本体理论，对其进行知识组织构建，建立起赫哲族资源体系，便于更好地保护赫哲族文化和传承民族记忆。

图书馆应该积极参与“非物质文化遗产”保护计划，借鉴“非遗”学者的研究成果，构建图书馆都市农业数字人文平台。在加大采集力度的基础上，利用国际上比较成熟通用的元数据规范和本体规范，将类型不同、地域分布各异的数据整合起来，对都市农业资源全部数据收集、语义组织过程业务自动化全覆盖，并提供全方位立体的数据可视化绘图，以更加系统全面的角度展示都市农业研究热点和趋势，满足读者对都市农业资源的揭示、检索、管理、保存、利用等方面的个性化需求。

都市农业，蕴藏深厚的历史文化，有优秀的创意生态文化。都市农业数字人文服务是对都市农业历史文化的创新保护传承和对都市农业创意文化的发扬光大，科学本体的模型设计将为丰富的都市农业数字信息资源的有序组织、高效合理利用发挥重要作用；供给侧改革为面向读者宣扬传播多彩的都市农业文化奠定坚实的基础。

第九章　都市农业资源的知识产权信息服务

随着云计算等新技术在图书馆数字化资源建设中的应用与发展，图书馆已由传统纸本、实物资源服务转变为云图书馆的数字信息资源服务，拓宽了图书馆的信息资源传播范围，也改变了人们利用信息资源的方式，但是新技术在为人们带来资源利用便利的同时，也会限制人们对信息的获取，也给图书馆信息资源的安全与知识产权带来了一系列的问题。知识产权限制数字图书馆的发展，同时也通过保障权利人的利益，鼓励创作，促进数字图书馆的健康发展。正如 2013 年 IFLA 的主题“无限可能”，数字图书馆的未来也是无限可能。面对知识产权，图书馆需通过技术、法律、管理等多种手段防止侵权，两者唯有相互适应、借鉴，才能共同进步、共同发展。同时，图书馆在不违背知识产权的同时，联合科学、教育、文化等其他公益组织一起参与知识产权法律的制定、修改、宣传活动，争取更多数字化信息的合理使用，有利于实现其传播知识、传承文明的社会职能，保障公民文化权利、缩小社会信息鸿沟，促进社会信息公平。

一、国内外图书馆资源建设中知识产权研究述评

（一）国内图书馆资源建设中知识产权保护研究述评

知识产权问题是图书馆知识服务健康发展的重要保证，如果不能有效地解决知识产权问题，将会极大阻碍图书馆未来知识服务的发展。

侵权问题是国内图书馆知识产权目前的研究重点，图书馆知识产权侵权是

指在图书馆活动中有意或无意造成的对他人知识产权的侵害以及自身知识产权被侵害。知识产权保护是我国数字图书馆建设中的重要原则，我国制定《数字图书馆资源建设和服务中的知识产权保护政策指南》，旨在处理好公益性服务和商业性运营的关系，知识产权保护和知识传播服务的关系，政策指南和学术论文的关系，保护他人知识产权和保护自主知识产权的关系。如中国数字图书馆工程建设方案中明确提出，通过联合出版管理部门、立法执法部门、出版单位，结合中国数字图书馆工程的建设，研究数字图书馆著作权问题的解决方案；保护著作者的权益，单位如对原有资源进行加工，加工后的资源享有版权等。随着“高校知识产权管理规范”的正式出台，高校图书馆更有责任和义务提高知识产权信息服务能力，全面构建系统的知识产权服务体系。

相关研究集中在图书馆资源建设中的知识产权侵权问题、图书馆服务中的知识产权侵权问题以及图书馆知识产权侵权应对策略三方面。

1. 图书馆资源建设中的知识产权风险研究

研究者从自建资源中的知识产权风险、网络资源利用与开发中的知识产权风险两方面展开分析。

（1）自建资源中的知识产权风险

自建资源中的知识产权主要涉及馆藏资源数字化过程中的复制行为，图书馆馆藏文献数字化行为面临侵犯复制权的风险。将本馆收藏的文献进行数字化复制，在特定的情况下属于“合理使用”。但是，要注意是的该数字化的目的只能是“保存版本和教学科研使用的需要”。我国《著作权法》规定：“图书馆、档案馆、纪念馆、博物馆、美术馆等为陈列或者保存版本的需要，复制本馆的作品，可以不经著作权人许可，不向其支付报酬，但应当指明作者姓名、作品名称，并且不得侵犯著作权人依照本法享有的其他权利。”所以，此时的数字化可以不经过版权人的许可，也不必付费。

陈传夫（2003）认为，馆藏文献数字化满足复制行为的构成要件，并且得到立法和判例支持。

罗雪明（2007）认为，图书馆数字化过程中涉及的版权困境除了复制权之外，还包括公共借阅权和公共传播权。

汤罡辉（2010）认为，图书馆自建数据库知识产权风险主要集中在数据采集、建库后的版权保护以及合理使用三方面，为避免非公有领域作品数字化后出现侵权行为，图书馆在自建数据库过程中应该采取一定的维权行为，同时根据相关法律规定，独创性自建数据库可作为“汇编作品”受法律保护，图书馆在避免侵权的同时也应注意依法维权。

雷莹（2015）对数字图书馆资源建设中知识产权风险进行了分析，并构建了知识产权风险规避模型。

（2）网络资源利用与开发中的知识产权风险

图书馆网络信息资源利用与开发活动的增加以及网络环境下著作权人权利的扩张使图书馆面临更高的知识产权风险。

李婵（2014）认为，网络及网络信息资源的特点及两者之间的交互性决定了网络信息资源著作权风险具有无形性、无国界性、高发性和难控性等特点，人员素质、资源特点、管理措施以及网络运营环境都对网络信息资源著作权风险产生影响。

曾永梅（2016）对现实中网络信息资源著作权侵权问题进行总结，并结合相关规定将网络信息资源著作权风险划分为4种类型。

2. 图书馆服务过程中的知识产权风险问题

研究者（1996）认为，传统图书馆服务过程中已经广泛存在知识产权风险，在数字环境下，图书馆服务中的知识产权风险进一步扩大。相关研究包括：

（1）数字参考咨询服务中的知识产权风险

数字环境下图书馆参考咨询服务存在知识产权风险问题。

陈敏（2009）认为，数字参考咨询面临的侵权问题涉及提问接受与使用、答案组织和编排以及答案提交与传递全过程。

李樵（2013）将图书馆数字参考咨询中的知识产权风险概括为参考信息源方面的知识产权风险、信息咨询服务方面的知识产权风险和用户行为方面的知识产权风险三类。

（2）文献传递服务中的知识产权风险

郑惠伶（2008）指出，知识产权风险已经成为制约高校图书馆文献传递服务开展的关键性问题，纸本刊全文文献、学位论文传递过程中如果没有授权，文献传递行为就属于侵犯作者著作权的行为。

（3）图书馆其他服务中的知识产权风险

研究者对图书馆一些特殊服务过程中涉及的知识产权风险问题进行了分析。

李静静（2013）分析了图书馆知识援助中的知识产权风险。

郑松辉（2010）分析了图书馆口述历史工作过程中因署名权、归属权、合理使用与侵权的争议而形成的著作权问题。

李静静（2015）分析了图书馆商务支持中的知识产权风险。

（二）国外图书馆资源建设中知识产权研究与实践

在国外，aguszewski 等人在美国专业图书馆协会发布的关于新时代大学图书馆员新角色的报告中曾指出，未来大学图书馆员应该提供更多知识产权方面的支撑服务。

欧洲专利局成立了 110 多个知识产权信息服务中心，实现了联盟专利信息服务网，覆盖范围包括整个欧洲地区。

从美国近年高科技产业的发展历程来看，美国专利局从 20 世纪 70 年代开始，便在每个州建立专利信息服务中心，也实现了覆盖全美的专利信息网；1980 年由美国国会通过《拜杜法案》，对之后三十年高科技领域的产、学、研结合起到了至关重要的作用。该法案的核心要点是允许美国各大学、非营利机构和小型企业为由联邦政府资助的科研成果申请专利，拥有知识产权，并通过技术转让而商业化；允许进行独家技术转让以使企业更主动地寻求转让技术。正是在《拜杜法案》等相关法律推动下，美国高校科技转化成果逐年提高，企业对高校科研介入也越来越多，两者成为高科技发展中相互支撑的重要力量。

二、图书馆都市农业知识产权信息服务的作用

图书馆云服务是多个图书馆通过云计算连接在一起，构成云计算环境下的图书馆信息服务体系，它能够对图书馆信息资源进行分布式计算与存储，为图

书馆各类用户提供快速、便捷、高效的图书馆信息资源利用服务，同时也能为用户提供安全的网络服务。根据云计算环境下读者对图书馆信息资源的利用，以及图书馆信息资源的存储方式，构建了图书馆云服务生态系统。都市农业高校图书馆探索都市农业文化大数据服务的知识产权信息服务模式，对于发展创意农业，循环、低碳型都市农业，改善城市生态环境以及城乡一体化，以及加速数字图书馆的建设具有重要的作用。雷德蓉（2015）提出，高校数字图书馆的建设与保护知识产权密不可分，两者必须同步进行，使之互促互进、共同发展。在实现资源共享的同时，确实保护权利人的利益和创作热情，使数字图书馆建设能够健康、有序地发展。

（一）都市农业科技创新的动力

研究表明，知识工作者花近一半的时间在寻找数据、验明数据、修正数据、剔除不靠谱的数据。如何有效地管理数据，提高数据质量，对于都市农业生态环境问题的解决、推动都市农业文化创意研究具有积极意义。知识产权是对某种智力成果或商业标记的占有，是文化产业利润创造的前提。根据《建立世界知识产权组织公约》的定义，知识产权是指在工业、科学、文学或艺术领域里的智力活动产生的所有权利。知识产权是指创造性智力成果的完成人或商业标志的所有人依法所享有的占有、使用、处分和收益等权利的统称，具有独占性、时间性、地域性、无形性、可复制性等特点。张乃根（2000）学者提出，知识产权是指“权利人对自己创造的智力劳动财富享有的专有权利”，该权利针对权利人在智力上相关创造的结果。

程莲娟（2011）谈到，在数字出版时代，图书馆必须建设拥有知识产权的数据库，参与数字出版，培养拥有学科知识背景的文献专家，提高服务水平，巩固图书馆信息门户中心、信息服务主体地位。需要图书馆等机构对其进行合理开发和利用，利用知识产权保护制度管控都市农业文化数据收集、存储、处理、传输和分享的各个环节，尤其是建立数据“原料方”（图书馆）和“使用方”（用户）之间直接的服务关系，形成从数据源头和元数据层面控制质量，以及对科研成果数据的知识产权保护，为都市农业科研用户提供了高质量数据，满足了科研人员的追新需求，提高了都市农业科技创新的能力。

（二）都市农业文化创意产业发展的基础

在都市农业的建设进程中，文化创意产业发展必不可少。文化创意产业是我国的新兴战略产业，目前都市农业的根本目标已从满足人们最基本的物质生活需要，发展到满足人们更高层次的文化生活的需要。如何才能实现人的需要的满足呢？一个最主要的内在动力就是要充分发挥都市农业空间的文化功能，使都市农业建设和文化发展真正的“以人为本”。与传统产业不同，文化产业生产要素不再以有形的能源、原材料等物质资料为主，而是以人的智力等无形资产为主，最终形成的财富也不再体现在有形资产方面，更多地体现在知识产权的无形资产方面，其经济利益的取得也主要依靠知识产权的取得、开发和利用。文化产业的收益和利润、文化产业的发展过程就是知识产权不断产生和运用的过程，通过知识产权的转让和运用，最终为企业赚取资本和利润。

高校图书馆文化与文化创意产业具有内在的逻辑关联性，是知识产权战略的重要组成部分。因此，随着乡村振兴兴起，都市农业加大以文化创意、科技创新为主的引领性、战略性新兴产业的带动作用，在发展以传统文化精神为内核的基础上进行新形式的文化创意产业，按照经济功能文化化、文化功能经济化及产业化经营的原则，着力发展乡村休闲文化、饮食文化、民俗文化、环境文化、海洋文化等创意产业，全方位满足都市居民的文化和精神需求。同时，作为未来创意产业发展的重要方向的核心的文化创意权、版权、著作权、专利权等知识产权的保护和转化，则是图书馆的义务和责任。

在图书馆馆藏资源中，不仅蕴含着极为丰富的传统农耕技艺和农耕文化资源，中国传统的“天人合一”“相生相克”等农业哲学思想，而且包含了很多都市农业文化的的创意、设计。知识产权管理的主要表现形式，以与文学、艺术和科学相关的创新产品来展开。因此，不断扩展和延伸的都市农业大数据，需要图书馆等情报机构利用知识产权对其进行合理开发和利用，建立知识产权管理模式，协调各方利益主体之间的关系，更好地对文化创意产品及其文献进行知识产权的保护，提供对文化创意产品的知识产权服务，管控数据收集、存储、处理、传输和分享的各个环节，为都市农业科研用户提供高质量数据，推动都市农业文化创意成果向文化创意产业转化发展。

（三）生态型都市农业发展的源泉

目前，随着城市化的不断发展以及气候因素的影响，都市的生态环境建设面临着重大的考验，部分热点事件与数据引起了社会的广泛关注。环境的污染、食品安全问题，人们对工业文明条件下的生活感到厌倦，越来越多的人们追求回归自然和田园的生活，越来越多的都市人喜欢到自然中去寻找快乐。一种更接近自然、更适合人性的乡村生活方式以其诗意栖居的魅力在向现代人发出强烈召唤。生态型都市农业恰恰具有改善生态环境、保持生态平衡的功能，是构建社会主义生态文明，促进人与自然和谐发展，推动整个社会走上绿色发展生态文明的重要产业。都市农业文化立体资源库生态数据是我国都市型生态农业和农业循环经济的重要参照和示范蓝本，对它的开发利用、实时监测、定期评估、动态维护、知识产权保护，是都市生态农业高效、和谐发展的源泉，对把北京建设成为水城共融的生态城市、蓝绿交织的森林城市、古今同辉的人文城市将起到重要作用。

（四）有助于图书馆进行知识产权风险的自我规避

图书馆是进行知识产权风险自我规避、减少侵权风险的第一道屏障，合理有效的图书馆知识产权风险自我规避方案，是预防知识产权侵权诉讼发生的基础性工作，能够保护图书馆免遭知识产权权利人的侵扰与诉讼。

2010 年 7 月 26 日的“2010 中国图书馆学会年会”上正式发布了《数字图书馆资源建设和服务中的知识产权保护政策指南》（以下简称《指南》）。张彦博（2011）认为，《指南》能指导业界同人开展数字图书馆资源建设和服务工作，妥善解决知识产权问题，履行图书馆知识传播的使命，避免发生与知识产权相关的法律纠纷。

冯君（2016）对“高校知识产权管理规范”进行了分析和研究，结合对科研管理人员的访谈，构建了一套由服务支撑层、系统层和服务层构成的高校图书馆知识产权信息服务支撑体系。

南京工业大学图书馆已开始了面向知识产权管理的信息服务体系的探索和

实践，牵头设计的高校专利管理与评价系统已作为江苏省高等学校数字图书馆项目进行立项建设。

（五）发挥图书馆参与数字出版服务的中介核心价值

吉宇宽（2017）指出，在传统的图书馆与出版者生态关系中，出版者是作品生产者，图书馆是下游的最大机构消费者。而在“互联网+”时代，传统的出版生态被打破，数字出版者与数字图书馆界限模糊，出版者、图书馆、作者在作品的生产、传播方面日益融合。图书馆往往为了揭示馆藏、为用户提供数字化的资源，会扮演出版者的角色，成为数字内容的提供者和出版者。图书馆参与到数字出版的机会增加，尤其在建设开放获取的数据库方面，图书馆与数字出版者产生了一定的竞争，二者之间演变为竞争与合作关系。

但是，无论在传统时期，还是在数字时期，图书馆参与出版服务时，必须尽到相应的责任，有效地控制知识产权侵权行为的发生，才能确保图书馆以恰当的身份参与到出版当中，有效权衡知识产权人的利益和用户需求，发挥图书馆作为由知识生产、出版到传播的中介核心价值。

三、图书馆都市农业知识产权信息服务问题与现状

不断扩展和延伸的都市农业大数据环境下，图书馆自建数据库的信息资源涉及面广、体量巨大、专利库不健全，对于都市农业文化资源的知识产权保护存在一定的不足。如何协调知识产权人的利益和用户的需求，是都市农业文化立体资源库知识产权保护的重要内容，只有将这两项内容兼顾好才能将建设好资源库。

（一）都市农业文化资源采集存储过程中的知识产权问题

馆藏信息资源由实体馆藏和虚拟馆藏组成。虚拟馆藏资源是以购买的电子出版物光盘数据库和镜像站点的方式来实现，虚拟馆藏资源的建设是以超文本方式链接网上相关云计算信息为主，即所谓的网上虚拟信息馆藏化。譬

如，所谓的“云”并不是固有的实体，而是一个虚拟化的概念，“云”就是把资料通过网络存储在很多大型的服务器中，并且具有超强的计算能力（图9-1）。例如Google云计算已经拥有100多万台服务器，IBM、微软、Yahoo等的“云”均拥有几十万台服务器，企业私有云一般拥有数百上千台服务器。“端”就是大量的分布式计算机和计算机存储系统。都市农业产业发展和创新需要的数字信息资源，可以通过云端进行采集存储。都市农业文化资源建设，如果数据采集、存储不当，都会带来知识产权风险（张向春，2008）。在新的信息环境下，图书馆知识产权保护所面临的主要问题是网络信息资源版权与信息资源共享之间的冲突，其中涉及多个利益主体，主要包括：作者、信息服务商、用户等方面。对都市农业文化数字资源进行采集存储过程中，在确保用户利益的同时，要保证内容提供者的知识产权。图书馆知识产权信息服务通过制定合理价格、合理补偿来实现双赢和多赢，使版权人和用户、图书馆与服务商、各图书馆之间的关系形成一个良性循环，创造一个有利于图书馆信息采集加工的大环境。

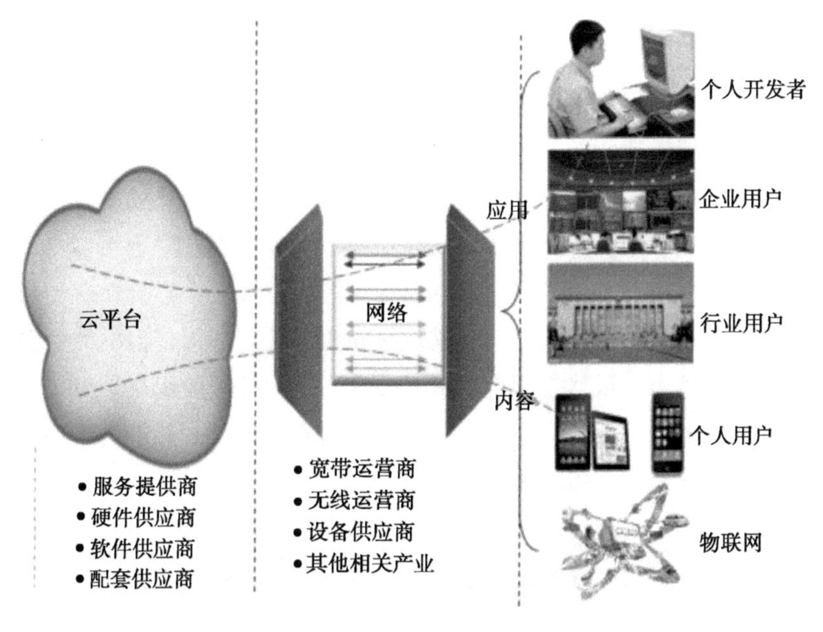

图9-1　图书馆云服务的生态系统

（二）都市农业文化资源服务中的知识产权问题

面向社会和公众服务，向社会传递信息、传播知识普及文化是图书馆的终极目标，也是图书馆各种风险产生的主要环节。随着云计算技术的逐渐普及，当前涉及知识产权问题的图书馆服务从传统领域延伸到网络环境和云计算环境，具体包括数据发布和传递、网络导航和参考咨询等。图书馆在向读者和社会公众提供数据服务时，必然会产生数据的传递和导航，这势必与信息权利人的私利发生冲突。图书馆需要在保障社会公众的信息权益和尊重知识产权权利人的私人利益之间不断寻找平衡，在这个过程中知识产权风险将会持续产生网格门（王根，2012）。从目前的情况来看，都市农业文化产业在科技成果转化与创意产品研发方面尤为薄弱，都市农业文化产业创新发展缺乏持续动力，这与我国图书馆在知识产权方面的工作不完善有关，表现为防范知识产权风险的机制不健全、知识产权谈判能力欠缺等各方面。

（三）都市农业文化资源获取共享中的知识产权问题

都市农业文化数据是一种虚拟资源，需要借助网络使用户获取资源，而都市农业文化立体资源库就是数据的最佳获取、传播与共享的平台和载体。在信息化、网络化高度发达的云存储时代，文化创意产品通过平台共享，对其利用更为便利，且与产品的创意研发过程相比其成本更低，因而造成的侵权案例不在少数。一旦企业、知识产权主体的权利和利益受到损害，创意主体得不到与创意活动相对应的权益，就会严重打击创意主体的积极性，影响文化传播和推广。当然，并不是所有云服务商、数据库服务商都唯利是图，但一些服务商为了提高自身的竞争力，虽然表面上利用图书馆用户的资源为用户开发了功能更多、更强大的服务，却一不小心将未公开的数据合法化公开，就会在一定程度上侵犯了著作权人和图书馆相关权益。

四、都市农业资源知识产权风险管理策略

随着信息、网络、数字等新技术的发展，作品创作与出版方式、图书馆参

与出版服务的模式、著作权法律规则等都会发生新的变化，图书馆在著作权责任的承担方面也会发生新的变化。图书馆都市农业文化立体资源库建设内容由于受制于知识产权，难以满足广大读者更多、更广泛的需求，因此，需要我们持续地关注和不断地探索恰当的应对策略。如通过科学地监控都市农业文化数据资源的存储、利用；建立知识产权评估体系，对都市农业文化立体资源库中的虚拟资源的知识产权进行动态评估，来有效地均衡知识产权权利人的利益和图书馆及社会公众的利益，从而为更好地管理数据提供知识产权服务，确保都市农业文化立体资源库得到健康、科学的发展。

（一）从知识产权的角度出发，协调都市农业创新过程中各主体的权益

在高校图书馆都市农业文化立体资源库知识产权服务实施过程中，涉及的相关主体共包括 6 个部分：高校图书馆、研究机构、政府、产业中介、用户、企业。在各个区域中，每个主体发挥其服务作用，并与自身发展需要相结合，促进都市农业协同创新以及深化发展，其关系如图 9-2 所示。在都市农业知识产权服务中，高校及高校图书馆是创新的主体，通过高校的研究人才队伍、科技创新成果以及先进的技术等优势开展创新，在所处领域开展革新，促进理论成果的产生；知识产权服务中，用户是转化主体，以用户需求为导向开展成果的转化，实现成果的价值。政府是服务主体，保障都市农业创新模式的正常运行，产业中介同为服务主体，把各主体的需求及时发布出来，起到纽带作用。

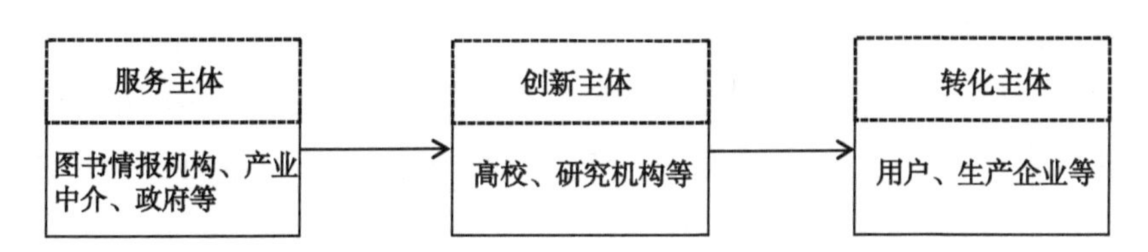

图 9-2　都市农业文化立体资源库知识产权管理相关主体关系

都市农业文化立体资源库知识产权保护的内容，包括从产生到分发、从销售到使用的整个内容流通过程，涉及整个内容价值链。因此，完善的都市农业文化立体资源库知识产权管理，不仅需要有效的都市农业文化立体资源库知识产权保

护技术，还需要建立包括创建者、传播者和使用者等多方参与者在内的信任、监督、协作、责任在内的相关机制和体系，从而平衡都市农业文化立体资源库提供者、所有者和都市农业文化立体资源库使用者之间的利益，在不影响都市农业文化资源的广泛传播和使用的前提下，促进都市农业产业的不断创新。

（二）建立都市农业文化创意产业资源的知识产权保护体系和联盟

都市农业文化产业包括从科学研究、科技成果转化、创意产品研发、市场营销直到用户消费的整个价值链条，图书馆都市农业文化创意产业资源是一种综合性的信息资源，它综合了技术、法律和商务等多方面的信息内容，具有全面性、综合性和共享性的优点。它与飞速发展的云计算、大数据在特征上具有相同之处，正是两者的结合促成了一些知识产权行为的发生。针对这个问题，都市农业文化资源要获得高附加值回报，实现可持续的创新发展，都市农业文化产业发展应当在借鉴国外相关法律的基础上，结合本国文化产业实际，进一步明确专利、版权的权利归属和使用方式，理顺各个利益主体在科技创新产出中的收益分配，从而激发先进科技成果与优质版权向创意产业涌入的动力，为创新生态建设提供源源不断的“活水”。

首先，都市农业高校图书馆应重视对科技成果知识产权信息的搜集、存储、流通和应用，致力于建立信息存储含量大、管理规范的知识产权信息体系，围绕知识产权管理不同阶段的信息需求，利用信息挖掘和信息分析技术，从多个数据库中抽取知识产权信息资源，筛选、整理和重组后形成都市农业文化立体资源库信息系统，并通过个性化的服务方式提供全面系统的知识产权支撑服务。

其次，建立知识产权保护图书馆联盟（侯爱花，2015）。图书馆联盟可以提升集成创新水平，对知识资源进行整合，促进创新要素聚集到成员馆中，从而增强成员馆自身的核心能力。因此，都市农业高校图书馆在与其他成员馆进行合作时，能够实现知识产权的交流和共享，有效提升都市农业文化资源知识产权保护的能力。

再次，发挥都市农业教学科研知识产权服务中介的作用（孙晓红，2015）。MOOC（大规模开放在线课程）自 2008 年诞生以来，已引起高等教育范式的巨大转变。作为教辅机构，高校图书馆在 MOOC 环境中也面临新的发展机遇和挑战。高校图书馆参与MOOC的形式多样，但版权服务将是大学图书馆参与其中的最重要、最有效的方式之一。在美国、加拿大等西方国家，高校图书馆担负着版权问题咨询和审核服务的责任。因此，图书馆馆员介入都市农业教学和信息服务的最重要角色，将是在公开网络环境下解决都市农业教学和资源的版权问题，包括版权咨询、寻求许可和许可谈判等。

（三）发挥法律规制作用，提升图书馆都市农业文化资源知识产权自我保护能力

韦景竹（2010）指出，我国图书馆行业在现有基础上应加大知识产权人才和制度的建设。熊培松（2017）认为，图书馆自建数据库与知识产权保护二者之间是相互制约和促进的关系，但现阶段二者之间的平衡度无法满足现实需求，因此，需要从法律、制度、执行和技术层面进一步明晰二者的关系，进而通过上述方式和手段实现二者之间的协同发展。两者唯有相互适应，才能共同进步。正如2013年IFLA的主题“无限可能”，数字图书馆的未来也是无限可能，但是新技术不仅扩大同时也会限制人们对信息的获取，发达国家和富裕的人，将更容易获取更多的信息。面对知识产权，图书馆也不可能永远相安无事，需吸取前车之鉴，通过技术、法律、管理等多种手段防止侵权。

首先，都市农业高校图书馆应当积极指导在部门设立知识产权管理岗位，并配备专职的熟悉知识产权法律知识和图书馆业务的管理人员，其职责是不仅能负责解决都市农业文化立体资源库资源建设与服务中的知识产权事宜，还要会同有关部门做好知识产权管理工作。

其次，开展对图书馆工作人员和用户群体的知识产权素养教育，提供都市农业文化立体资源库知识产权认知及维护方面的知识培训，强化馆员版权理念，提高馆员和用户的知识产权保护意识，进一步学习国内外数字化图书馆的成功经验，建立交流、协作的管理机制，使读者和有关企业共同遵守知识产权规定，避免侵权行为发生，保证在工作中能够兼具公益和商业性质，实现图书馆自身的良性发展。

最后，图书馆担负着实现传播知识、传承文明的社会职能，承担着实现和保障公民文化权利、缩小社会信息鸿沟的使命。秦珂（2009）认为，美国对图

书馆合理使用著作权的立法在国际上具有代表性，成为部分国家为图书馆使用著作权立法参考的模板。一方面美国著作权法对图书馆使用著作权规范的设置详细而具体，具有较高的可操作性。另一方面能够根据技术的发展变化进行及时的调整。此外，美国著作权法在其演进的过程中，较好地平衡了著作权人的私人利益与图书馆所代表的公共利益之间的关系。

因此，针对都市农业科学数据共享法律法规方面存在科学数据共享立法保障缺乏、产权界定不清晰和隐私保护机制缺乏等问题，图书馆应面向农业科学数据共享与重用活动，联合科学、教育、文化等其他公益组织一起参与知识产权的制定、修改活动，明确知识产权保护与科学数据共享之间的界限，制定科学数据产权保护相关法规，明确数据共享相关方的产权界定、数据使用许可、产权交易等事项；制定利益分配的相关法律；同时，考虑数据生产者和数据使用者之间的隐私保护问题，争取更多数字化信息的合理使用，为消除信息障碍、促进信息公平贡献力量。

从某种程度上讲，也同时要求图书馆建立起面对网络时代与知识产权保护一体化环境的自我约束机制。但自律机制在解决知识产权问题方面存在不足，必须与图书馆行业组织的努力相结合，来提升图书馆知识产权信息服务的效度。

第十章　图书馆都市农业资源评价

21 世纪，人类已步入信息时代。随着通信技术、网络技术的快速发展，信息和数字资源的大量产生，图书馆信息资源的种类由单一的纸质资源发展为多种多样的数字化信息与书目信息共存，促使数字资源已经成为信息资源建设的主要内容。数字资源的建设对教学和科研有巨大的推动作用，改变了读者的阅读行为和信息获取方式，受到广大用户的青睐，逐渐成为人们获取信息情报的主要来源。在数字资源建设中，数字资源已成为高校图书馆馆藏资源的重要部分，是实现图书馆网络化、数字化的基础，高质量的数字信息资源和服务是推动图书馆发展的基石和动力，因而各馆都非常重视数字信息资源建设。在数字资源数量激增而图书馆经费相对缩减的新形势下，应从资源内容、价格、使用率、功能、售后服务等方面来综合评估、谨慎选购、采纳每一种资源，提高馆藏质量。都市农业信息资源的质量是指农业信息服务主体提供的农业信息具备的满足信息用户需求的特性和程度。现阶段要满足图书馆用户日益增长的信息需求，确保都市农业信息资源质量，需要有一套科学并行之有效的管理理论方法和科学有效的资源评价体系。质量管理是一种由顾客的需要和期望驱动的管理哲学，它是以质量为中心，是建立在全员参与基础上的一种管理方法，其目的在于提高企业的质量管理水平，以长期获得用户满意、提高组织成员和社会的利益。但是，如何有效地开发和利用数字馆藏，将全面质量管理思想和方法应用于都市农业文化信息服务质量评价中，改进都市农业文化信息资源质量，降低都市农业文化信息服务风险，是目前农业高校图书馆急待解决的问题。

一、对国内数字资源评价研究的综述和评价

（一）研究年时间及发文量

数字资源作为学术交流的主要媒介之一，经历了从无到有、从种类单一到形式多样、从本地镜像到远程访问、从作为补充到走向主导的发展过程。笔者于 2018 年 12 月 29 日，用检索条件：［（关键词=数字资源）或者（关键词=数字资源）］并且［（关键词=评估）或者（关键词=评价）］，进行文献跨库模糊检索共检索到中文文献 483 篇，最早开始研究是在 2001 年，2013 年、2014 年达到峰值，分别为 49 篇、48 篇，但是起初研究的学者和机构并不多(图 10-1)。

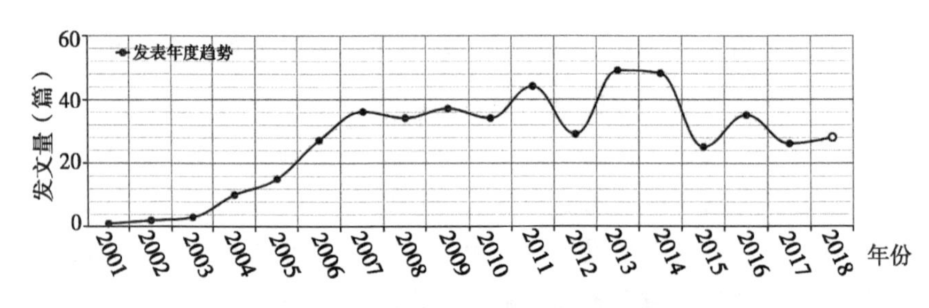

图 10-1　数字资源评估研究年度趋势

（二）研究主题分析

以上以研究数字资源评价为主题的文献 483 篇。在高校图书馆经费有限的情况下，数字资源本身从立项、设计、开发、应用再到维护等越发重要，已成为专家学者们研究的重点。但是，目前大部分研究针对的还只是资源建设过程中的某些环节，研究与研究间缺乏联系，形成研究孤岛，这就对全方位、系统地借鉴优秀经验造成了一定困难。为此，本研究采用主题综述、讨论，形成一套针对数字资源评价研究的分析框架，以期为针对数字资源的评价研究和利用

提供新的思路和方法。

早期国内学者对数字资源评估研究主要有以下几个方面的特点。

第一，早期以介绍国外研究成果为主。如张玲（2005）的《数字资源使用评估与E-Metrics》，对E-Metrics（美国研究图书馆协会新评估计划的5个子项目之一）项目的产生背景及发展历程进行了较为详细的介绍，并对整个项目进行了简要的评价。史继红（2007）的《国外数字资源使用绩效研究综述》，首先介绍了国外的5个主要研究项目，即Equinox项目、ARL的E-metrics项目、博物馆和图书馆学会（IMLS）的项目、国际标准组织（ISO）和美国国家信息标准组织（NISO）的研究以及I-COLC的研究，并指出前4项侧重于提出一套有实用价值的评价指标体系，而后一项重点阐述了数字资源使用数据的统计规则；史继红（2007）的《国外数字资源使用绩效研究综述》介绍并分析了国外20世纪90年代以来关于数字资源使用绩效的研究成果，比较了几个主要评价指标体系的相似之处与差异。

第二，以具体数字资源类型或某一数字资源为例。如秦卫平（2007）的《数字资源评价与指标体系研究进展》，通过对EBSCO、Springerlink、Emerald数据库相关文献的统计分析，对国内外近几年数字资源评价及指标体系研究成果进行了概述；唐琼基于可用性的数字资源质量评价指标体系研究，构建了基于可用性的数字资源质量评价指标体系，并以该指标体系为基础设计调查问卷，对中山大学图书馆ABI/INFORM和BSP两个数据库的可用性进行了测评。研究结果表明，可用性评价一方面能从用户角度反映数字资源存在的问题，为图书馆的续订决策提供依据，另一方面也能为数字资源供应商改进数字资源性能提供参考。

第三，以区域院校和特色院校为例。如唐琼（2007），《基于用户满意度的图书馆数字资源质量评价模型研究》提出基于用户满意度的图书馆数字资源质量评价模型，并利用该模型设计问卷对中山大学图书馆用户进行了满意度调查；在运用相关分析与回归分析方法研究模型中4个自变量与用户价值感和用户满意度之间的相关性及影响程度的基础上，对模型进行了修正，并运用象限分析法，为中山大学图书馆改进数字资源建设提供了参考性建议。

目前，众多学者在调研国内外数字图书馆评估研究的基础上，通过文献调研和历史考察，认为目前国际国内对数字图书馆评估还缺乏成熟的研究成果和可供实践的完整体系。将考察的对象聚焦于智慧型、数字型图书馆，以目前城市图书馆的目标、职能为背景，以传统图书馆的评估方法和指标体系为参考坐标，结合近年来数字图书馆评估理论方法方面的研究，提出一套适用于数字图书馆建设评估的评估模型和参考指标体系。

第一，从多维度、多视角进行研究。如赵旭（2017）的《面向用户的图书馆数字资源使用评价与选择》的用户视角，即利用引文分析，分析样本学校教师发表的SCI科研论文的文后参考文献的来源出版物，了解教师在SCI科研论文创作过程中对图书馆数字资源的实际使用情况，基于引文分析结果，利用成本效益分析法，对图书馆数字资源在教师科研中的使用价值进行评价，评价结果为图书馆数字资源的选择提供依据；任俊霞（2018）的《面向学科的数字资源建设绩效研究——基于DEA-Malmquist模型的动态绩效》的学科服务视角，即该文分析了哈尔滨工业大学图书馆数字资源利用评价指标，并以哈工大2014—2016年购买的31个全文外文数据库为例，利用DEA-Malmquist模型分析了哈工大电信、化学、物理、数学、计算机、环境、生物、建筑、交通、土木、经管、人文、航天、材料14个学科的数字资源建设动态绩效，提出了面向学科的数字资源建设策略；陈敏（2018）的《知识服务视域下的数字图书馆数字资源评价研究》的知识服务视角，即从知识服务的基本概念出发，从理论上为数字图书馆数字资源的评价构建了一套评价体系，有利于我国数字图书馆馆藏资源的优化和利用；王影（2014）的《电子资源服务绩效评估的实证研究》从服务营销的角度，对高校图书馆电子资源用户进行调查问卷，从信息质量、系统质量和服务质量三个方面评估电子资源的服务绩效，利用探索性因子分析和回归分析方法，探讨电子资源服务绩效对用户满意度的影响，进而提出提高电子资源服务绩效的有针对性的改进策略。

第二，数字资源评价指标体系研究。评价指标体系的研究与数字资源研究伴随伊始，一直是研究的重点方向。其中徐革（2006）的《数字资源评价之重要影响因子的调查研究》、梁冬莹（2013）的《基于层次分析法的数字资源服务绩效评价体系构建》、徐革（2004）的《重构数字资源综合评价指标的主成分分析法》等都尝试建立一套可以适用于图书馆各种数字资源评价的标准体系，并进行了初步的应用。这几篇文章的被引次数最高，分别为67篇、43篇、43篇，说明数字资源评价指标体系、方法和标准研究是国内关于数字资源评价的研究热点和关注的重点。武烨（2015）的《医学院校外文电子期刊数据库评价指标体系构建》根据科学性、整体性、可操作性原则，以定性与定量相结合，运用文献阅读、小组讨论、德尔菲法、层次分析及百分制赋值等方法，构建一套适用于医学院校图书馆的外文电子期刊数据库评价指标体系，该指标体系由数字资源内容、数字资源使用情况、经济性、检索系统功能和相关服务5个1级指标、11个2级指标和28个3级指标构成。

第三，研究方法。在对数字资源评价研究的方法上，众多研究者也从不同角度运用了很多不同方法。如赵旭（2015）的《图书馆数字资源在学校科研中的价值评估》基于关键事件法收集调查问卷数据，基于成本效益分析法并综合采用时间成本法和消费者剩余法，定量评估了样本学校图书馆数字资源服务在学校多项科研产出中的价值，并以投资回报率的形式予以呈现。其中，投资回报率模型中的“收益”包括图书馆数字资源在学校科研产出中的创作价值、引用价值，为学校带来的直接经济收益，教师利用图书馆数字资源服务而不采用替代性服务所节约的资金/时间等。周庆梅（2015）的《图书馆数字资源服务绩效模糊神经网络评价研究》根据改进的层次分析法所确定的数字资源服务绩效评价体系中各评价指标的权重，利用岭型函数建立了评价指标对评价等级的隶属度函数，从而为数字资源服务绩效的评价体系进行模糊综合评价，并求出神经网络的训练样本，最后将训练好的BP神经网络对数字资源服务绩效进行评价，评价结果表明神经网络模型评价与模糊综合模型评价的结果是一样的，这也说明文中构建的评价指标体系是合理的、有效的。

二、国内数字资源评价存在的问题

综合分析以上关于数字资源评价领域文献的研究内容，国内的研究主要围绕着数字资源的内在质量、检索系统、检索功能、指标体系、评价方法、服务绩效以及实际应用等方面进行，其中大部分为理论研究，对实践的应用和指导方面操作性不强。笔者认为，目前国内研究者对数字资源评价存在的不足及解决办法如下。

（一）指标的数量和权重设置不合理

《普通高等学校基本办学条件指标合格标准》对高校图书馆的“生均图书”和“生均年进书量”的评估指标做出了明确的规定，但却没有对数字资源评估指标进行规定，使得其与高校图书馆的数字资源建设产生了一定的不适应。因此，教育部在评估指标体系中应增加数字资源的权重，图书馆在设置评价指标体系时，应综合考虑定性与定量指标的比例及可操作性。可借鉴教育部高等学校图书情报工作指导委员会发布的图书馆馆藏统计评估指标；高校图书馆可将镜像版电子图书视作馆藏图书，按年度新增镜像版电子图书数量统计新增馆藏，也应考虑计算年度付费远程访问的其他各类电子资源的权重。

（二）参与数字资源评价的人员素质影响评估结果

评估人员会因为自身原因对自己了解的学科评估得仔细严格，而对自己不了解的学科就相对疏忽，这也会造成评价不够客观，评估结果表面化。因此，图书馆数字资源占图书馆资源的比例随着信息化的发展而不断提高，客观有效的数字资源评价方法为各个图书馆所急需。针对目前图书馆数字资源采购过程中主观意识强、科学规范与量化性差的问题，可以效仿国外的做法，吸收各个层面的研究者或扩大调查范围。如通过网关统计的方法，对读者的行为进行分析，得出相对客观的数字资源使用的数据方法，最终制定出适用范围更广、实用性更强的评价体系。如有研究者采用改进的遗传神经网络算法对数据进行建模，从评估指标中找出使用频率较多的数据，来指导本校图书馆数字资源的采购方向。

（三）缺乏普适性和科学的评估模型，可操作性不强

国内相关研究主要集中在国外研究项目介绍、评价方法研究、评价指标建立等方面，存在研究力量薄弱、研究内容偏理论化、研究方法缺乏可操作性、

研究成果单一等问题。只有加强与国际标准合作，重视实践研究，制定出严格的指标体系，并明确其概念和内容，才能最终得出真正具有实践操作性的研究成果。

（四）现有的评价指标体系对数据库开发商或生产商的指导性较差

数字资源的功能与质量的好坏取决于开发商或生产商的学术严谨性、工作责任心等。这要求作为数字资源的最终用户应向数据商提出要求，与之协商，以达到满足用户实际需求的目的。如杨小莉（2014）的《区域高校图书馆联合体资源建设平台分析与构建》针对目前区域高校图书馆联合体资源共建过程中存在的问题，设计了一个可广泛应用于区域高校图书馆联合体的数字资源共建平台。平台分为基础层、服务层和门户层，包括信息发布、资源评价、资源推荐、资源采购、商务谈判、统计查询、评估报告七大模块，它打破了成员馆、供货商、读者之间的信息壁垒，使彼此之间的交流变得顺畅。

三、都市农业资源评价的作用、原则与对策

（一）都市农业数字资源质量评价的作用

馆藏数字资源评价是信息资源组织管理过程的一个重要的信息反馈环节。图书馆资源评价除了通常使用的统计分析、用户评议和馆藏结构分析等方法，对图书馆信息资源馆藏规模、图书流通率、引进资源数量、虚拟资源的访问、检索、下载、资源被引频次等进行计量分析以外，使用替代计量（Altmetrics）等新的大数据技术方法进行资源评价，可以对来自图书馆系统和虚拟网络等不同渠道的异构数据加以整合，结合各种传统的资源评价指标，实现更全面的数据分析，指导新常态下高校图书馆信息资源建设，是一种较为理想的选择，并具有十分积极的意义。

1. 有利于都市农业文化数字资源的开放共享

科技学术论文的出版传播方式正发生根本变革，开放获取学术论文正逐步

成为主流学术资源。科研人员和资助机构对开放获取的认知度、接受度和参与度不断提高，使得开放获取成为一种市场需求，放弃开放出版就意味着放弃越来越多的作者、资助者和稿源市场。另外，期刊数量的不断增加与图书馆订购预算的削减也使得传统的订购模式难以健康地持续发展。在此背景下，大学图书馆将出版成本与研究经费相结合的开放出版看作未来重要的可持续出版模式，纷纷建立机构知识库（IR，InstitutionalRepository）学术交流共享平台，利用网络、数字技术，收集、保存、管理、检索和利用机构员工的科研文献，其文献除期刊论文外，还有经过同行评议的全文资源，种类主要有学位论文、技术报告等（何林，2008）。

作为都市农业文化数据资源开放获取基础设施的都市农业文化立体资源库，其（数据及数据服务质量等）评价的重要性透过新型科学研究范式的产生而被放大，与机构知识库建设实践具有同样重要的意义。正如 TonyHey（2012）在《第四范式：数据密集型的科学发现》中所描述的，在数据密集型的科学研究的第四范式下，都市农业文化研究者不仅关心数据建模、描述、组织、访问、分析、复用，更关心如何利用泛在网络及其内在的交互性、开放性、利用海量数据的可知识对象化、可计算化，构造基于科学数据的、开放协同的研究与创新模式。因此，在现有学术信息资源系统中扮演信息资源引进与建设角色的图书馆，也将面临前所未有的角色定位冲击和价值重建机遇。图书馆都市农业文化立体资源库充分开发利用掌握在广大教学和科研人员手中的原生数字信息资源，将分散存储在个人、团体或者机构计算机上的学术信息或科研数据集中起来，实现对都市农业文化信息的组织、管理、长期保存。开展都市农业文化立体资源库效益评价，能帮助高校图书馆做出有利于都市农业文化数据资源开放共享的正确决策，是图书馆事业支持都市农业文化科技创新和发展的当前以及未来的重要工作。

2. 有利于都市农业文化数字资源的监管

高校科研机构在科研过程中产生了海量的科学数据，这些科研数据被直接利用后一般都将独立、零散地保留于科研学者的个人电脑中，由于缺乏共享与再利用机制，其二次利用的可能性微乎其微。据统计，我国近 20 年来国家级科技经费投入接近 2000 亿元中 30%～50%用于科学数据的采集或整理（王萍，

2011)，大量科学数据的闲置，其价值无法得到深度挖掘，对国家来说无疑是一种巨大的浪费。图书馆作为高校科研信息服务窗口，有责任、有能力、有必要开展科学数据的管理与评价工作，通过自己专业化、定制化的评价，提升科研院系科研成果的共享度，也为图书馆提供转型发展的方向与机会。

3. 图书馆效益彰显的重要手段

都市农业文化立体资源库质量评价在图书馆文化意义和终极价值的形成过程中，担当监察员和领航者的角色。也就是说，图书馆都市农业文化立体资源库评价不仅是都市农业文化资源质量监管的工具，更是图书馆效益彰显的催化剂和重要手段。

第一，社会效益。

随着信息技术的进步，以 blog、wiki、RSS、TAG 等为代表的社会性软件相继问世，“精英创作”时代已被草根自由自在、随心所欲的创作时代所取代。新的信息生产与传播流程大行其道。在此背景下，网络原生数字资源呈几何级数增长，而且由原先的隐秘状态变为公开、透明，以相对独立的姿态呈现在人们面前。网络原生数字资源可为人们的工作、学习、生活创造效益，带来价值。

都市农业数字资源是人们在社会实践活动和认识活动中主体客体化的产物，凝结了人类的智慧与思想，又是提供给人们开发与利用、指导和影响着人们的活动、帮助人们创造经济和社会效益的重要资源。都市农业文化资源的社会效益，即通过主题输入自动构建研究演化路径、所用材料、图片、方法、结果等要素的创新服务方式，来帮助科研用户直观获取并理解科研信息，服务于科研工作者，让科研工作者满意而提高。

都市农业文化资源评价，可以借助都市农业文化立体资源库管理平台，使大量科学数据能得到有效管理，解决科研工作者数据长期保存的后顾之忧，提高科研工作者的效率，实现科学数据的二次利用，促使科学数据充分发挥自身价值。同时，提高科研数据的社会影响力，形成数据的品牌效应，最大限度地储存科学数据无形资产，促进数据社会效益最大化，实现图书馆与科研工作者的双赢。

从 1996 年起，日本京都大学图书馆就对历史文献进行数字化建设，并于

2007年推出数字出版平台，永久保存校内刊物、书籍及照片。同时，积极向社会进行传播，取得了良好的社会效益（王泰森，2003）。

第二，经济效益。

都市农业文化立体资源库的科学数据具有的学术性、知识性、可重复利用性等根本的经济属性，表现为：一方面，在共享、利用、创新过程中，节省了科学数据重复获取的资金投入；另一方面，从知识服务的商业价值出发，DavidShotton（2009）认为，互联网时代的知识服务可以提供知识的深度挖掘和关联分析，进而形成领域主题的知识体系，帮助用户发现或验证新知识，其所提供的增值服务必然能获得合理的利润回报，这将成为新兴的服务方向和盈利空间。此外，长远来看，知识服务多数情况下属于有偿知识服务（张新新，2016）。因此，图书馆通过都市农业文化资源的挖掘、分析、评价等知识服务，可以激活都市农业文化无形资源潜能，彰显其经济价值，实现都市农业文化资源经济效益的最优化。

（二）都市农业资源评价原则

都市农业文化立体资源库作为一种有效的知识组织和知识管理手段，以及都市农业高校图书馆开放获取的重要实践方式，尤其是随着都市农业文化立体资源库研究和建设实践的深入，图书馆管理者更加重视对都市农业文化立体资源库的价值提升和质量评价，并对都市农业文化立体资源库评价及标准研究日趋规范化、科学化，关注应用或实证评价，包括内容质量标准，用户价值标准，成本效益标准，道德权利标准。

1. 从多主体、多角度出发，对都市农业文化立体资源库绩效问题进行量化评价

纵观国内外研究现状，图书馆专家们还未制定出比较系统的、普遍适用的数字资源库的评价和质量控制机制。但不少学者从多主体、多角度出发，评价的方法也丰富起来，有层次分析法和德尔菲法、权重计算方法、指标向量法等多种方法，以数学模型、图形化、分析型等形式，对数字资源库绩效问题进行量化评价思考。马玲玲（2014）认为机构知识库中的元数据的质量控制，对提高机构知识库的质量起着至关重要的作用，并针对机构知识库，分析了具体的

元数据质量控制方法及可行性；林爱群（2009）指出，机构知识库的服务质量主要取决于数字资源的元数据质量，提出了使用元数据完整性和精确性这两个主要的评价指标，对自动生成的元数据质量进行了科学的评估；丁敬达（2014）基于机构知识库网络影响力的界定，利用层次分析法和德尔菲法，构建高校机构知识库网络影响力评价指标体系，并利用该指标体系对我国重点大学机构知识库的网络影响力进行评价与分析；刘海霞（2014）以 OpenDOAR 为主要信息源，借鉴已有的国外机构仓储联盟项目评价指标体系，使用专家评分法和数学模型，确立管理与政策、内容、系统与网络和用户指标 4 个维度，并对选出的 10 个代表性的机构仓储进行定量评价与分析，最终得到各研究对象的评分，找到存在的问题。

另外，有学者从经济学的角度对信息资源共享效率进行了分析。早期的信息资源共享经济分析集中在图书馆馆际互借成本、联合采购成本、资源共享的社会收益等问题。H. R. Varian 通过对团体消费模型的分析，提出了信息物品购买、租让和共享的约束条件；张军（2002）利用“俱乐部产品”概念，从纯经济学角度建立了信息商品共享收益模型，并给予了理论解释；马费成（2001）利用经济模型和博弈论方法，从共享模型、共享层次、共享成本、共享价格、共享效用、共享策略等角度，分析了信息资源共享的效率问题。

2. 以质性评价方法为主，调整和控制都市农业文化立体资源库建设质量

质性评价指通过文字、图片等描述性手段，对评价对象的各种特质进行充分揭示，以彰显意义、促进理解的活动。代表性的评价方法主要有解释性评价、形成性评价与总结性评价。解释性评价是在都市农业文化立体资源库构建的准备阶段和中前期，对都市农业文化立体资源库的实施所产生的成效进行揭示和说明，并预测即将发生的趋向，以此来判断都市农业文化立体资源库投资的合理性，调整和控制都市农业文化立体资源库建设。江向东（2010）认为，机构库可持续发展必须解决版权问题，并通过对机构库相关利益方——作者、作者所在单位、机构库、出版商、社会公众之间版权关系的分析，提出它们相互之间法律关系可以通过存储许可协议、版权转让协议和知识共享协议来调整，以及实施强制开放存取政策的措施来解决；庞恩旭（2014）在分析资源生

命周期的基础上，探索了机构知识库的成本模型及构成要素；蔡迎春（2008）指出，从元数据质量控制、内容质量控制以及数据访问质量控制3个层面建立合理的质量评价指标及措施，实现对分布式机构库建设的质量控制。

形成性评价是在都市农业文化立体资源库运行中，基于社会科学方法论，使用预设的指标对资源库项目绩效进行评价，根据评价结果及时修改或调整活动计划和方向，以期获得更加理想的效果。韩珂（2014）提出，在构建过程中是使用认知走查法、启发式评估、比较评估法对都市农业文化立体资源库可用性进行分析的，以提高都市农业文化立体资源库的可用性和用户满意度；袁曦（2014）通过对中国自主国际学术论文在资源管理和使用中存在的问题进行分析，揭示了其问题成因，探讨了我国自主产出的国际论文存档、管理的重要性和可行性，结合台湾地区的成功实践，提出机构知识库是整合国际学术论文的现实选择，并从管理及运行机制、元数据标准及其质量控制、知识产权3个方面，探论了我国学者的智力产出——国际学术论文资源保障的实现途径。

总结性评价，是在都市农业文化立体资源库运行很长一个阶段后，对都市农业文化立体资源库所取得的较大成果进行全面的评定，概括性水平一般较高，包括的范围较广，以便对都市农业文化立体资源库的建设发展提供依据。黄筱瑾（2014）在构建模式、建设机制、政策制度等方面，对中科院机构知识库服务网格、CALIS机构知识库以及学生优秀学术论文机构库进行了比较研究和总结性评价，提出了我国机构知识库联盟构建建议；付伟裳（2014）通过展开对我国两岸三地机构知识库现有资源及其资源的采集、揭示与整合等方面的调查，揭示了我国机构知识库资源建设不平衡状况及其成因；姜颖（2014）从信息生态的角度，认为实现机构知识库稳定平衡发展的效益，需要机构知识库的信息人、信息资源和信息环境三者协调，并提出构建信息资源共建共享联盟，促进信息循环和有效利用的建设发展策略。

3. 道德性评价

现代图书馆的作用已经远远超出了传统的以保存为主的功能，图书馆的所有业务都要围绕着促进教育、信息和文化传播来展开，因此，在开放获取模式下，图书馆参与机构知识库建设，进行知识资源的共享开发、服务与研究，是对传统图书馆服务模式的颠覆，在为图书馆发展带来了图书馆与读者的互动、资源传播与共享等诸多便利服务的同时，也会在一定程度上影响馆员主体功能的发挥，造成馆员道德主体性偏差。从图书馆资源采集的角度来看，在数字资源采集的过程中，首要环节是其资源内容的采集，因而采集过程在一定程度上则是意味着馆员主体的价值选择，在一定程度上决定了数字资源的伦理人文内涵。在资源采集、组织、加工的过程中，馆员主体伦理选择的模糊不确定性，或者主观偏激地刻意强调馆员的主观能动性而忽视资源建设中读者的需求，都会导致资源采集效率的低下。

北京农学院图书馆与 CALIS 农学中心都市农业文化立体资源库合作（成为成员馆），建立基于超星系统的一站式检索，同时，在此基础上，见微知著，加强到图书馆对都市农业文化立体资源库质量评价，是其未来开放共享发展的战略选择。

（三）都市农业资源评价对策

1. 基于搜集和推送的高校都市农业资源内容评价

从数字资源长期保存的现实意义和历史意义的角度出发，分析数字资源保存的价值，提出以数字资源的内容价值为主的评价原则。在该原则的基础上，以选择性保存为目的，探讨数字资源价值评价依据。最后根据数字资源的价值评估结果，在内容繁杂、质量参差的众多数字资源中，进行分类甄别，并以此确定数字资源长期保存的范围和程度。

都市农业文化立体资源库的建设人员应通盘考虑都市农业文化立体资源库的性质和建设目的，严格筛选学科、行业数据资源的类型、数量，从而有效地确保都市农业文化立体资源库建设的质量。都市农业文化文献入库以后，由管理员根据都市农业文化文献的来源给出一定的评价，将文献按内容进行分类：一是都市农业文化的背景资料、发展现状、权威学者、主要研究机构（都市农业文化研究所）和研究内容，以及“种业、设施、循环、休闲、科技、会展”六大方向的基础理论和实践成果；二是支撑和服务于都市农业文化发展的科技创新体系、教育教学与人才培养等扩展信息等。三是所拥有的与之相关或相近的学科、政策、媒体信息（表 10-1）。

表 10-1　都市农业文化立体资源库的信息内容分类

	核心级	扩展级	关联级
资源级别	都市农业文化期刊论文、学位论文、会议论文、科研成果、专著专利	都市农业文化教育教学与人才培养的创新研究与实践的背景资料、教参、课件、音频视频	调研、会议或媒体报告、政策信息、科研数据、资深学者口述史
分级原则	权威专家学者评价认可	一定范围公开	所有相关资源

内容丰富度是指都市农业文化立体资源库中各类型文件数量和类型的总和，包括期刊论文、学位论文、会议论文、演讲稿、幻灯片等数字资源数量，格式包括 pdf/caj、doc、ppt、html、ps/eps、txt、exe、flash、avi 等。通常情况下，随着都市农业文化立体资源库的文件数量越来越多，内容越来越丰富，用户利用率就越高，影响力就越大。

2007 年上线的中国农大都市农业文化立体资源库（李晨英，2014），除了提供一般的内容检索和基于条目的内容浏览服务功能之外，主要扩展了多角度的内容推荐、多层面的内容导航、以及相关元数据的自动抽取和无缝链接等功能，对资源特征进行精细化描述与标引，为实现多角度引导用户利用资源内容奠定了基础，系统日志统计分析结果显示，用户利用分类导航进行的内容浏览次数远远高于用户进行自主检索的次数；以北京农学院图书馆网站的“都市农业文化研究”知识库为例，作为存储和保存个人、团体、机构或者受到资助的都市农业文化科研项目所创造的各种形式的研究和工作成果的专库，资源的提交量有限，内容丰富程度低，因此，用户的访问量和资源的利用率一直较低。

2. 引入第三方评价主体

如果用户可以不受限制地上传资源，资源质量将得不到有效控制；或者用户对资源使用价值的评价和体验无从获知，这使得用户很难放心地去使用这些资源，从而无法对资源的后续服务进行追踪。因此，通过引入第三方评价机制，如设立传统的专家评审或同行评议制度，可以使都市农业文化立体资源库管理者灵活调整维护权力和义务之间的协调性（表 10-2）。卞艺杰（2013）提出一种都市农业文化立体资源库中灰色文献质量控制的方法，通过专家打分、用户评分，构建灰色文献的评价指标体系及其权重和用户可信度评价指标体系及其权重，根据评价权值以及分组标准将文献进行分组，再对不同的分组赋予不同的访问权限（推荐或否定）。

表 10-2　都市农业文化立体资源库质量评价的参与者权利义务关系

角色	权利	义务	关系
建设者与维护者：处理、保存和管理资源	对都市农业文化资源具有控制权	提供法规保障、保护个人隐私、长期保存和管理资源	资源质量的控制者
用户：评价反馈资源利用率	基于个人获取目的的资源评价	提供免费使用、上网信息	资源的使用者、资源评价反馈的参与者
专家、同行：公益服务和资源评价	基于公益目的的资源评价	对资源价值、资源所有者可可信度进行评价	资源质量评价的主导者

用户对资源的下载、浏览、引用的统计量以及对资源的评论观点也可以作为辅助判断资源质量的一个指标。资源被下载、被浏览、被引用的次数越多，得到的好评观点越多，一定程度上证明资源的质量越好，受关注度越大，反之亦然。卞艺杰（2013）基于用户隐性信息和显性信息的兴趣，提出兴趣权重计算公式，并将基于该公式计算的查准率与查全率两者结合起来作为评价指标，从宏观上评价推送信息质量。

第三方评价主体如专家、同行、用户共同参与都市农业文化立体资源库的管理与评价，带有很大的主观性、复杂性，但引入第三方评价主体评价对于提高都市农业文化立体资源库的质量和效益，实现都市农业文化立体资源库与专家、用户的互动、共管共治，不失为一种可资借鉴的方法。

（四）都市农业文化立体资源库评价进一步改进的方向

1. 把握高校都市农业文化立体资源库评估的时机

总结性评价的优点可以收集有关成本—效益的具有可信度的数据，如李晨英（2014）通过用户日志分析了用户利用都市农业文化立体资源库行为的动态变化，提出提高都市农业文化立体资源库质量来培养用户刚性需求。但是如果需要在一个都市农业文化立体资源库实施之前进行评估，那么模型中的成本—

效益数据则必然是预测性的和更加主观的，如庞恩旭（2014）依据生命周期理论对机构库着中资源的生产、资源的采集、资源的保存、元数据操作、资源的访问、资源的存储等环节进行资源的成本以及效用分析。而且，从都市农业文化立体资源库的实验期所得到的成本和效益数据可能会随着项目逐步深化而发生变化，有可能评估得出的结论与都市农业文化立体资源库应用之后再评估的结论有很大不同。因此，正确把握高校都市农业文化立体资源库评估的时机尤显重要。

2. 注重跨都市农业文化立体资源库数据的可比性

在现实操作中，构建由与都市农业文化立体资源库战略目标相一致的、通用指标及其所包含的绩效指标而构成的都市农业文化立体资源库评价体系，可以对不同类型的都市农业文化立体资源库进行评价（郭翊，2014）。这样，虽然实现的难度较高，但能帮助高校管理者和相关决策者做出正确的都市农业文化立体资源库效益评价、投资决策。司莉（2014）通过构建科学数据共享平台绩效评估指标体系，采用层次分析法对 8 个科学数据共享平台绩效进行评估比较分析，最后发现了我国科学数据共享平台建设存在的问题及改进方向。

3. 注重对馆员的道德教育

图书馆为社会教育、繁荣文化服务，要求馆员主体具有明确的职业精神：《中国图书馆员职业道德准则》中把馆员的职业精神概括为“敬业精神、诚信精神、专业精神、平等精神、团队精神、合作精神、创新精神”（朱斐，2012）。因此，根据图书馆工作伦理要求，图书馆要保护用户的个人隐私，核心内容是保护用户在图书馆的阅读记录不为他人所知，不能将用户个人信息与借阅信息用于商业目的和政治目的。作为馆员，除了要秉承上述职业精神之外，还要遵循图书馆价值伦理准则和行为规范：必须具有严谨的质量意识和规范意识，必须具有抢占新媒体学术领域的战略眼光和行动能力，等等。

同时，图书馆对馆员开展科研道德教育（鄂丽君，2015）。通过介绍科研道德概念、解读本校的科研奖惩规定、介绍剽窃行为的辨识方法等方式提供科研道德教育服务，目的在于馆员参与防止科研活动中的不端和不当行为，自觉遵守和共同维护以诚信、公开、公正为核心原则的科研规范。

总之，我国农业高等院校都市农业学科资源体现出多语种、跨学科、复合型的特色。因此，农业院校图书馆要根据学校的学科建设和专业设置及读者的切实需求，改变资源建设流程，在元数据多渠道采集、整合、审计和服务利用过程中，充分挖掘和利用现有资源，将商业数据库、网络开放获取资源及自建都市农业特色资源有机结合起来，进而对都市农业特色资源进行整合利用和绩效评价，既重视资源本身权威性价值评估，也重视资源使用价值分析。增强物理资源和数字资源的订购前需求评估和订购后使用分析，优化资源订购和提供策略，提升资源投入效益，从而从数量上和质量上整体把握都市农业学科专业的文献保障率和覆盖度，不断完善都市农业院校的都市农业特色资源体系。

参考文献

毕强 . 2010. 数字图书馆知识组织系统建构的发展趋势［J］. 国家图书馆学刊（1）：12-17.

卞艺杰，等. 2013. 都市农业文化立体资源库个性化推荐的用户模型研究［J］. 现代图书情报技术（12）：78-82.

卞艺杰，等 . 2013. 高校都市农业文化立体资源库灰色文献质量控制研究［J］. 计算机系统应用（10）：27-32.

蔡路，熊拥军 . 2016. 基于本体和元数据的非遗资源知识组织体系构建［J］. 图书馆理论与实践（3）：41.

蔡迎春. 2008. 分布式机构库的质量控制［J］. 图书情报工作，52（7）：44-47.

曹祎遐，耿昊裔 . 2018. 上海都市农业与二三产业融合结构实证研究——基于投入产出表的比较分析［J］. 复旦学报（社会科学版），60（4）：149-157.

柴彦威，塔娜 . 2009. 北京市 60 年城市空间发展及展望［J］. 经济地理，29（9）：1421-1427.

常春 . 2004. Ontology 在农业信息管理中的构建和转化［D］. 中国农业科学院 .

陈传夫 . 2003. 馆藏文献数字化的知识产权风险与对策研究［J］. 图书情报知识（10）：2-5.

陈恩满 . 2009. 基于 CNKI 的学科知识服务平台构建与学科化服务研究［J］. 图书情报工作（8）：96-100.

陈鼓应 . 1996. 易传与道家思想［M］. 北京：三联书店 .

陈敏 . 2009. 数字参考咨询服务中的版权风险［J］. 情报科学（11）：1700-1702.

陈琦，刘儒德 . 2011. 教育心理学［M］. 高等教育出版社 .

陈悦，刘则渊 . 2005. 悄然兴起的科学知识图谱［J］. 科学研究，23（2）：149-154.

成伟华，张计龙 . 2014. 高校教学参考信息服务保障体系与 E-learning 平台整合服务研究——高校图书馆资源服务嵌入高校教学过程模式探索［J］. 高校图书馆工作，34

(1): 7-9.

程焕文，黄梦琪 . 2015. 在“纸张崇拜与数字拥戴”之间：高校图书馆信息资源建设的困境与出路 [J]. 图书馆论坛 (4): 1-9.

程莲娟 . 2011. 数字出版时代图书馆面临的挑战及其应对策略 [J]. 浙江师范大学学报 (社会科学版).

程孝良，等 . 2009. 城乡一体化进程中图书馆发展模式的理性思考 [J]. 图书馆理论与实践 (4): 56-57.

程亚男 . 2002. 再论图书馆服务 [J]. 中国图书馆学报 (4): 17-20.

崔雁 . 2005. 馆际互借与文献传递中的知识产权风险防范 [J]. 图书馆建设 (2): 13-15.

戴龙基，关志英 . 2008. 构筑图书馆文化，提升图书馆软实力 [J]. 大学图书馆学报 (5): 5-10.

邓灵斌 . 2004. 数字图书馆的管理研究 [D]. 湘潭大学 .

邓蓉，王伟 . 2007. 论我国都市农业的形成与发展 [J]. 北京农业职业学院学报 (6): 18-22.

丁建军，赵奇钊 . 2014. 农村信息贫困的成因与减贫对策——以武陵山片区为例 [J]. 图书情报工作 (1): 75-78, 105.

丁敬达，朱梦月 . 2014. 高校都市农业文化立体资源库网络影响力评价研究——基于我国重点大学的实证分析 [J]. 图书馆杂志 (7): 13-18.

董慧 . 王超 . 2009. 本体应用可视化研究 [J]. 现代图书情报技术 (12): 116-120.

董曦京 . 2016. 从“工业 4.0”计划展望“图书馆 4.0”时代 [J]. 国家图书馆学刊 (4): 36-42.

段小虎 . 2015. 西部基层图书馆建设研究之三：农村信息消费群体的聚类细分 [J]. 图书馆论坛, 35 (09): 60-66. 88.

鄂丽君，蔡莉静. 2015. 国外大学图书馆科研支持服务内容介绍及特点分析 [J]. 图书馆杂志 (1): 82-86.

冯宏声 . 2017. 出版的未来与 ISLI 标准的应用 [J]. 出版参考 (4): 5-9.

冯建国，杜姗姗，陈奕捷 . 2012. 大城市郊区休闲农业园发展类型探讨——以北京郊区休闲农业园区为例 [J]. 中国农业资源与区划, 33 (1): 23-30.

冯君 . 2016. 基于“高校知识产权管理规范”的图书馆知识产权信息服务体系构建 [J]. 现代情报 (1): 125-130.

冯向春 . 2014. 校企图书馆联合服务——高校图书馆面向大型企业服务的新模式 [J].

情报资料工作（1）：79-82.

奉国和 . 2008. 基于开源软件的数字图书馆建设模式探讨［J］. 图书馆建设（9）：12-15.

付苓 . 2018. 基于大数据的领域本体动态构建方法研究——以养生领域本体构建为例［J］. 情报理论与实践，41（1）：135-138.

付明星 . 2012. 现代都市农业—休闲农业—乡村旅游［M］. 武汉：湖北科学技术出版社：68.

付伟裳，廖璠 . 2014. 我国都市农业文化立体资源库资源建设调查［J］. 国家图书馆学刊（2）：64-72.

甘国辉．徐勇，等 . 2012. 农业信息协同服务：理论、方法与系统［M］. 北京商务印书馆.

顾犇 . 2003. 数字文化遗产的保护和联合国教科文组织的指导方针［J］. 国家图书馆学刊（1）：40-44.

关美宝，等 . 2010. 时间地理学研究中的 GIS 方法：人类行为模式的地理计算与地理可视化［J］. 国际城市规划（6）：18-26.

郭家义 . 2006. 数字信息资源长期保存系统的标准体系研究［J］. 现代图书情报技（4）：14-18.

郭雷 . 2005. 基于 Web 服务的数字城市信息资源共享平台［J］. 计算机工程与设计（3）：627-631.

郭翊，吉萍 . 2014. 都市农业文化立体资源库评价体系的构建［J］. 图书馆学刊（2）：10-12.

韩珂 . 2014. 都市农业文化立体资源库系统软件的可用性评价方法研究［J］. 漯河职业技术学院学报（3）：19-20.

何佳，曹春萍 . 2013. 基于扩展的语义网络的过程知识表示的研究［J］. 信息技术（4）：124-127.

何林 . 2008. 美国都市农业文化立体资源库发展现状对我国发展都市农业文化立体资源库的启示［J］. 图书馆论坛（6）：101-103，148.

贺纯佩，李思经 . 2004. 农业本体论——农业知识组织系统的建立［J］. 农业图书情报学刊（10）：41-44.

赫尔曼（德）·哈肯 . 2005. 协同学——大自然构成的奥秘［M］. 凌复华译 . 上海译文出版社：17.

亨廷顿．哈里森 . 2002. 文化的重要作用［M］. 程克雄．译．北京新华出版社．

侯爱花.2015. 基于生命周期的图书馆联盟知识产权冲突与对策研究［J］. 图书馆工作与研究（6）：8-11.

胡大琴.2015. 基于案例分析的数字图书馆知识产权问题探讨［J］. 山东图书馆学刊（2）：19-24.

胡金强，冀亚林，等.2010. 基于Protégé的装备保障知识本体构建方法［J］. 现代电子技术，33（6）：207-210.

胡晓立，等.2018. 举例探讨都市农业景观规划中地域文化的应用［J］. 北方园艺（11）：103-110.

胡允银.2015. 知识产权体检服务业的培育与发展［J］. 中国科技论坛（3）：126-129.

胡蕴灿.2017. 知识供给侧改革下图书馆大数据建设研究［J］. 创新科技（7）：80-82.

黄毕惠.2012. 文化自觉：对图书馆文化传承与创新行为的反思［J］. 图书馆工作与研究（6）：11-14.

黄纯元.1997. 图书馆与网络信息资源［J］. 中国图书馆学报（6）：13-19.

黄文忠.2012. 高校图书馆与地方政府合作共建特藏资源的有益探索——以广州大学图书馆实践为例［J］. 图书馆理论与实践（2）：69-71.

黄筱瑾，等.2014. 我国都市农业文化立体资源库联盟发展现状及比较研究［J］. 图书馆学研究（12）：94-97.

黄宗忠.2011. 充分发挥图书馆功能［J］. 图书馆论坛（2）：14-22.

吉宇宽.2017. 图书馆出版服务的角色定位与著作权责任的承担研究［J］. 现代情报（3）：119-125.

冀颖.2014. 文化哲学视阈下图书馆学理论研究的抉择与发展［J］. 图书馆学研究（15）：11-13.

江佳惠.2011. 强调读者参与和资源揭示的OPAC［J］. 图书馆理论与实践（10）：24-26.

江向东，傅建秀.2010. 基于开放存取的机构库版权协议问题研究［J］. 图书与情报（2）：62-68.

姜颖.2014. 基于信息生态论的机构知识库内容建设发展策略研究［J］. 图书馆工作与研究（1）：109-112.

蒋敏娟.2016. 中国政府跨部门协同机制研究［M］. 北京大学出版社：12-13.

蒋紫艳，等.2014. 宁夏农业信息供求现状的调查与分析［J］. 安徽农业科学，42（1）：278-281.283.

杰夫・豪.2009. 众包：大众力量缘何推动商业未来［M］. 北京：中信出版社：12-13.

金燕，王志华．2013. 基于推理的语义网检索模型及关键技术研究［J］. 计算机工程与设计（7）：2585-2589.

荆涛，左万利，孙吉贵，等．2008. 中文网页语义标注：由句子到 RDF 表示［J］. 计算机研究与发展，45（7）：1221-1231.

景晶．杨涛．2018. 2011-2015. 年我国 211 高校图书馆资源建设投入分析．［J］. 大学图书情报学刊（10）：117-123.

赖永忠．2016. 面向数字人文的图书馆科研支持服务研究［J］（10）：28-32.

雷德蓉．2015. 高校数字图书馆知识产权保护及其对策．［J］. 农业图书情报学刊（3）：93-96.

雷莹，刘丽红．2015. 数字图书馆资源建设与知识产权风险规避［J］. 现代情报（2）：140-142.

李宝强．2007. 数字信息资源配置中的资源共享机制与市场交换方式［J］. 图书情报工作（7）：57-61.

李婵，张文德．2014. 网络信息资源著作权风险评估指标体系构建［J］. 图书情报知识（2）：102-110.

李晨英，等．2014. 建立服务可扩展型都市农业文化立体资源库方法探索——中国农业大学都市农业文化立体资源库构建与服务实践［J］. 现代图书情报技术（3）：19-25.

李贯峰．2016. 基于本体的农业知识建模研究［J］. 软件导刊，15（12）：65-67.

李静静，韦景竹．2013. 图书馆知识援助中的知识产权风险研究［J］. 图书馆学研究（17）：80-82

李静静．2015. 图书馆商务支持服务中的知识产权风险研究［J］. 图书馆工作与研究（2）：8-11.

李栎，曹洪欣． 2013. 图书馆数字资源绩效评价研究综述［J］. 图书馆学刊，35（09）：125-128.

李樵．2013. 图书馆数字参考咨询服务中知识产权风险类型研究［J］. 图书馆工作与研究（6）：9-13

李晓兰，黄秋梨．2018. 图书馆与多元文化融合理论实践分析［J］. 图书馆理论与实践（2）：29-32.

李兴春．2013. 计算机信息检索中的本体构建研究［J］. 重庆文理学院学报（3）：87-91.

梁冬莹．2013. 基于层次分析法的数字资源服务绩效评价体系构建［J］. 情报科学（1）：

78-81.
林爱群 . 2009. 都市农业文化立体资源库元数据的自动生成与评估研究 [J]. 图书馆学研究 (7): 21-23.
刘崇学 . 2012. 论大学图书馆文化的基本特征及其构建原则 [J]. 图书馆理论与实践 (10): 66-68.
刘海霞，等 . 2014. 机构仓储可持续发展综合评价指标体系研究 [J]. 中国图书馆学报 (3): 67-76.
刘嘉 . 2002. 元数据导论 [M]. 北京：华艺出版社 (1): 2-3.
刘乾凝，等 . 2014. 统筹北京城乡文化一体化视野下的都市农业特色资源建设 [J]. 农业图书情报学刊 (10): 110-15.
刘乾凝 . 2017. 智慧图书馆视角下的馆员智慧人格构建的动力机制研究 [J]. 图书情报工作 (6) .
刘树 . 2011. 北京农业会展研究 [M]. 中国农业科学技术出版社: 80-103.
刘炜，等 . 2015. 万维网时代的规范控制 [J]. 中国图书馆学报 (3): 22-33.
刘炜，叶鹰 . 2017. 数字人文的技术体系与理论结构探讨 [J]. 中国图书馆学报，43 (5): 32-41.
刘炜，等 . 2015. 万维网时代的规范控制 [J]. 中国图书馆学报 (3): 22-33.
刘蕴秀 . 2016. 高校图书馆古籍书目数据库建设初探——以北京教育学院图书馆为例 [J]. 北京教育学院学报，30 (6): 60-64.
陆春华 . 2018. 安徽省应用型本科院校图书馆电子资源建设的调查与分析 [J]. 河北科技图苑 (1): 25-30.
陆浩东 . 2011. 从“马太效应”看图书馆公共信息服务均等化推进 [J]. 图书馆论坛，31 (2): 18-21.
罗丽苹 . 李相勇 . 2017. 数字出版中跨媒体内容的通用性研究 [J]. 软件导刊，16 (2): 139-141.
罗雪明 . 2007. 图书馆数字化建设中的版权问题 [J]. 图书馆论坛 (8): 77-79.
马费成 . 2001. 数字时代图书情报专业教育的目标及其实现 [J]. 图书馆建设 (1): 21-24.
马玲玲，等 . 2014. 高校都市农业文化立体资源库元数据质量控制问题研究 [J]. 计算机技术与发展 (1): 31-34，38.
马万钟，等 . 2018. 人防战备物资元数据语义建模及其标准化研究 [J]. 标准科学 (5): 76-82.

冒健 . 2011. 南通文化选讲［M］. 南京：南京师范大学出版社：151-171.

缪小燕，等 . 2013. 北京市属高校图书馆历年财政专项经费情况统计分析［J］. 图书馆理论与实践（8）：23-26.

聂英 . 2017. 基于 ORCID 的图书馆科研信息服务创新研究［J］. 图书馆杂志（3）42-45.

农业部情报研究所 . 1994. 农业科学叙词表［M］. 北京：中国农业出版社 .

庞恩旭，等 . 2014. 基于资源生命周期的都市农业文化立体资源库成本模型研究［J］. 图书馆工作与研究（3）：27-31.

彭佳，等 . 2016. 基于元数据本体的特色资源深度聚合研究［J］. 图书馆杂志，35（11）：82-89.

秦珂 . 2009. 中美图书馆合理使用著作权的立法比较［J］. 图书馆理论与实践（5）：17-22.

秦卫平 . 2007. 数字资源评价与指标体系研究进展［J］. 现代情报（8）：97-99.

邱琳，郑怀国，李光达，等 . 2011. 基于本体构建的农业网络叙词表的编制［J］. 安徽农业科学，39（3）：1847-1849.

任俊霞 . 2018. 面向学科的数字资源建设绩效研究——基于 DEA-Malmquist 模型的动态绩效［J］. 现代情报，38（4）：83-88.

任玉梅 . 2012. 谈我国图书馆三个层次的文化建设［J］. 河北科技图苑，25（5）：7-9. 15.

邵忻 . 2013. 语义网与本体［J］. 电脑编程技巧与维护（10）：20-21.

邵琰 . 2015. 数字出版著作权保护策略研究［J］. 出版广角（14）：40-41.

史继红 . 2007. 国外数字资源使用绩效研究综述［D］.

司莉，等 . 2014. 我国科学数据共享平台绩效评估实证研究［J］. 图书馆理论与实践（9）：30-35.

宋欣，等 . 2007. 运用 ASP 和 SQL 技术创建及备份图书馆自建特色数据库［J］. 牡丹江大学学报（5）.

孙辉，2018. 数字人文研究框架探析与思考 .［J］情报理论与实践 .

孙晓红，王红 . 2015. 高校图书馆参与 MOOC 版权服务的路径研究 .［J］. 高校图书馆工作（1）：15-18.

谈国新，等 . 2017. 非物质文化遗产多媒体资源语义组织研究［J］. 图书馆学研究（24）：42-52.

覃凤兰，杨江平 . 2014. 图书馆数字资源评价研究综述［J］. 图书馆（1）：69-71.

汤罡辉，王元，韦景竹 .2010. 图书馆自建特色数据库的知识产权风险分析研究［J］. 情报理论与实践（4）：44-47.

汤敏丽 .2013. 基于语义网的本体整合技术研究［J］. 凯里学院学报，31（6）：102-104.

唐琼 .2007. 基于用户满意度的图书馆数字资源质量评价模型研究［J］. 图书馆理论与实践（5）：7-10，15.

滕春娥 . 王萍 .2018. 非物质文化遗产资源知识组织本体构建研究［J］. 情报科学，36（4）：160-163. 176.

汪祖柱，等 .2015. 基于协同理论的农业科技信息服务体系研究［J］. 情报科学（8）：10-14.

王丙义 .2003. 信息分类与编码［M］. 北京：国防工业出版社 .

王尨义，2012. 文化创意产业要积极参与公共文化事业及其服务体系建设［J］. 民主（9）：9-11.

王纯 .2000. 信息资源开发和利用的研究［J］. 内蒙古科技与经济（4）：53-55.

王根，孙慧 .2012. 基于危机管理思想的图书馆知识产权风险控制研究［J］. 图书馆（6）：59-62.

王宏波，朴鹏蔚，李劭鹏 .2011. 我国高校图书馆数字资源评价研究之文献综述［J］. 天津科技，38（6）：75-77.

王丽霞. 2013. 当代乡镇文献资源的采集——海宁市图书馆地方文献工作的新领域［J］. 图书馆杂志（3）：35-37.

王曼，吴振忠 .2013. 基于领域本体的语义搜索——带权最短路径方法［J］. 计算机与现代化（9）：1-7.

王萍，等 .2011. 基于网络技术的科学数据存储与共享［J］. 图书情报工作（13）：63-66.

王朴 .2005. 为信息素质而合作——来自美国的启示［J］. 大学图书馆学报（1）：84-88. 91.

王嵘 .2007. 浅析信息资源在新农村建设中的作用［J］. 图书馆论坛（3）：163-165.

王苏义 .2001. 试论知识经济时代图书馆功能的转换［J］. 图书馆理论与实践（2）：12-13.

王泰森 .2003. 口木大学电子图书馆数字资源建设概况与分析［J］. 图书馆学研究（9）：29-32.

王影 .2014. 电子资源服务绩效评估的实证研究［J］. 科技管理研究（10）：58-61.

王忠红 . 2009. 知识组织工具的发展和趋势［J］. 图书情报知识（11）：97-102.
韦景竹，等 . 2010. 图书馆知识产权风险规避自律机制的观察与分析［J］. 知识学习与管理（2）：92-99.
吴慰慈 . 2008. 图书馆学基［M］. 高等教育出版社 .
吴秀珍 . 2012. 基于图书馆知识传递服务模型的构建［J］. 濮阳职业技术学院学报（8）：154-157.
吴永臻 . 1996. 图书馆服务中的知识产权问题［J］. 中国图书馆学报（4）：90-93.
吴忠民 . 2004. 社会公正论［M］济南：山东人民出版社 .
武烨 . 2015. 医学院校外文电子期刊数据库评价指标体系构建［J］. 医学信息学杂志，36（2）：72-75.
夏翠娟，张磊 . 2016. 关联数据在家谱数字人文服务中的应用［J］. 图书馆杂志，35（10）：26-34.
鲜国建 . 2008. 农业科学叙词表向农业本体转化系统的研究与实现［D］. 中国农业科学院.
肖蔚 . 2012. 高校图书馆产学研信息服务建设的探索与实践——以湖南省为例［J］. 图书馆（2）：111-113.
熊军洁. 2013. 基于共享均等化发展的数字图书馆建设研究［J］. 图书馆工作与研究（2）：99-105.
熊培松 . 2017. 大数据环境下图书馆自建数据库的知识产权问题及保护研究［J］. 河南图书馆学刊（3）：136-138.
徐晨飞 . 2015. 基于本体的"江海文化"文献知识组织体系构建研究［J］. 现代情报，35（10）：62-71.
徐革 . 2004. 重构数字资源综合评价指标的主成分分析法［J］. 图书情报工作，48（2）：32-34.
徐革 . 2006. 数字资源评价之重要影响因子的调查研究［J］. 大学图书馆学报（3）：77-81.
徐恺英，等 . 2007. 高校图书馆学科化知识服务模式研究［J］. 图书情报工作（3）：53-55.
许鑫，等 . 2012. MONK 项目及其对我国人文领域文本挖掘的借鉴［J］. 图书情报工作（18）：110-116.
亚里士多德（古希腊）. 1965. 政治学［M］. 北京商务印书馆社：08.
杨蔚琪 . 2012. 嵌入式学科服务——研究型大学图书馆转型发展的新思路［J］. 情报资

料工作（2）：88-92.
杨滋荣，等 . 2016. 国外图书馆支持数字人文研究进展［J］. 图书情报工作（12）：122-129.
姚凯，于晓爽 . 2016. 层级式创业人才培养模式研究［J］. 复旦教育论坛，14（1）：45-49.
叶兰 . 2010. 1998—2007 年国内外大学图书馆岗位变迁对比分析［J］. 大学图书馆学报（2）：5-10.
于良芝，谢海先 . 2013. 当代中国农民的信息获取机会——结构分析及其局限［J］. 中国图书馆学报，39（6）：9-26.
俞竹超，樊治平 . 2014. 知识协同理论与方法研究［M］. 北京科学出版社：22-25.
禹明刚，等 . 2015. 基于能力的 C～4ISR 通信领域上下文本体建模方法［J］. 系统工程理论与实践，35（8）：2158-2165.
袁曦临，等 . 2014. 基于都市农业文化立体资源库的国际学术论文管理模式探讨［J］. 情报资料工作（2）：87-91.
岳英，万映红，姜立权 . 2012. 基于顾客需求管理先验知识本体的数据挖掘改进方法研究［J］. 情报理论与实践，35（1）：106-110.
曾健，张一方 . 2000. 社会协同学［M］. 北京科学出版社：77.
曾晓洋 . 1999. 协同经济与企业运营战略研究［J］. 华中师范大学学报（人文社会科学版）（4）：138-144.
曾永梅，张文德 . 2016. 网络信息资源著作权风险分析［J］. 现代情报（7）：41-44.
翟姗姗，刘齐进，等 . 2016. 面向传承和传播的非遗数字资源描述与语义揭示研究综述［J］. 图书情报工作，60（2）：6-13.
詹慧龙，刘燕，矫健 . 2015. 我国都市农业发展研究［J］. 求实（12）：61-66.
张军，姜建强 . 2002. 信息产品的共享及其组织方式：一个经济分析［J］. 经济学（季刊）（3）：937-952.
张玲 . 2005. 数字资源使用评估与 E-Metrics［D］. 郑州大学（5）：1-54.
张敏 . 2010. 基于本体的垂直搜索引擎的研究［J］. 软件导刊，9（2）：13-15.
张乃根，陆飞 . 2000. 知识经济与知识产权法［M］. 上海：复旦大学出版社.
张佩云，宫秀文，谢荣见，2013. 等 . 农业信息资源共享与信息服务系统构建——研究计算机技术与发展［J］. 计算机技术与发展（11）：157-160.
张向春 . 2008. 数字图书馆知识产权问题研究［D］. 武汉：华中师范大学 .
张晓林 . 2011. 颠覆数字图书馆的大趋势［J］. 中国图书馆学报（5）：4-12.

张新新．2016. 变革时代的数字出版［M］. 北京知识产权出版社：277-278.

张彦博，等．2011.《数字图书馆资源建设和服务中的知识产权保护政策指南》解读［J］. 中国图书馆学报（1）：59-61.

张云中．2014. 从整合到聚合：国内数字资源再组织模式的变革［J］. 数字图书馆论坛（6）：16-20.

赵冬，牛强，刘晓明．2011. 知识本体的检索机制研究［J］. 微电子学与计算机（10）：129-132.

赵军，杨克岩．2016.“互联网+”环境下创新创业信息平台构建研究——以大学生创新创业教育为例［J］. 情报科学，34（5）：59-63.

赵洗尘，刘辉．2009. 图书馆企业信息服务的探索与实践［J］. 图书馆论坛（6）：136.

赵旭，刘广，孙茜．2017. 面向用户的图书馆数字资源使用评价与选择［J］. 高校图书馆工作，37（3）：52-56.

赵旭．2015. 图书馆数字资源在学校科研中的价值评估［J］. 大学图书馆学报，33（2）：30-37.

赵艳枝．2015. 长尾数据监护与图书馆的职责——伊利诺伊香槟大学图书馆范例研究［J］. 国家图书馆学刊，24（3）：79-84.

郑东华，陈廉芳．2014. 高校图书馆智慧服务模式下智慧馆员队伍的建设［J］. 情报资料工作（1）：87-91.

郑东华，周峰皓．2012. 以“知识管理”构建科学有效的信息化管理平台［J］. 计算机应用与软件，29（3）：232-234.

郑峰．2014. 云计算背景下图书馆管理的机遇及挑战［J］. 消费电子（8）：155.

郑惠伶．2008. 馆际互借服务中的著作权风险［J］. 图书馆理论与实践（3）：10-13.

郑敬蓉．2014. 图书馆数字文献采访中的著作权法律风险与对策［J］. 现代情报（8）：61-65.

郑松辉．2010. 图书馆口述历史工作著作权保护初探［J］. 中国图书馆学报（1）：104-110.

周久凤．2008. 图书馆的文化观照［J］. 图书馆理论与实践（6）：16-18.

周庆梅．2015. 图书馆数字资源服务绩效模糊神经网络评价研究［J］. 情报科学（2）：41-45.

朱成等．2012. 三维图书馆可视化馆藏文献信息查询系统的应用［J］. 实验室研究与探索，31（7）：79-82.

朱道勇．2009. 高校图书馆特色数据库建设技术研究［J］. 内蒙古科技与经济（5）：

126-127.

朱斐.2012. 论图书馆员职业精神与核心能力［J］. 江西图书馆学刊（1）：113-115.

祝忠明，等.2009. 机构知识库开源软件 DSpace 的扩展开发与应用［J］. 现代图书情报技术，(7)：12-17.

ABBESH GARGOUR IF. 2016. Bigdatain tegration：among odb data base and modul arontologies based approach［J］. Procedia Computer Science，96：446-455.

Agarwal R. 2009. Dynamic capability building inservice value networks for achieving service innovation［J］. Decision Sciences，40（3）：340-356.

BANSALSK，KAGEMANNS. 2010. Integrating big data：asemanticextract - transform - loadframework［J］. Ronnie C，Calvin W，Calvin C. An Ontology-Based Frame work for Personalized Adaptive Learning［C］. LNCS，52-61.

Berry W E. 2008. Miranda Rights and Cyberspace Realities：Risks to “the Right to Remain Silent”［J］. Journal of Mass Media Ethics，(314)：230.

Dalbello M. 2011. Agenea logy of digital humanities［J］. Journal of Documentation，67（3）：480-506.

Dames K M. 2006. Plagiarism：the new piracy［J］. Information Today，(11)：21-23.

Haken H. 1998. Information and Self-Organization［M］. NewYork：Springer-Verlag. 收稿日期：2017-05-08.

Just D R. *et al.* 2006. Effect of information for-matson information services：analysis offour selected agricul-tural commodities in the USA［J］. Agricultural Economics，35（3）：289-301.

KAMADAH. 2010. Digital humanities：roles for libraries?［J］. College and research braries News. 71（9）：484-485.

Li C X，Su Y R，Wang R J，*et al.* 2012. Structured AJAX data extraction Based on agricultural on tology［J］. Journal of Integrative Agriculture，11（5）：784-791.

McClure C R，Jaeger P T. 2008. Government information policy research：Importance，approaches，and realities［J］. Library & Information Science Research，30：257-264.

Ru Qi Zhou. 2013. A New Method of Semantic Network Knowledge Representation Based on Extended Petri Net［J］. Computer technology and application，4（5）：245-253.

Shotton D. 2009. Semantic publishing：the coming revolution in scientific journal publishing［J］. Leanred Publishing，22（2）：85-94.

T. R. Gruber. 1933. A Translation Approach to Portable Ontology Specifi - canons［J］. Knowledge Acquisition（5）：199-220.